A Practical Guide to CentOS 7 System Management

impress
top gear

IT 技術者のための現場ノウハウ

CentOS 7
実践ガイド

古賀 政純 = 著

インプレス

●本書の利用について

◆本書の内容に基づく実施・運用において発生したいかなる損害も、株式会社インプレスと著者は一切の責任を負いません。
◆本書の内容は、2015年1月の執筆時点のものです。本書で紹介した製品／サービスなどの名称や内容は変更される可能性があります。あらかじめご注意ください。
◆Webサイトの画面、URLなどは、予告なく変更される場合があります。あらかじめご了承ください。
◆本書に掲載した操作手順は、実行するハードウェア環境や事前のセットアップ状況によって、本書に掲載したとおりにならない場合もあります。あらかじめご了承ください。

●本書の表記

・注目すべき要素は、太字で表記しています。
・コマンドラインのプロンプトは、$、#で示されます。
・実行例に関する説明は、←のあとに付記しています。
・実行結果の出力を省略している部分は、「...」で表記します。
例：

```
# systemctl get-default ←操作および設定の説明
multi-user.target 太字で表記
... 省略
```

●実行環境

◆ハードウェア
・HP ProLiant DL385p Gen8 （HP SmartArray P420i 搭載、追加 NIC 無し）
・HP ProLiant DL160 Gen8 （HP SmartArray B120i 搭載、追加 NIC 無し）
・HP ProLiant SL4540 Gen8 （HP SmartArray B120i および HP SmartArray P420i 搭載、追加 NIC：Mellanox 社の 2 ポート 10GbE）
・KVM 仮想化環境（ホストマシンは、DL385p Gen8 で稼働する CentOS 7）
◆ソフトウェア
・OS：CentOS 7.0
iso ファイル：CentOS-7.0-1406-x86_64-DVD.iso
・必要に応じて、インターネットのリポジトリからソフトウェアを取得しています。

●商　標
◆Linux は、Linus Torbalds の米国およびその他の国における商標もしくは登録商標です。
◆RedHat および Red Hat をベースとしたすべての商標、CentOS マークは、米国およびその他の国における Red Hat, Inc. 社の商標または登録商標です。
◆UNIX は、X/Open Co.,Ltd. 社の米国およびその他の国での商標です。
◆その他、本書に登場する会社名、製品名、サービス名は、各社の登録商標または商標です。
◆本文中では、(R)、(C)、TM は、表記しておりません。

はじめに

　2015 年現在、IT 業界で最も注目を浴びている言葉の一つに、オープンソースが挙げられます。Linux やオープンソースという単語自体は 1990 年代から頻繁に使われた、いわば "枯れた言葉" として定着していますが、クラウド時代の今、このオープンソースを語らずしてシステムは成り立たないと言っても過言ではありません。

　実は、2003 年ごろから、オープンソースを駆使した Linux システムが大規模な基幹業務や通信インフラ、金融システムに次々と採用されていきました。これらのシステムに採用されていた OS は、当時、無償版の Linux ディストリビューションでした。この無償版の Linux の発展は、現在でも Fedora、CentOS、Scientific Linux、Debian、Ubuntu、openSUSE などに代表されるコミュニティに引き継がれており、その適用範囲は、拡大の一途を辿っています。現在の無償版 Linux が発展している背景には、企業向けの安定した商用 Linux ディストリビューションと互換性のある OS が、無償で利用できる点が挙げられます。その商用 Linux ディストリビューションと互換性を維持した OS として世界的に最も利用されているのが CentOS（Community Enterprise Operating System）です。とくに、Hadoop などのスケールアウト型の分析基盤や GlusterFS、Ceph などのソフトウェア定義型分散ストレージ基盤、OpenStack などのクラウド基盤で利用されています。

　しかし、CentOS や周辺のオープンソースソフトウェアの目覚しい発展がみられる一方、それを熟知した熟練技術者や専門のコンサルタントが慢性的に不足していることも事実です。とくに、オープンソースビジネスにおいては、最適なシステム構成の提案、コンサルティング、インテグレーション、運用・保守サポートなどをトータルに理解した「Linux システムの専門家」が必要です。また、CentOS に限っては、ベンダーの保守サポートが受けられない点なども踏まえ、利用者の責任でシステムを構築・運用しなければならないなど、問題解決や安定的な運用に伴うリスクを踏まえた導入を検討しなければなりません。そのため、CentOS コミュニティは、これらの諸問題を解決するための技術的なノウハウについて、インターネット上で活発に議論され、さまざまな情報が公開されてきました。また、比較的古い CentOS 4 や CentOS 5 などの情報も簡単に入手でき、一つ前の CentOS 6 の導入においても、それらの旧来の技術ノウハウの情報が通用することが多く、比較的工数をかけることなく CentOS を導入し利用することができていました。

　しかし、2014 年、仕様がまったく新しくなった CentOS 7 が登場したことで、いままでのコミュニ

3

はじめに

ティが提供・公開していた技術情報が通用しない場面がいくつも出てきています。とくに、UNIX
や Linux で 20 年以上採用されていた init やランレベルといった仕組みの廃止、新ブートローダ
GRUB2 の採用、NetworkManager による NIC の設定、各種デーモンやサービスの起動・停止、ロ
グの取得方法、ファイヤウォールの設定手順が一新されており、さらに、DevOps 環境で非常に注
目を浴びている Docker と呼ばれるコンテナの搭載など、今、CentOS 7 に限らず Red Hat 系の互換
ディストリビューションのユーザーは、まったく新しく生まれ変わった CentOS 7 を採用する "変
革期" に差し掛かっていると言ってもよいでしょう。

　本書では、CentOS 7 だけでなく、その上で稼働する Docker、Hadoop、GlusterFS、Ceph などの
2015 年に国内外で話題となっている最新のトピックを含んでいます。これらのトピックを、構築
手順、使用方法も含めて一つの書籍としてまとめものは、世界的にみても非常に珍しいかもしれ
ません。また、最新のトピックだけでなく、CentOS 7 のポイントとなる基本的な操作方法や手順
も掲載しました。一般的な Linux サーバーのシステム提案、コンサルティング、構築、運用・保
守業務にも末長く利用でき、CentOS 7 の後継バージョンにも対応できる「バイブルのような本」
になればという思いで執筆しました。常日頃から本書を携行して読み返して頂き、実際のシステ
ムの提案、構築、日常業務など、さまざまな分野で役立ててほしいと願ってやみません。

　最後に、本書の執筆機会をいただいた方々に、厚く御礼を申し上げます。

2015 年 1 月吉日

古賀 政純

目　次

はじめに ･･ 3

第 1 章　CentOS 7 の概要 ･･･････････････････････････････ 11

　1-1　CentOS 7 を利用する背景 ･････････････････････････ 11

　1-2　保守サポートとシステム構成の関係 ･･････････････････ 12

　1-3　CentOS 7 のアーキテクチャと利用シーン ･･･････････ 13

　1-4　スケールアウト型基盤におけるフリー Linux ･･････････ 19

　1-5　CentOS 7 のリリースサイクル ･･･････････････････････ 21

　1-6　CentOS のバージョン番号 ･････････････････････････ 22

　1-7　CentOS 7 のカーネルの新機能 ･･････････････････････ 22

　1-8　まとめ ･･･ 23

第 2 章　インストール関連の新機能 ･････････････････････ 24

　2-1　インストール前段階での注意点 ･･･････････････････････ 24

　2-2　インストールメディアタイプ ･････････････････････････ 25

　2-3　一新されたインストーラ ･･････････････････････････････ 26

目　次

2-4	ソフトウェアの選択	32
2-5	テキストモードインストール	33
2-6	新ブートローダー GRUB 2	34
2-7	レスキューモードを使った復旧手順	39
2-8	まとめ	46

第 3 章　システム管理 － systemd 47

3-1	伝統的な UNIX や Linux で採用されていた init の歴史	47
3-2	ランレベルの廃止とターゲットの導入	49
3-3	systemd の仕組み	55
3-4	ユニットの依存関係	59
3-5	ロケール、キーボード設定、日付・時間・タイムゾーン設定	65
3-6	まとめ	69

第 4 章　ログ機構とログの活用 70

4-1	新たなログ機構	70
4-2	Systemd Journal を使いこなす	71
4-3	ログの保存	78

		目 次

4-4 　ログデータの転送 ··· 81

4-5 　ログの信頼性保証 ··· 85

4-6 　複数ログの一括収集 ··· 88

4-7 　まとめ ··· 92

第 5 章 　ネットワーク管理ツール ··· 93

5-1 　ネットワーク管理の変更点 ··· 93

5-2 　NIC の永続的な命名 ··· 94

5-3 　nmcli コマンドの基礎 ··· 98

5-4 　インタフェース接続の追加と削除 ·· 104

5-5 　NetworkManager-tui による設定 ··· 109

5-6 　iproute のススメ ·· 110

5-7 　リンクアグリゲーション ·· 115

5-8 　旧ネットワークインタフェース名の設定 ·································· 120

5-9 　NetworkManager を使わない NIC の管理 ·································· 127

5-10 　　まとめ ·· 129

第 6 章 　仮想化における資源管理 ·· 130

目 次

6-1	仮想化の始まり		130
6-2	KVM		131
6-3	コマンドラインによる仮想マシンの管理		137
6-4	Docker とは？		146
6-5	cgroup によるハードウェア資源管理		161
6-6	まとめ		169

第 7 章　OpenLMI ································ 170

7-1	OpenLMI によるシステム管理		170
7-2	OpenLMI とは		171
7-3	OpenLMI のアーキテクチャ		172
7-4	OpenLMI のコマンド操作		174
7-5	まとめ		184

第 8 章　セキュリティ機能 ························ 185

8-1	複雑化するセキュリティ		185
8-2	firewalld のセキュリティ機能		186
8-3	firewalld を使ったサービスの設定		188

目 次

8-4 GRUB 2 のセキュリティ対策 ･･････････････････････････ 196

8-5 ファイルシステムのセキュリティ向上 ･･････････････････ 205

8-6 まとめ ･･ 210

第 9 章　パフォーマンスチューニング ･･････････････････････ 211

9-1 CentOS 7 のチューニング機能 ･･････････････････････ 211

9-2 tuned を使ったチューニング ････････････････････････ 212

9-3 メモリチューニング ･･････････････････････････････ 217

9-4 ディスク I/O のチューニング ･･････････････････････ 220

9-5 自動 NUMA バランシングと仮想化 ･･････････････････ 222

9-6 tuna コマンドを使ったチューニング ････････････････ 230

9-7 まとめ ･･ 236

第 10 章　自動インストール ･･････････････････････････････ 239

10-1 自動インストールの種類とシステム構成 ･･････････････ 239

10-2 Nginx、TFTP、DHCP、Kickstart を駆使した自動インストールサーバーの
構築 ･･ 241

10-3 Kickstart DVD iso イメージの作成方法 ･･････････････ 254

10-4 まとめ ･･ 259

目 次

第 11 章　Hadoop の構築 · 260

11-1　Hadoop を知る · 260

11-2　Hadoop のシステム構成 · 261

11-3　Java のインストール · 267

11-4　Hadoop の設定 · 269

11-5　まとめ · 283

第 12 章　GlusterFS と Ceph · 284

12-1　分散ストレージ基盤とは · 284

12-2　GlusterFS のシステム構成 · 285

12-3　分散ストレージソフトウェア Ceph · · · · · · · · · · · · 300

12-4　まとめ · 312

索引 · 314

第1章 CentOS 7 の概要

近年、広告業やオンラインゲームシステムなどのサービスプロバイダや、通信業、製造業の分析基盤や製品の解析基盤に採用されている OS に、CentOS があります。無料で入手して利用できるサーバー OS として確固たる地位を築いてきましたが、最新の CentOS 7 は、従来と比べて、そのアーキテクチャがガラリと変わっています。そのため、運用方法が今までと大きく変わり、技術者は Linux システムの運用方法のスキルを新たに習得する必要があります。本章では、そのガラリと変わったCentOS 7 が選定される背景、採用されるサーバー基盤、アーキテクチャなどの基礎的な内容を説明します。

1-1　CentOS 7 を利用する背景

　2014 年 6 月に発表された Red Hat Enterprise Linux 7（以下 RHEL 7）の互換 OS として、CentOS 7 が同年 7 月にリリースされました。CentOS 7 は、無償提供されているサーバーシステム用の Linux OS です。その開発を担う CentOS のコミュニティのメンバには、Red Hat 社の技術者達が直接かかわっています。

　Red Hat 社は、RHEL 7 を構成するオープンソースソフトウェア（以下 OSS）のソースコードを公開しています。このソースコードを用いて、Red Hat 社の商標や商用ソフトウェアを取り除き、1 つの Linux ディストリビューションとしてまとめたものを「RHEL 互換 OS」といい、その 1 つ

にCentOSがあります。

　RHELの互換OSとしては、CentOS（Community ENTerprise OS）以外にも、科学技術計算サーバーで利用されるScientific LinuxやRocks Cluster Distributionなどが古くから存在します。CentOSのコミュニティ発足当時は、RHEL互換OSという立場から、Red Hat社は、CentOSの発展には関与しない形でしたが、2014年からは方針を変更し、CentOSプロジェクトをRed Hat社が支援する形になりました。2014年4月にサンフランシスコで開催されたRed Hat Summit 2014では、CentOSのコミュニティがブースを出展しており、Red Hat社との協調拡大路線を示唆しているといえそうです（図1-1）。

図1-1　Red Hat Summit 2014におけるCentOS展示ブース ―
　　　　CentOSコミュニティとRed Hat社エンジニアが協調路線をとっている。

1-2　保守サポートとシステム構成の関係

　CentOSは、誰もが無償で入手できるLinuxのディストリビューションです。しかし、ベンダーの保守サポートがありません。RHELやSLES（SUSE LINUX Enterprise Server）などの商用Linuxを導入するユーザーは、ハードウェアとドライバや監視エージェント類、ミドルウェアの問題の切り分け作業をベンダーに依頼できますが、CentOSには、ベンダーの保守サポートがないため、問題の切り分け作業をユーザー自身で行う必要があります。また、障害が発生しなくても、性能が劣化するような問題が発生した場合、ハードウェアに問題があるのか、カーネルパラメーター

● 1-3 CentOS 7 のアーキテクチャと利用シーン

の設定に問題があるのか、ミドルウェアのチューニングに問題があるのかなどといった、問題の切り分け作業は膨大な工数が伴う場合があります。こうした点を踏まえたうえで、商用かフリーの OSS のどちらを導入するのか、適切な判断を行う必要があります。

　Linux OS の保守サポートの有無は、利用するシステムと密接な関係があります。Web サーバーのようなフロントエンド層では、スケールアウト型サーバーによって構成され、1 台の Web サーバーに障害が発生しても、ほかの Web サーバーに負荷分散することによって全体に影響が出ない仕組みになっています。さらに、トラフィックの負荷分散を行うために、通常、Web サーバーは、大量にノードを配置します。また、フロントエンドサーバーの場合は、負荷分散装置と、ある程度ノードの台数を多めに配置すれば、それほど厳密なチューニングをしなくても、Web サーバーとしての性能はスケールします。このため、初期導入および導入後のシステム拡張の運用費低減の観点から、OS にフリー Linux を採用する場合が少なくありません。

　一方、データベースなどのバックエンドサーバーには、大規模な基幹システムであれば、UNIX や Nonstop システムなどのミッションクリティカルシステムが採用され、部門のデータベースサーバーにおいては、RHEL などの商用 Linux が採用されます。顧客の預貯金データの保管や、決済処理などの極めて厳密な整合性が要求されるトランザクション処理を行うデータベースシステムでは、障害発生時の問題切り分け作業、原因追及、復旧作業が顧客とベンダー双方にとって非常に重要な意味を持ちます。そのため、バックエンドサーバーなどでは、責任範囲の明確化が可能な、RHEL などの商用 Linux が採用される傾向にあります。このように、利用されるシステムやユーザー部門の技術スキル、SLA などによって、CentOS などのフリー Linux や商用 Linux を適材適所に配置することを忘れてはなりません（図 1-2）。

　また、最近では、フロントエンドサーバーとして、CentOS 以外に Ubuntu Server などの利用も見られますが、Linux 技術者の新しいスキル習得のコスト削減や保有スキルの有効利用の関係上、世界中のサービスプロバイダのフロントエンドサーバーの多くは、CentOS が採用されています。

1-3　CentOS 7 のアーキテクチャと利用シーン

　CentOS 7 になり、サポートされる論理 CPU 数やメモリ容量、ファイルシステムサイズなどは、大幅に最大値が引き上げられています。以下では、主立った変更点について紹介します。

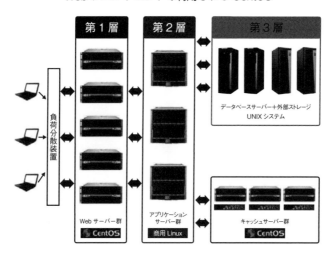

図1-2　3層構成におけるCentOSの利用 ― 3層構成では、Webサーバー群、キャッシュサーバー群においてCentOSが利用されることが多い。

1-3-1　プロセッサアーキテクチャ

　CentOS 7では、32ビット版は廃止され、64ビットのx86_64アーキテクチャのみをサポートしています。32ビット版x86アーキテクチャのマシンを利用する場合には、CentOS 4、CentOS 5、CentOS 6系を利用する必要があります。また、IBMメインフレーム、Alphaアーキテクチャ、SPARCアーキテクチャ、IA-64アーキテクチャは、CentOS 4までのサポートであるため、これらの64ビット非x86アーキテクチャを利用する場合には、CentOSのバージョンに注意が必要です。さらに、CentOSは、現時点でARMアーキテクチャをサポートしていません（表1-1）。

アーキテクチャ	CentOS 4	CentOS 5	CentOS 6	CentOS 7
最新バージョン	4.9	5.11	6.6	7.0-1406
32ビット版x86	対応	対応	対応	非対応
x86_64	対応	対応	対応	対応
IA64	対応	非対応	非対応	非対応
IBM s390, s390x	対応	非対応	非対応	非対応
IBM Power, Mac	対応	非対応	非対応	非対応
SPARC	対応	非対応	非対応	非対応

DEC Alpha	対応	非対応	非対応	非対応
ARM	非対応	非対応	非対応	非対応

表1-1　CentOS のアーキテクチャ対応表 ― CentOS 7 は、x86_64 アーキテクチャに絞ったディストリビューションであることがわかる（2014 年 12 月時点）。

1-3-2　論理 CPU 数

　CentOS 6 では、対応する論理 CPU 数が、最大 64 でしたが、CentOS 7 になり、CentOS 5 と同様にサポートされる最大論理 CPU 数が 160 になりました。現在では、x86 アーキテクチャのサーバーにおいて、マルチコア CPU のシステムで 64 コアを超える利用も珍しくなくなっています。こうしたコア数増加の背景には、仮想化技術の普及と、クラウド基盤の導入が進んでおり、ホスト OS 上で稼働する仮想マシンごとに論理 CPU を割り当て、同時に稼働させる仮想マシンの数が増えてきたことが挙げられます（表 1-2）。

アーキテクチャ	CentOS 4	CentOS 5	CentOS 6	CentOS 7
最新バージョン	4.9	5.11	6.6	7.0-1406
32 ビット版 x86	32	32	32	非対応
x86_64	64	160	64	160
IA64	64	非対応	非対応	非対応
IBM s390, s390x	8	非対応	非対応	非対応
IBM Power, Mac	64	非対応	非対応	非対応
SPARC	8	非対応	非対応	非対応
DEC Alpha	8	非対応	非対応	非対応
ARM	非対応	非対応	非対応	非対応

表1-2　CentOS がサポートする最大論理 CPU 数 ― CentOS 7 では、最大 160 の論理 CPU をサポートする。比較的中規模から大規模の SMP マシンを使用した仮想化システムにおいて、大量のコアを同時に仮想マシンに割り当てるニーズがある（2014 年 12 月時点）。

第 1 章 CentOS 7 の概要

1-3-3　最大メモリ容量

　CentOS 7 でサポートされる最大メモリ容量は、CentOS 6 と同様に 3TB です。最近の x86_64
アーキテクチャのハイエンドの SMP（Symmetric Multi Processing）マシンでは（HP ProLiant DL580
Gen8 など）、6TB ものメモリを搭載可能なものも登場しています。現時点で CentOS 7 でサポート
される容量は 3TB ですが、理論的には 64TB まで利用できる可能性があります（表 1-3）。

アーキテクチャ	CentOS 4	CentOS 5	CentOS 6	CentOS 7
最新バージョン	4.9	5.11	6.6	7.0-1406
32 ビット版 x86	64GB	16GB	16GB	非対応
x86_64	128GB	1TB	3TB （理論上は 64TB）	3TB （理論上は 64TB）
IA64	256GB	非対応	非対応	非対応
IBM s390, s390x	64GB	非対応	非対応	非対応
IBM Power, Mac	128GB	非対応	非対応	非対応
SPARC	64GB	非対応	非対応	非対応
DEC Alpha	64GB	非対応	非対応	非対応
ARM	非対応	非対応	非対応	非対応

表 1-3　CentOS がサポートする最大メモリ容量 ― CentOS 7 は、CentOS 6 と同様に 3TB までのメモリ
　　　　容量をサポートする（2014 年 12 月時点）。

1-3-4　ファイルシステム

　CentOS では、ファイルシステムとして、これまでサポートされている ext3、ext4 に加え、XFS が
サポートされ、最大ファイルシステムサイズも 500TB をサポートしています。この対応は、ビッ
グデータ分析基盤での利用を想定したものといえるでしょう。近年、ビッグデータ用途向けに開
発されたサーバーは、1 筐体当たり 4TB のハードディスクを 60 本搭載できるモデル（ビッグデー
タ基盤向けサーバーとしては HP ProLiant SL4540 Gen8 など）も登場しています。このようなビッ
グデータ向けに開発された x86 サーバーでは、1 筐体で、内蔵ディスクが 200TB を超えることも
少なくないため、ext4 に取って代わるファイルシステムの利用が期待されていました（表 1-4）。

16

● 1-3 CentOS 7 のアーキテクチャと利用シーン

アーキテクチャ	CentOS 4	CentOS 5	CentOS 6	CentOS 7
最大ファイルサイズ（ext3）	2TB	2TB	2TB	2TB
最大ファイルシステムサイズ（ext3）	8TB	16TB	16TB	16TB
最大ファイルサイズ（ext4）	非対応	16TB	16TB	16TB
最大ファイルシステムサイズ（ext4）	非対応	16TB	16TB	50TB
最大ファイルサイズ（XFS）	非対応	非対応	非対応	500TB
最大ファイルシステムサイズ（XFS）	非対応	非対応	非対応	500TB
最大ブート LUN サイズ（BIOS 搭載マシン）	非対応	2TB 未満	2TB 未満	2TB 未満
最大ブート LUN サイズ（UEFI 搭載マシン）	非対応	非対応	2TB 超可能	50TB
プロセス当たりの仮想アドレス空間（x86_64）	512GB	2TB	128TB	128TB

表 1-4　CentOS がサポートする最大ファイルシステムサイズ － CentOS 7 は、XFS が標準でサポートされ、500TB まで利用できるようになった。大容量の内蔵ディスクを大量に使う Hadoop クラスタのような、ビッグデータ基盤に適したファイルシステムを利用できる。

CentOS7 で XFS が標準でサポートされたことにより、ビッグデータ基盤への対応が容易になったといえるでしょう。

◎ XFS ◎

CentOS 7 では、XFS が標準のファイルシステムとなっており、/boot パーティション、ルートパーティション、ユーザーデータなど、スワップを除くすべてのパーティションを XFS で構成できる。XFS は、ジャーナリングに関する IOPS（I/O Per Second）をできるだけ減らすことで、高性能を実現しているファイルシステムである。データの読み書きにおいて高いスループットを実現できるファイルシステムであることから、近年注目を浴びるソフトウェア定義ストレージを使った、分散型のビッグデータ基盤で利用する OS のファイルシステムで採用が増えつつある。

第 1 章 CentOS 7 の概要

1-3-5 　UEFI 対応

　CentOS 7 は、BIOS を搭載したサーバーだけでなく、UEFI（Unified Extensible Firmware Interface）への対応など、次世代サーバー基盤を見据えたアーキテクチャになっています。UEFI 搭載マシンは、OS のブートの仕組みが従来の BIOS 機と大きく異なるため、注意が必要です。たとえば、CentOS 6 における BIOS 搭載マシンのブート領域（最大ブート LUN サイズ）は、ハードディスクの 2TB 未満に配置する必要がありましたが、UEFI 搭載マシンではその制限が撤廃されています。ただし、UEFI 搭載マシンでも、ブート領域を 50TB 以内に配置しなければならない制限が設けられています。

◎ UEFI ◎

　UEFI は、BIOS に比べて各種の拡張を行いやすいモジュラー形態をとるインタフェースである。UEFI により、ディスクの CHS ジオメトリの変換を行うことなく、GPT ラベルを持つ 2.2TB 超の LUN から Linux システムを起動させることができる。UEFI を搭載した HP ProLiant サーバーシリーズとしては、DL580 Gen8 が初の実装である。最近の x86 サーバーは、BIOS モードと UEFI モードの切り替えが可能であるが、将来的には、UEFI モードのみを実装した x86 サーバーがリリースされる。BIOS モードと UEFI モードの切り替えが可能なサーバーでは、OS 導入後のモードの切り替えができないため、注意を要する。OS 導入後に BIOS モードから UEFI モードを変更するには OS の入れ直しが必要となる。また、PXE を使ったネットワークインストールでは、BIOS モード用の起動イメージと UEFI モード用の起動イメージが異なる。

　なお、CentOS 7 でサポートされる論理 CPU、メモリ容量、ファイルシステムサイズなどの上限は、CentOS 7 のアップストリームに位置付けられる RHEL 7 の制限値が参考になります。詳しく知りたい方は、RHEL 7 のリリースノートが参考にしてください[1]。

　また、CentOS プロジェクトの「CentOS Product Specifications」の Web ページに、バージョンごとの制限値が掲載されていますので、更新されていないかのチェックも含め、参照するようにしましょう[2]。

＊ 1　Red Hat Enterprise Linux 7 のリリースノートに掲載されている制限値：
　　　https://access.redhat.com/documentation/ja-JP/Red_Hat_Enterprise_Linux/7/html/
　　　7.0_Release_Notes/chap-capabilities_and_limits.html
＊ 2　「CentOS Product Specifications」の Web ページ：http://wiki.centos.org/About/Product

1-4 スケールアウト型基盤におけるフリー Linux

2014 年秋以降、米国 HP をはじめとする主要なハードウェアベンダーにおいて、RHEL 7 およびその互換 OS である CentOS 7 が稼働可能な x86 サーバーのリリースが始まりました。x86 サーバーの製造を手掛けるベンダーが RHEL 7 の動作認定だけでなく、その互換 OS である CentOS 7 の動作確認（動作認定ではないことに注意）に取り組む背景には、近年のスケールアウト型システムを導入するホスティング／ Web・クラウドサービスやオンラインゲームサービス、そして Hadoop クラスタなどのビッグデータ基盤へのニーズの高まりがあります。

■ Column ■■■ 動作確認と動作認定の違いとは

「動作確認」とは、その OS の保守サポートの有無に関係なく、ベンダーが OS の基本的なインストール可否やネットワーク通信などの最低限の機能を確認したことを指します。あくまで、簡易的な動作を確認したレベルであり、インストール時あるいはインストール後の動作の一部に何らかの不具合があったとしても、ベンダーの保守サポートは受けられません。一方、「動作認定」とは、ハードウェアや OS ベンダーが提供する動作サポート認定表（サポートマトリクスや互換性リストと呼ばれます）に掲載された OS とハードウェアの組み合わせにおいて、ベンダーが当該ハードウェアでの OS の対応を正式に認定することを指します。動作が認定されている OS のバージョンとハードウェアの組み合わせがベンダーによって決められています。

ベンダーが認定しているバージョンの OS とハードウェアを利用し、ハードウェアベンダーによる OEM 版 OS の保守サービスを購入している場合は、ハードウェアベンダーの保守サポートを受けることが可能です。たとえ、見掛け上 OS が正常に動作したとしても、ベンダーが動作認定していない OS のバージョンとハードウェアの組み合わせで利用した場合は、ベンダーの保守サポートは受けられません。

スケールアウト型サーバーを購入するサービスプロバイダや Hadoop ユーザーの多くは、最新技術でありながらも、安定した OSS を採用し、数百台、数千台規模のサーバーへの導入と運用の簡素化を求めています。スケールアウト型システムを採用するサービスプロバイダや Hadoop ユーザーの場合、サービス開始直後はサーバー台数が少なくても、システムの拡張に伴いサーバー台数が増える傾向にあります。その場合の導入費用の圧縮を図るために、CentOS が利用される傾向にあります。ただし、ユーザーの 1 次保管庫に利用されるような分散ストレージ基盤は、顧客の重要なデータを保管しておくというシステムの特性上、商用 Linux や Red Hat Storage などの商用の分散ストレージソフトウェアを採用する傾向にあります。CentOS 上で分散ストレージを実現する OSS を稼働させることは技術的に可能ですが、SLA や障害発生時の問題切り分けの体制、責任

第 1 章 CentOS 7 の概要

範囲を明確に定義しておく必要があります（図 1-3）。

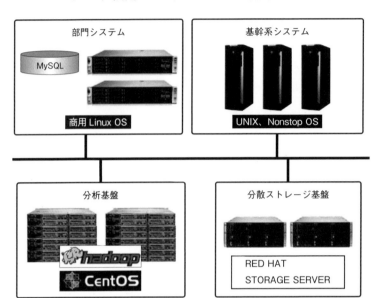

図 1-3 UNIX、商用 Linux、CentOS の利用シーン ─ スケールアウト型の分析基盤では、UNIX、商用 Linux ではなく、CentOS などのフリー Linux が採用される傾向にある。スケールアウト型でも分散ストレージ基盤では、データの保全性とサポートの必要性の観点から、商用製品の採用が検討される傾向にある。

◎ 分散ストレージ基盤 ◎

　分散ストレージ基盤は、GlusterFS、Ceph（セフ）などのオープンソースソフトウェアと複数の x86 サーバーを束ねた大容量のストレージシステムを指す。分散ストレージは、複数のサーバーを束ねて 1 つのファイルシステム（分散ファイルシステム）を形成する場合が多いが、Ceph のように、分散ファイルシステムだけでなく、オブジェクトストレージ、ブロックストレージ用途としてもサポートしているものも存在する。この Ceph は、米国 Inktank 社が提供していたが、Red Hat 社が Inktank 社を買収し、現在は、Red Hat 社の製品となっている。また、Hadoop の分散ファイルシステムである HDFS（Hadoop Distributed File System）も分散ストレージの一種とみなすことができる。近年では、HDFS 上に保管したファイルをクライアントから NFS マウントし、HDFS を NAS のように利用したいというニーズが出てきている。

1-5 CentOS 7 のリリースサイクル

CentOS は、ベンダーによる保守サポートはありませんが、コミュニティによるメンテナンスの更新期限が存在します。CentOS におけるメンテナンスの更新は、2 種類存在します。新機能の追加やセキュリティ対策用のパッチのリリースが行われる「完全更新（Full Updates）」と、最低限必要とされるセキュリティ対策用のパッチのリリースを想定した「メンテナンス更新（Maintenance Updates）」です。CentOS 7 の場合、メンテナンス更新として約 10 年を想定しており、完全更新は、対応期間内に 1 年に数回程度実施されることを想定しています。

CentOS 4 のメンテナンス更新期限（End-of-Life）は 2012 年にすでに終了しています。CentOS 5 のメンテナンス更新期限は 2017 年 3 月 31 日を想定しているため、現状、CentOS 5 でシステムを構成している場合は、2017 年までに対策を打つ必要があるでしょう。CentOS 6 のメンテナンス更新期限は 2020 年 11 月 30 日、CentOS 7 のメンテナンス更新期限は 2024 年 6 月 30 日となっています（表 1-5）。

	CentOS 4	CentOS 5	CentOS 6	CentOS 7
完全更新期限	2009 年 2 月 29 日	2014 年 第 1 四半期	2017 年 第 2 四半期	2020 年 第 4 四半期
メンテナンス 更新期限	2012 年 2 月 29 日	2017 年 3 月 31 日	2020 年 11 月 30 日	2024 年 6 月 30 日

表 1-5 CentOS のコミュニティが定める完全更新の期限とメンテナンス更新期限 ― CentOS 7 は、2024 年まで最低限必要なセキュリティパッチの提供が行われる予定である。

CentOS のメンテナンス更新期限は、脚注に示した URL で確認できます[3]。アプリケーションの対応の関係上、CentOS 7 ではなく、CentOS 6 を導入せざるを得ない場合がありますが、その導入を予定しているシステムの更改時期と CentOS のメンテナンス更新期限を照らし合わせて、CentOS の導入の検討を行うようにしましょう。

＊3 CentOS のメンテナンス更新期限：http://wiki.centos.org/Download

第 1 章 CentOS 7 の概要

1-6　CentOS のバージョン番号

　CentOS 6 までは、バージョン番号として、メジャーバージョンとマイナバージョンの組み合わせによって表記していました。たとえば、メジャーバージョンが 6 で、マイナバージョンが 5 の場合は、CentOS 6.5 と表記していました。このメジャーバージョンとマイナバージョンの組み合わせは、アップストリームである RHEL のバージョンに対応しており、対応する RHEL のバージョンと互換性を保つようになっています。CentOS 7 では、メジャーバージョンとマイナバージョンにリリースされたソースコードの年月を意味するタイムスタンプが付与される表記になりました。たとえば、CentOS 7 の場合、RHEL7.0 をベースに、2014 年 6 月にリリースされたソースコードを基にしているため、CentOS 7.0.1406 というバージョンになります。

1-7　CentOS 7 のカーネルの新機能

　CentOS 7 は、Linux カーネルバージョン 3.10.0 の採用により、次のような特徴があります。

● Linux カーネルバージョン 3.10.0 の採用によりテラバイトクラスの大規模メモリへ対応
● テラバイトクラスのメモリを搭載した場合の kdump に対応
● アップストリームの RHEL 7 において、テクノロジープレビューではあるものの、複数の CPU に対応したクラッシュカーネルの起動に対応
● NUMA アーキテクチャを持つシステムにおいて、アプリケーションなどのプロセスの配置を自動的に行い、性能改善を試みる機能を搭載
● OS のスワップメモリを圧縮する技術である「zswap」により、ディスク I/O を低減し、性能向上を試みる仕組みを搭載
● 稼働したままカーネルのパッチ適用が可能

　とくに、「稼働したままカーネルのパッチ適用が可能」という機能は、CentOS 7 の目玉機能の 1 つとなっています。これは、ダイナミック・カーネル・パッチング（通称 kpatch）と呼ばれます。Oracle Linux の ksplice や、SUSE 系ディストリビューションに搭載されている kGraft に相当するものです。OS を再起動せずにカーネルにパッチを当てることができるため、ダウンタイムの大幅な削減に貢献します。ただし、アップストリームである RHEL 7 では、あくまでテクノロジープレビューでの搭載ですので、CentOS 7 でも同様にテクノロジープレビューの範囲での利用に留めておくべきです。

22

● 1-8 まとめ

■ Column ■■■ kpatch の参考情報

　　CentOS 7 に搭載されている kpatch と同様の機能で、RHEL クローンの一種である Oracle Linux において OS を再起動せずにパッチ適用を実現する ksplice の機能は、コミュニティが手掛けるアップストリームカーネルに取り込まれるか否かが非常に重要になってきます。過去、ksplice は、構造が複雑すぎるなどの理由で、アップストリームカーネルへの導入を拒否されています。しかし、再びアップストリームカーネルへの採用も検討されているようですので、今後、アップストリームカーネルへの ksplice、kpatch、kGraft の採用競争が繰り広げられる可能性があります。

　　kpatch の特徴としては、以下のような点が挙げられます。

● ミッションクリティカル顧客向けのゼロダウンタイムの実現に向けた取り組み

● ftrace に基づくアーキテクチャ

● カーネルモジュールまたはカーネルの修正を稼働中のカーネルに挿入

1-8　　まとめ

　第 1 章では、CentOS 7 の概要について述べました。以下、本章で取り上げた CentOS 7 の特徴となるポイントを挙げておきます。

● CentOS のコミュニティと Red Hat 社が協調

● 3 層構成においては、CentOS の適材適所の見極めが重要

● ビッグデータ基盤用に開発されたサーバーでの利用にも耐えられる XFS の採用

● スケールアウト基盤導入顧客では、初期導入費用削減に CentOS を採用

● 採用前に、CentOS 7 における完全更新とメンテナンス更新の期限を知っておく

● 稼働状態でパッチを適用する kpatch などのエンタープライズ向け機能の成熟に期待

第 2 章　インストール関連の新機能

第2章 インストール関連の新機能

CentOS 7 のインストーラは、Linux をインストールしたことがない初心者でも理解できるような、非常にわかりやすいインタフェースを備えているだけでなく、さまざまなハードウェア環境や状況に柔軟に対応できるように、複数のモードが用意されています。従来の CentOS 6 までのインストーラと比べると、CentOS 7 のインストーラは、さまざまな変更が施されています。本章では、CentOS 7 のインストール時の注意点、インストーラの新機能、新しく搭載された GRUB2、レスキューモードの利用方法など、運用管理者が知っておくべき機能を紹介します。

2-1　インストール前段階での注意点

　CentOS 7 に限らず、OS を x86 サーバーにインストールする場合、目的の業務に応じたハードウェアの設定を整えておく必要があります。近年、x86 サーバーに搭載できるメモリやディスクの容量が急激に増加しており、これに伴い、ハードウェア側の事前準備を適切に行わないと、購入したハードウェアの機能や性能を十分に発揮できないといった事態に陥る可能性があります。とくに、データベースサーバーなどで巨大なメモリ空間を利用する場合には、注意が必要です。たとえば、1TB 超を越えるメモリを装備する x86 サーバーで CentOS 7 を利用する場合、あらかじめ BIOS の設定画面で 44 ビットアドレッシングを有効にするなどのハードウェアのパラメーター調整が必要になります。また、近年、BIOS と UEFI（Unified Extensible Firmware Interface）を両方

● 2-2 インストールメディアタイプ

搭載している x86 サーバーが増えてきていますが、利用する x86 サーバーに外付けストレージなどを組み合わせる場合、CentOS 7 での動作確認以外に、BIOS または UEFI のどちらをサポートするかなど、サポート要件を調査しておく必要があります。たとえば、FC ストレージをサーバーに接続する場合、サーバー側で BIOS か UEFI モードのどちらをサポートするか、ベンダーによって決められています。

2-2　インストールメディアタイプ

CentOS 7 のインストールメディアは、CentOS コミュニティのダウンロードサイトから ISO イメージで提供されています。CentOS コミュニティが提供する本家のサイト以外にミラーサイトが用意されていますので、適宜利用するとよいでしょう[1]。

入手できる ISO イメージには、以下に示す種類が存在します。

- ●CentOS-7.0-1406-x86_64-DVD.iso
- ●CentOS-7.0-1406-x86_64-Everything.iso
- ●CentOS-7.0-1406-x86_64-GnomeLive.iso
- ●CentOS-7.0-1406-x86_64-KdeLive.iso
- ●CentOS-7.0-1406-x86_64-Minimal.iso
- ●CentOS-7.0-1406-x86_64-NetInstall.iso
- ●CentOS-7.0-1406-x86_64-livecd.iso

一般的なサーバー用途の場合は、CentOS-7.0-1406-x86_64-DVD.iso を利用すればよいでしょう。本書でも、この CentOS-7.0-1406-x86_64-DVD.iso を使った場合を想定して説明を行います。

CentOS-7.0-1406-x86_64-Everything.iso は、標準的な CentOS 7 サーバー環境に必要なパッケージ以外に、さらに追加の機能を実現するためパッケージを含めたものです。Live ISO イメージは、ローカルのハードディスクにインストールせずに、オンメモリで利用するためのメディアです。ハードディスクの盗難防止などの情報セキュリティの観点から、ディスクレスで利用する場合に有用です。

CentOS-7.0-1406-x86_64-Minimal.iso は、必要最低限のパッケージをインストールするメディアです。必要最小限のパッケージのみで環境が整備されますので、GNOME や KDE などの X Window ベースのデスクトップ環境も含まれません。インストールされるパッケージも 297 個と少なく、

＊1　CentOS のメディアを入手できるミラーサイト一覧：http://www.centos.org/download/mirrors

第 2 章 インストール関連の新機能

ハードディスクの消費も初期状態では、約 935MB と、1GB を切る容量でインストールが完了します。機能が限定的な仮想マシンなどでのサーバー構築にも有用です。ただし、最小インストールでは、あとからメンテナンスの関係上、必要なパッケージやサービスを追加することが必要になる場合が少なくありません。そのため、一般的な DVD ISO イメージを使ったインストールの場合と同様に、yum コマンドを駆使して、インターネットや LAN 内に構築したリポジトリサーバーからパッケージを入手できるように、環境を整えておくことが望ましいでしょう。

CentOS 7 のインストールメディアには、さまざまな利用シーンを想定した複数のメディアが用意されています。そのため、一概に「このインストールメディアが良い」とは言えませんが、従来の CentOS 6 までと同様の一般的なサーバー用途で、かつ、GUI を含んだ形でサーバー OS 環境を整える場合は、CentOS-7.0-1406-x86_64-DVD.iso を利用すればよいでしょう。

2-3　一新されたインストーラ

本節では、一般的なサーバー構築に利用される、CentOS-7.0-1406-x86_64-DVD.iso を使ってインストールを行う場合について解説します。CentOS-7.0-1406-x86_64-DVD.iso で提供される CentOS 7 のインストーラは、それまでのインストーラとは GUI 画面の見た目だけでなく、機能面でも数々の変更が施されています。

2-3-1　GUI モードとテキストモード

CentOS 7 のインストーラでは、従来の CentOS 6 と同様、GUI モードでのインストールとテキストモードでのインストールの両方を兼ね備えていますが、GUI モードとテキストモードの画面や機能が一新されています。CentOS 7 の最初のステップのインストール画面では、CentOS 7 のインストール、メディアのテスト兼インストール、トラブルシューティングの 3 項目になっています。CentOS 6 のインストーラでは、基本的なビデオドライバ（VESA）でのインストール、レスキューモード、メモリテストの項目が最初からリストアップされて表示されていましたが、CentOS 7 ではこれらの項目が、Troubleshooting にまとめられています（図 2-1）。

26

●2-3 一新されたインストーラ

図2-1 Troubleshootingの画面 — CentOS 7のトラブルシューティング画面では、VESAモードでのインストールを行うメニューやレスキューモードが用意されている。

2-3-2 VESAモードでのインストール

　CentOS 7でも、従来と変わらずVESAでのインストールが利用できるので、高解像度表示によるインストールで不具合がある場合には、VESAモードでのインストールが可能です。VESAモードでのインストールは、ブートパラメーターにxdriver=vesa nomodesetが付与されてインストールが行われます。付与されるブートパラメーターは、メニュー画面から、通常のインストールモードのInstall CentOS 7、あるいは、Troubuleshootingを選択後の「Install CentOS 7 in basic graphics mode」に上下矢印キーでカーソルを合わせた状態で、TABキーを押すことで画面の最下行に表示されます。また、キーボード入力によって、このコマンドラインに独自のブートパラメーターを付与することもできます（コマンドラインは、Ctrl + Uによってクリアできます）。

　なお、VNCインストール（inst.vnc）の場合は、「inst.vnc inst.vncconnect=VNCクライアントのIPアドレス」をブートパラメーターに入力することで、VNC経由でインストール可能です。VNCクライアント側は、「vncviewer -listen」でリッスンモードにしておきます。

27

第 2 章 インストール関連の新機能

2-3-3　インストーラ起動時のオプション

　CentOS 7 では、インストーラが起動したあとにさまざまなオプションを付与することにより、トラブルを回避することができます。よくあるトラブルとしては、次のようなものが挙げられます。

- ●画面がブラックアウトし、キーボード入力を受け付けない。
- ●カーネルパニックを起こしてインストーラが進まない。
- ●インストーラが、ローカルのハードディスクを認識しない。

　これらのトラブルは、インストーラ起動時にオプションを付与することにより回避することが可能です。インストーラ起動時のオプションは、ハードウェアに関連したトラブルが多くを占めます。画面のブラックアウト対策としては、解像度のミスマッチがあるため、強制的に VESA モードに設定するなどの対策が考えられます。カーネルパニックについては、さまざまな原因がありますが、ファイルシステムをマウントできないようなトラブルの場合は、起動時のオプションから、レスキューモードに移行し、破損部分を修正したり、カーネルのダウングレードやアップグレードを実施することができます。ローカルのハードディスクを認識しない原因の一つとして、擬似 RAID 系のコントローラーのドライバのロードをインストーラ起動時のオプションに付与していない可能性があります。

　このように、インストーラ起動時のオプションは、トラブルシューティングに役立てることができますが、オプションの数が多いことと、対処方法が物理サーバーの機種や構成、OS のバージョンや種類によって組み合わせが無数に存在するため、過去の経験から導き出されるパラメーターを付与する場合が少なくありません。

　以下では、その中でも典型的なトラブルとしてモニタ出力と擬似 RAID コントローラーへの対処を取り上げます。

■モニタ出力のトラブル対応

　CentOS 7 のインストーラが、起動途中でモニタに何も出力されない場合、モニタの出力範囲外に自動的に設定されている可能性があります。この場合、Troubleshooting を選択し、Install CentOS 7 in basic graphics mode で対処することになりますが、それでもモニタに何も出力されず、インストールが続行できない場合は、CentOS 7 のインストーラのブートプロンプトでいくつかのパラメーターを付与することができるようになっています。ブートプロンプトは、インストーラの最初の画面の Install CentOS 7 を選択した状態で TAB キーを押すと表示されます。

28

モニタ出力範囲外が原因でインストーラの画面が表示されない問題を回避する具体的なパラメーターとしては、次の3つが利用可能です。

● 方法1：解像度を下げる。　→パラメーター：inst.resolution=640x480
● 方法2：テキストモード利用する。　→パラメーター：inst.text
● 方法3：遠隔から VNC 接続する。　→パラメーター：inst.vnc

■ RAID コントローラードライバの追加

　ハードウェアベンダーが提供する RAID コントローラーによっては、追加のドライバディスクがベンダーから提供されています。これにより、CentOS 7 のインストーラが標準で持っているドライバ以外の、ベンダー提供のドライバディスクをロードできます。ベンダーが提供するドライバディスクをロードさせたい場合は、Install CentOS 7 を選択した状態で (TAB) キーを押してブートプロンプトを出し、inst.dd オプションをキーボードから入力することで付与します。

　一般に、CPU の機能を借りて RAID を行うような、擬似 RAID（fakeRAID とも呼ばれます）コントローラーを搭載している場合は、ドライバディスク以外にも、パラメーターを引き渡す必要があります。擬似 RAID でよくある設定としては、modprobe.blacklist=ahci があります[*2]。擬似 RAID 系のコントローラーを搭載しているサーバーの場合は、CentOS 7 のインストーラのブートプロンプトで、先述の inst.dd と組み合わせて指定するようにしてください。

■ NIC のパーティション名の変更

　NIC のパーティション名は、標準で eno1 や eno2 などに設定されますが、このパーティション名を、従来の CentOS 6 系で利用されていた eth0 や eth1 などに変更したい場合も、CentOS 7 のブートプロンプトでパラメーターを指定できます。パラメーター「net.ifnames=0」を指定すると、従来の eth0 や eth1 の名前で利用できるようになります。ベンダーが提供するハードウェア監視エージェントなどを利用して、SNMP トラップを送信する場合、従来の eth0 や eth1 などの形式でなければ、一部デバイスの障害が発報されない場合もあるため、利用環境と目的に応じて NIC のパーティション名の指定を検討してください[*3]。

＊ 2　HP SmartArray B120i RAID コントローラーを搭載したマシンで動作確認しました。
＊ 3　詳細は「5-8　旧ネットワークインタフェース名の設定」を参照

2-3-4 インストールソースの選択

CentOS 7 のインストーラでは、インストールソースを選択できるようになっており、ローカル接続の物理インストールメディアのほか、ISO イメージファイル、HTTP、HTTPS、FTP、NFS でのインストールが可能です（図 2-2）。

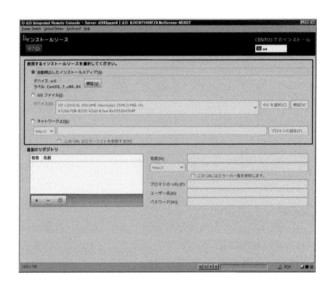

図 2-2　インストールソースの選択 ― CentOS 7 では、インストールソースとしてローカルの物理メディア、ISO イメージファイル、ネットワークインストールを選択可能。

ネットワークインストールを行うには、インストーラで事前に NIC に対して IP アドレスとネットマスクなどを設定し、インストールソースとネットワーク通信ができる状態にしておく必要があります（図 2-3）。

2-3-5　ブート領域の制限

CentOS 7 をインストールする x86 サーバーが BIOS 搭載機である場合、CentOS 7 の起動に利用する LUN のサイズは、2.2TB 以下に設定する必要があります。また、BIOS と UEFI を両方搭載する x86 サーバーにおいて、BIOS モードではなく、UEFI モードで利用する場合には、起動用の LUN のサイズは、XFS ファイルシステムを利用する場合であっても、50TB までに制限されます。

図2-3　ネットワークインストール — ネットワークインストールとして、HTTP、HTTPS、FTP、NFSを選択可能。

これらの制限値を超えている場合は、ハードウェアベンダーが提供するストレージ管理用のツールなどで、LUNの構成を変更してから、再度インストール作業を行う必要があります。

2-3-6　パーティションの設定

　稼働させる業務システムによって、パーティション設定はさまざまですが、通常ブートパーティションは、500MB以上の容量の確保が推奨されています。また、UEFIを搭載するサーバーで必要となる/boot/efiは、最小でも50MBを確保する必要がありますが、通常は、200MBが推奨されています。

　BIOSを搭載するサーバーにおいて、CentOS 7が標準で提供するブートローダーの「インストール先」は、「すべてのディスクの要約とブートローダー」で設定が可能です（図2-4）。インストール対象となるOS用のディスク以外に、外付けディスクなどの複数のLUNがCentOS 7のインストーラから認識されている場合や、USBメモリなどが装着されている場合には、必ずブートローダーのインストール先を確認してください。

31

第 2 章 インストール関連の新機能

図2-4　ブートローダーの「インストール先」—「すべての
ディスクの要約とブートローダー」で設定できる。

2-4　ソフトウェアの選択

　CentOS 7 では、従来の CentOS 6 系に比べ、ソフトウェアの選択における「ベース環境」の項目が 9 種類に増えました）。サーバーを構築する場合、ソフトウェアの選択項目をどれにするかは、その目的に依存しますが、ローカルでの GUI ツールによるサーバー管理を行う場合は、GNOME デスクトップを含んだ「サーバー（GUI 使用）」を選択し、それに紐付くアドオンを選択するとよいでしょう（図 2-5）。ただし、キーボード、マウス、ディスプレイを接続せず、コマンドラインを駆使した運用や、X Window を含まない Web フロントエンドサーバー、仮想環境における仮想マシンのテンプレートとなるイメージファイルなどの利用では、ソフトウェア選択として「最小限のインストール」や「ベーシック Web サーバー」などを選択する場合もあります。

　CentOS 7 のインストーラは、従来の CentOS 6 に比べ、ベースの環境とアドオンの選択が細かくできるようになっていますが、実際のシステムにおいてインストールするパッケージは、システム要件に大きく依存するため、インストーラで選択するベース環境とアドオンパッケージだけで完結することはあまりありません。システム要件が曖昧な場合もありますが、セキュリティの観点から、不必要なパッケージをインストールしたくない場合は、最小限のインストールを行い、OS インストール後に、あとから必要なものだけを追加でインストールするのがよいでしょう。

　セキュリティ上の懸念すべき点があまりない環境で、かつ、グラフィックデザインやソフトウェア開発者による開発環境を整備したい場合は、「開発およびクリエイティブワークステーション」を選択するとよいでしょう。

● 2-5 テキストモードインストール

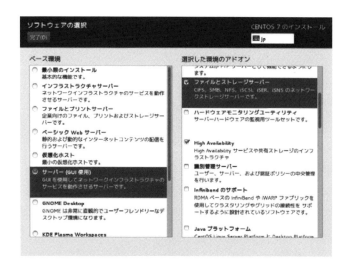

図2-5 サーバー（GUI使用）—ベース環境の選択項目が9種類に増えている。

2-5　テキストモードインストール

　従来のCentOS 6系でのテキストモードインストールは、パッケージの選択ができず、設定の自由度も非常に限られていましたが、CentOS 7からは、かなり詳細な設定が可能になりました（図2-6）。

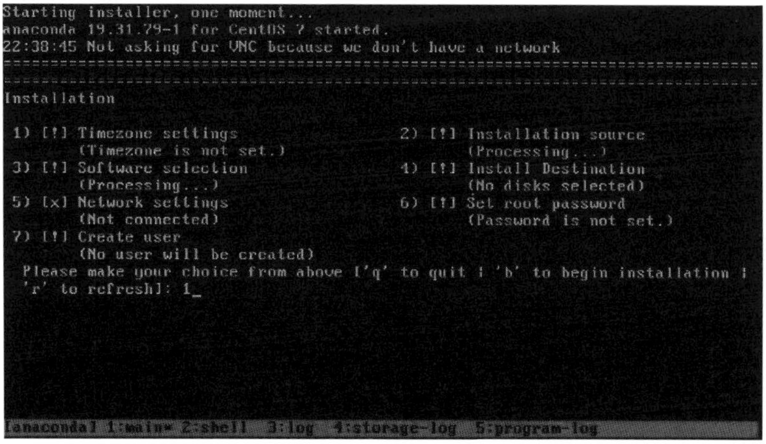

図2-6 テキストモードインストール — CentOS 7のテキストモードでは、従来のCentOS 6と比べて設定項目が増えている。直観的なキーボード操作でインストール作業を行える。

第 2 章 インストール関連の新機能

CentOS 7 のテキストモードでのインストールで可能な主な設定項目と主な機能は次のとおり
です。

- ●タイムゾーンの設定：各国の都市でタイムゾーンを設定可能
- ●インストールソースの設定：CD/DVD、ISO イメージ、HTTP、HTTPS、FTP、NFS から選択可能
- ●ソフトウェアの選択：GUI モードと同様の 9 種類から選択可能
- ●インストール先の設定：Btrfs、LVM、標準パーティションの 3 種類から選択可能
- ●ネットワークの設定：ホスト名、DHCP、固定 IP アドレス、ゲートウェイ（IPv4、IPv6）
- ●パスワード設定：root アカウントのパスワード付与、パスワード強度確認
- ●ユーザー設定：一般ユーザー作成、管理者権限付与、パスワード付与、グループ

テキストモードでのインストール機能が強化されたことで、グラフィックボードやディスプレ
イを搭載しない、高密度実装サーバーなどのヘッドレス環境のインストール作業において、利便
性が向上しました。CentOS 7 のテキストモードインストールは、キーボード操作による対話型操
作で行えるため、初心者でも簡単にインストール作業ができるように設計されています。ただし、
パーティションの設定は、ファイルシステムとして Btrfs、LVM、標準的なパーティション（XFS）
を選択可能ですが、自動パーティショニングのため、パーティションサイズをマウントポイント
ごとに個別設定することはできません。パーティションサイズをマウントポイントごとに設定を
行いたい場合は、GUI モードでインストールを行ってください。

2-6　新ブートローダー GRUB 2

CentOS 7 から、ブートローダーに GRUB 2 が採用されています。従来の CentOS 6 系までの
GRUB と構造が大きく異なるため、注意が必要です。本節では、CentOS 7 の管理者が、最低限知っ
ておくべき GRUB 2 の設定方法について紹介します。

2-6-1　GRUB2 の設定

GRUB 2 の設定の基本は、/etc/default/grub ファイルの編集と、grub2-mkconfig コマンドに
よる設定ファイルの生成です。GRUB 2 の設定ファイル/etc/default/grub にパラメーターを設
定し、grub2-mkconfig によって、その設定を含んだファイル/boot/grub2/grub2.cfg を生成し
ます。

● 2-6 新ブートローダー GRUB 2

　次の設定例は、GRUB 2 メニューが表示される時間（タイムアウト）を 60 秒に設定し、さらに IPv6 を無効にするものです。タイムアウト値は、/etc/default/grub ファイルの「GRUB_TIMEOUT=」に設定します。ブートパラメーターは、/etc/default/grub ファイルの「GRUB_CMDLINE_LINUX=」に設定します。

```
# vi /etc/default/grub
GRUB_TIMEOUT=60   ←デフォルトの 5 を 60 に変更
GRUB_DISTRIBUTOR="$(sed 's, release .*$,,g' /etc/system-release)"
GRUB_DEFAULT=saved
GRUB_DISABLE_SUBMENU=true
GRUB_TERMINAL_OUTPUT="console"
GRUB_CMDLINE_LINUX="nomodeset crashkernel=auto vconsole.font=latarcyrheb-sun16
 vconsole.keymap=us rhgb quiet ipv6.disable=1"  ← IPv6 を無効化するパラメーターを追加
GRUB_DISABLE_RECOVERY="true"
~
```

/etc/default/grub ファイルの変更を有効にするには、/boot/grub2/grub.cfg を再生成する必要があります。

```
# cp /boot/grub2/grub.cfg /boot/grub2/grub.cfg.org
# grub2-mkconfig -o /boot/grub2/grub.cfg
Generating grub configuration file ...
Found linux image: /boot/vmlinuz-3.10.0-123.el7.x86_64
Found initrd image: /boot/initramfs-3.10.0-123.el7.x86_64.img
Found linux image: /boot/vmlinuz-3.10.0-123.6.3.el7.x86_64
Found initrd image: /boot/initramfs-3.10.0-123.6.3.el7.x86_64.img
Found linux image: /boot/vmlinuz-0-rescue-41f28cff512735f914d4f894f1944df1
Found initrd image: /boot/initramfs-0-rescue-41f28cff512735f914d4f894f1944df1.
img
done
```

　BIOS 搭載マシンと UEFI 搭載マシンでは、grub2-mkconfig コマンドが出力する grub.cfg ファイルのパスが異なりますので注意してください。

BIOS 搭載マシン：

```
# grub2-mkconfig -o /boot/grub2/grub.cfg
```

UEFI 搭載マシン：

```
# grub2-mkconfig -o /boot/efi/EFI/redhat/grub.cfg
```

　OS を再起動してタイムアウト値が反映されているかを確認します。

35

第 2 章 インストール関連の新機能

```
# reboot
```

OS のブートメニューが表示されたら、メニュー画面が 60 秒間表示されていることを確認します。次に、OS が起動したら、ブートパラメーターが有効になっているかを確認します。

```
# cat /proc/cmdline
BOOT_IMAGE=/vmlinuz-3.10.0-123.el7.x86_64 root=UUID=f5dd4af7-9cb9-4dd1-a6fe-a1
b59725f0e1 ro nomodeset crashkernel=auto vconsole.font=latarcyrheb-sun16 vcons
ole.keymap=us rhgb quiet ipv6.disable=1
```

以上でカーネルの起動時に渡されるパラメーターを変更することができました。CentOS 6 系に慣れた管理者は、grub2-mkconfig コマンドを実行することを忘れてしまうミスを犯しがちです。GRUB 2 の設定は慎重に行うようにしてください。

2-6-2　ブートメニューのエントリを追加する方法

GRUB 2 では、複数のブートメニューエントリが/boot/grub2/grub.cfg ファイルに生成されますが、独自のブートパラメーターを含んだカスタムのブートメニューエントリを追加したい場合、grub.cfg ファイルを直接編集するのではなく、/etc/grub.d/40_custom ファイルを使用します。このファイルに、カスタムのエントリを追加することができます。

まず、cp コマンドで、既存の 40_custom ファイルのバックアップを取っておき、バックアップを取ったファイルの実行権限を削除します。

```
# cd /etc/grub.d/
# cp 40_custom 40_custom.org
# chmod -x 40_custom.org
```

次に、カスタムのエントリを 40_custom ファイルに記述します。カスタムのエントリは、/boot/grub2/grub.cfg ファイルにあるエントリをコピーペーストして作成します。/boot/grub2/grub.cfg ファイルにあるエントリで抽出すべき部分は、grep コマンドで「CentOS Linux」の文字列でヒットする行から 14 行分です。次の grep コマンドの実行例は、コピーペーストすべき部分の 14 行を出力する例です。

```
# grep -A 14 "CentOS Linux" /boot/grub2/grub.cfg
menuentry 'CentOS Linux, with Linux 3.10.0-123.el7.x86_64' --class centos --c
lass gnu-linux --class gnu --class os --unrestricted $menuentry_id_option 'gnu
```

36

```
linux-3.10.0-123.el7.x86_64-advanced-f5dd4af7-9cb9-4dd1-a6fe-a1b59725f0e1 ' {
load_video
set gfxpayload=keep
insmod gzio
insmod part_msdos
insmod xfs
set root=' hd0,msdos1 '
if [ x$feature_platform_search_hint = xy ]; then
        search --no-floppy --fs-uuid --set=root --hint=' hd0,msdos1 '  033eb63d-3
3d5-49e4-b045-463f2297ccaa
        else
        search --no-floppy --fs-uuid --set=root 033eb63d-33d5-49e4-b045-463f2297
ccaa
fi
linux16 /vmlinuz-3.10.0-123.el7.x86_64 root=UUID=f5dd4af7-9cb9-4dd1-a6fe-a1b597
25f0e1 ro nomodeset crashkernel=auto vconsole.font=latarcyrheb-sun16vconsole.ke
ymap=jp106 rhgb quiet ipv6.disable=0
initrd16 /initramfs-3.10.0-123.el7.x86_64.img
}
...
```

エントリは grep コマンドで複数ヒットしますので、必要なものだけを 40_custom にコピーペーストすればよいでしょう。40_custom ファイルの内容は、次のようになります。

```
# vi 40_custom
menuentry 'CUSTOM CentOS Linux, with Linux 3.10.0-123.el7.x86_64' --class cento
s --class gnu-linux --class gnu --class os --unrestricted $menuentry_id_option
'gnulinux-3.10.0-123.el7.x86_64-advanced-f5dd4af7-9cb9-4dd1-a6fe-a1b59725f0e1'
{
        load_video
        set gfxpayload=keep
        insmod gzio
        insmod part_msdos
        insmod xfs
        set root='hd0,msdos1'
        if [ x$feature_platform_search_hint = xy ]; then
          search --no-floppy --fs-uuid --set=root --hint='hd0,msdos1'  033eb63d
-33d5-49e4-b045-463f2297ccaa
        else
          search --no-floppy --fs-uuid --set=root 033eb63d-33d5-49e4-b045-463f2
297ccaa
        fi
        linux16 /vmlinuz-3.10.0-123.el7.x86_64 root=UUID=f5dd4af7-9cb9-4dd1-a6f
e-a1b59725f0e1 ro nomodeset crashkernel=auto  vconsole.font=latarcyrheb-sun16 v
console.keymap=jp106 rhgb quiet ipv6.disable=0
```

第 2 章 インストール関連の新機能

```
        initrd16 /initramfs-3.10.0-123.el7.x86_64.img
}
```

ここでは、カスタムメニューを追加したことがわかるように、40_custom ファイルの menuentry 行に、'CUSTOM CentOS Linux, with Linux 3.10.0-123.el7.x86_64' を記載しました。

さらに、追加したカスタムメニューが OS 起動時に自動的に選択されるように、/etc/default/grub ファイルを編集します。複数あるエントリから特定のものを選択してデフォルトで起動させるには、40_custom ファイルの menuentry 行で、'' で囲んだエントリ名の文字列を、GRUB_DEFAULT 行にそのまま記述します。

```
# vi /etc/default/grub
...
GRUB_DEFAULT='CUSTOM CentOS Linux, with Linux 3.10.0-123.el7.x86_64'
...
```

/boot/grub2/grub.cfg ファイルを生成します。

```
# grub2-mkconfig -o /boot/grub2/grub.cfg
```

また、次のように awk コマンドを駆使することで、'CentOS Linux...' の個所のみを抽出することもできます。

```
# awk -F\' '$1=="menuentry " {print $2}' /boot/grub2/grub.cfg
CentOS Linux, with Linux 3.10.0-123.el7.x86_64
CentOS Linux, with Linux 3.10.0-123.6.3.el7.x86_64
CentOS Linux, with Linux 0-rescue-41f28cff512735f914d4f894f1944df1
CUSTOM CentOS Linux, with Linux 3.10.0-123.el7.x86_64
```

awk コマンドの実行結果より、メニューエントリ' CUSTOM CentOS Linux, with Linux 3.10.0 -123.el7.x86_64' が登録されていることがわかります。以上で、新しく追加したカスタムのエントリで起動する準備が整いましたので、OS を再起動します。

```
# reboot
```

OS 再起動後に、自動的にカスタムのメニューが選択され、正常に起動するかを確認してください。

先述の awk コマンドを駆使したエントリの表示では、4 つのエントリが表示されていますが、デフォルトで起動してほしいエントリは、/etc/default/grub ファイル内で、数字で指定する

●2-7 レスキューモードを使った復旧手順

ことも可能です。たとえば、先述の awk コマンドの出力結果の一番上に出力されている CentOS Linux, with Linux 3.10.0-123.el7.x86_64 をブート時にデフォルトで起動させる場合は、次のように/etc/default/grub ファイル内で、GRUB_DEFAULT=0 を指定します。

```
# vi /etc/default/grub
...
GRUB_DEFAULT=0
...
```

/etc/default/grub ファイルを更新したら、必ず/boot/grub2/grub.cfg ファイルを生成してから OS を再起動してください。

```
# grub2-mkconfig -o /boot/grub2/grub.cfg && reboot
```

2-7 　レスキューモードを使った復旧手順

　CentOS 7 では、レスキューモードが用意されています。このレスキューモードは、ローカルマシンにインストールされた CentOS 7 が起動不能に陥った際に、それを復旧する役目を担います。また、レスキューモードを使えば、起動不能に陥った CentOS 7 からユーザーデータを取り出すことも可能です。以降の節では、CentOS 7 のレスキューモードを使った復旧手順やユーザーデータの取得、さらに、ディスクイメージ全体の取得について解説します。

2-7-1 　パッケージの上書きインストールによる復旧手順

　OS が起動しなくなる原因には、施設の停電による突然の電源断や、管理者のオペレーションミス、ディスク障害などさまざまなものがあります。通常、ディスク障害や停電による電源断によってハードウェアや OS の設定状況に深刻なダメージがある場合は、ハードウェアの交換を行い、OS の再インストールを行うことが一般的です。しかし、ハードウェアの障害ではなく、管理者のオペレーションミスによって OS の起動にかかわるプログラムを誤って削除する、あるいは、起動スクリプトの動作テストが不十分なことに起因して、OS が起動障害に陥るといった場合は、CentOS 7 のインストーラが持つレスキューモードによって復旧することが可能です（図2-7、図2-8）。

　レスキューモードでは、通常、ローカルディスクにインストールされている既存の CentOS 7

第 2 章 インストール関連の新機能

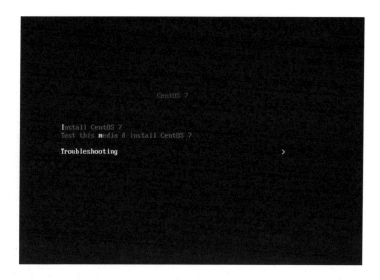

図 2-7 レスキューモード①─ レスキューモードに移行するには、CentOS 7 のインストールメディアで起動後、Troubleshooting を選択する。

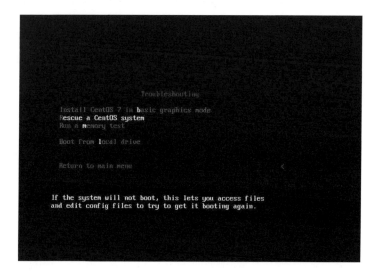

図 2-8 レスキューモード②─ Troubleshooting を選択後、Rescue a CentOS system を選択するとレスキューモードに移行する。

を認識します。レスキューモードにおける/mnt/sysimage ディレクトリ配下に対して、ローカルディスクにインストールされている既存の CentOS 7 を読み書き可能な状態でマウントさせることが可能です。これにより、ローカルディスクにインストールされている既存の CentOS 7 に対して

さまざまな操作を施すことが可能になります（図2-9）。

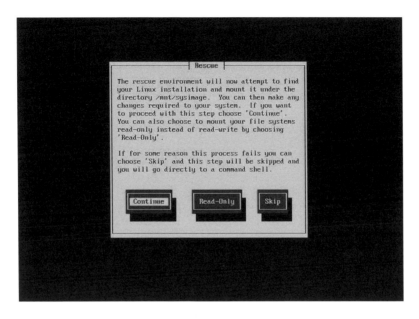

図2-9　レスキューモード③ーレスキューモードにおいて Continue を選択すると、ローカルディスクにインストールされた既存の CentOS 7 を /mnt/sysimage ディレクトリに読み書き可能でマウントする。書き込み不可の状態でマウントする場合は、Read-Only を選択する。

　レスキューモードで、どのようにローカルディスクが見えているかを df コマンドで確認します。すると、/mnt/sysimage ディレクトリに、ローカルディスクにインストールされた既存の CentOS 7 が見えていることが確認できます。また、CentOS 7 のインストールメディアは、/run/install/repo ディレクトリにマウントされます（図2-10）。

　レスキューモードでは、/mnt/sysimage ディレクトリ配下にマウントされた既存の CentOS 7 に対して、CentOS 7 のメディアを使って、RPM パッケージなどを上書きインストールすることが可能です。たとえば、なんらかの理由で mount コマンド自体が機能しなくなったと仮定します。mount コマンドが機能しない場合、システムはパーティションのマウントに失敗するため、OS の起動に失敗します。そこで、mount コマンドが含まれる util-linux RPM パッケージをレスキューモードで再インストールします。インストールを行うには、rpm コマンドのオプションとして、-vhi --force --root /mnt/sysimage を指定します。これにより、/mnt/sysimage 配下をルートパーティションとみなして既存の CentOS 7 にパッケージを強制的にインストールすることができます（図2-11）。mount コマンドが含まれる util-linux RPM パッケージがインストールされ

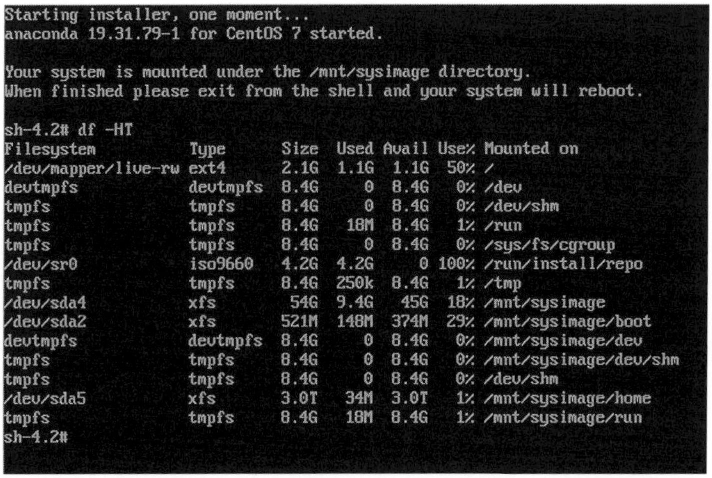

第 2 章 インストール関連の新機能

```
Starting installer, one moment...
anaconda 19.31.79-1 for CentOS 7 started.

Your system is mounted under the /mnt/sysimage directory.
When finished please exit from the shell and your system will reboot.

sh-4.2# df -HT
Filesystem          Type      Size  Used Avail Use% Mounted on
/dev/mapper/live-rw ext4      2.1G  1.1G  1.1G  50% /
devtmpfs            devtmpfs  8.4G     0  8.4G   0% /dev
tmpfs               tmpfs     8.4G     0  8.4G   0% /dev/shm
tmpfs               tmpfs     8.4G   18M  8.4G   1% /run
tmpfs               tmpfs     8.4G     0  8.4G   0% /sys/fs/cgroup
/dev/sr0            iso9660   4.2G  4.2G     0 100% /run/install/repo
tmpfs               tmpfs     8.4G  250k  8.4G   1% /tmp
/dev/sda4           xfs        54G  9.4G   45G  18% /mnt/sysimage
/dev/sda2           xfs       521M  148M  374M  29% /mnt/sysimage/boot
devtmpfs            devtmpfs  8.4G     0  8.4G   0% /mnt/sysimage/dev
tmpfs               tmpfs     8.4G     0  8.4G   0% /mnt/sysimage/dev/shm
tmpfs               tmpfs     8.4G     0  8.4G   0% /dev/shm
/dev/sda5           xfs       3.0T   34M  3.0T   1% /mnt/sysimage/home
tmpfs               tmpfs     8.4G   18M  8.4G   1% /mnt/sysimage/run
sh-4.2#
```

図 2-10　レスキューモード④— レスキューモードにおいて、「df -HT」
を実行する。/mnt/sysimage ディレクトリ配下にローカルディ
スクにインストールされた既存の CentOS 7 のパーティション
が見える。

れば、mount コマンドの復旧が実現できます。

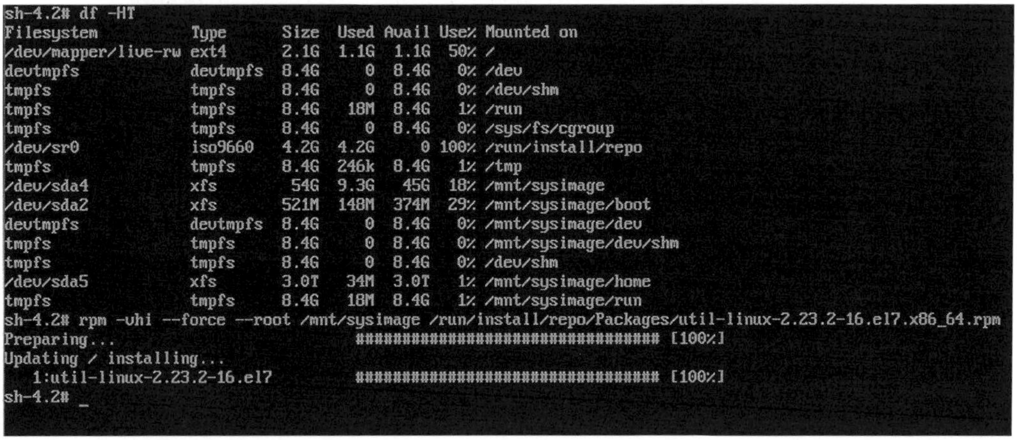

```
sh-4.2# df -HT
Filesystem          Type      Size  Used Avail Use% Mounted on
/dev/mapper/live-rw ext4      2.1G  1.1G  1.1G  50% /
devtmpfs            devtmpfs  8.4G     0  8.4G   0% /dev
tmpfs               tmpfs     8.4G     0  8.4G   0% /dev/shm
tmpfs               tmpfs     8.4G   18M  8.4G   1% /run
tmpfs               tmpfs     8.4G     0  8.4G   0% /sys/fs/cgroup
/dev/sr0            iso9660   4.2G  4.2G     0 100% /run/install/repo
tmpfs               tmpfs     8.4G  246k  8.4G   1% /tmp
/dev/sda4           xfs        54G  9.3G   45G  18% /mnt/sysimage
/dev/sda2           xfs       521M  148M  374M  29% /mnt/sysimage/boot
devtmpfs            devtmpfs  8.4G     0  8.4G   0% /mnt/sysimage/dev
tmpfs               tmpfs     8.4G     0  8.4G   0% /mnt/sysimage/dev/shm
tmpfs               tmpfs     8.4G     0  8.4G   0% /dev/shm
/dev/sda5           xfs       3.0T   34M  3.0T   1% /mnt/sysimage/home
tmpfs               tmpfs     8.4G   18M  8.4G   1% /mnt/sysimage/run
sh-4.2# rpm -vhi --force --root /mnt/sysimage /run/install/repo/Packages/util-linux-2.23.2-16.el7.x86_64.rpm
Preparing...                     ################################# [100%]
Updating / installing...
   1:util-linux-2.23.2-16.el7    ################################# [100%]
sh-4.2# _
```

図 2-11　レスキューモード⑤— レスキューモードで、「rpm -vhi --force --root /mnt/sysimage /run/install/
repo/Packages/util-linux-2.23.2-16.el7.x86_64.rpm」を実行する。util-linux RPM パッケージ
を/mnt/sysimage ディレクトリにマウントされた既存のローカルディスクの CentOS 7 に強制
的にインストールしている様子。

　レスキューモードを終了するには、reboot コマンドでレスキューモードを離脱し、システムを
再起動してください。

42

● 2-7 レスキューモードを使った復旧手順

2-7-2　レスキューモードでのユーザーデータの救出

　CentOS 7 の OS 本体に致命的なダメージがあり、OS の起動が困難な場合でも、ユーザーデータのみを救出できる場合があります。ユーザーデータの救出も、レスキューモードを使って行います。

　ユーザーデータが USB メモリやブルーレイ DVD メディアなどに入る程度の小さい場合は、レスキューモードの状態で、メディアをマウントすることでユーザーデータを退避できます。しかし、ユーザーデータがテラバイト級になる場合は、テープ装置の利用や、ネットワーク経由で別のファイルサーバーなどにユーザーデータを転送する方法が一般的です。

　図 2-12 では、レスキューモードにおいて、ネットワーク経由で別のファイルサーバーなどにユーザーデータを転送する例を示します。まず、レスキューモードで起動し、ネットワーク通信ができるように、NIC に IP アドレスを付与します。IP アドレスの付与が可能な NIC 一覧を ip コマンドで表示します（図 2-12）。

```
sh-4.2# ip a
1: lo: <LOOPBACK,UP,LOWER_UP> mtu 65536 qdisc noqueue state UNKNOWN
    link/loopback 00:00:00:00:00:00 brd 00:00:00:00:00:00
    inet 127.0.0.1/8 scope host lo
       valid_lft forever preferred_lft forever
    inet6 ::1/128 scope host
       valid_lft forever preferred_lft forever
2: eno1: <BROADCAST,MULTICAST,UP,LOWER_UP> mtu 1500 qdisc mq state UP qlen 1000
    link/ether 9c:b6:54:0e:f5:48 brd ff:ff:ff:ff:ff:ff
3: eno2: <BROADCAST,MULTICAST,UP,LOWER_UP> mtu 1500 qdisc mq state UP qlen 1000
    link/ether 9c:b6:54:0e:f5:49 brd ff:ff:ff:ff:ff:ff
```

図 2-12　NIC の確認 ― レスキューモードで、「ip a」コマンドを使って利用可
　　　　　能な NIC を確認する。

　ip コマンドで利用可能な NIC が確認できたら、IP アドレスを付与します。図 2-13 の例では、IP アドレスとして、172.16.25.2/16 を付与しています。この IP アドレスの付与は、対象サーバーのメモリ上で行われていますので、設定は恒久的なものではなく、既存のローカルディスクにインストールされた、CentOS 7 の物理 NIC の設定に影響を与えません。

　CentOS 7 のレスキューモードでは、scp コマンドを利用することができるので、遠隔にあるファイルサーバーなどに scp コマンドを使ってユーザーデータをコピーすることが可能です（図 2-14）。これにより、起動不可の CentOS 7 のシステムからユーザーデータを救出できます。

43

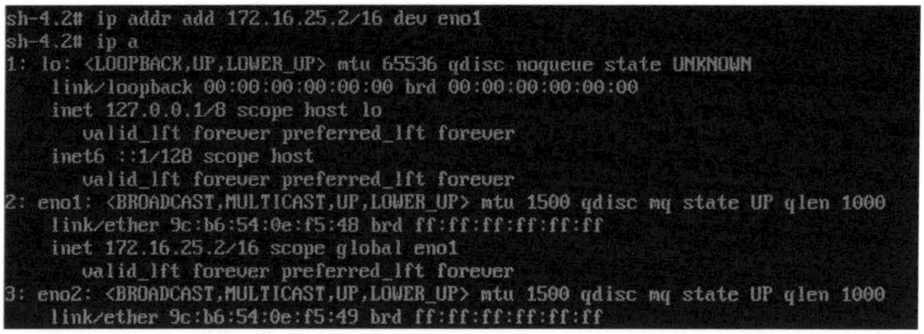

第 2 章 インストール関連の新機能

```
sh-4.2# ip addr add 172.16.25.2/16 dev eno1
sh-4.2# ip a
1: lo: <LOOPBACK,UP,LOWER_UP> mtu 65536 qdisc noqueue state UNKNOWN
    link/loopback 00:00:00:00:00:00 brd 00:00:00:00:00:00
    inet 127.0.0.1/8 scope host lo
       valid_lft forever preferred_lft forever
    inet6 ::1/128 scope host
       valid_lft forever preferred_lft forever
2: eno1: <BROADCAST,MULTICAST,UP,LOWER_UP> mtu 1500 qdisc mq state UP qlen 1000
    link/ether 9c:b6:54:0e:f5:48 brd ff:ff:ff:ff:ff:ff
    inet 172.16.25.2/16 scope global eno1
       valid_lft forever preferred_lft forever
3: eno2: <BROADCAST,MULTICAST,UP,LOWER_UP> mtu 1500 qdisc mq state UP qlen 1000
    link/ether 9c:b6:54:0e:f5:49 brd ff:ff:ff:ff:ff:ff
```

図 2-13　NIC に IP アドレスを付ける ― ip コマンドを使って利用可能な NIC に IP アドレスを付与する。ここでは「ip addr add 172.16.25.2/16 dev eno1」を入力。

```
sh-4.2# scp -r /mnt/sysimage/home/koga/ 172.16.1.1:/backup/
root@172.16.1.1's password:
.bash_logout                                                      100%   18     0.0KB/s   00:00
.bash_profile                                                     100%  193     0.2KB/s   00:00
.bashrc                                                           100%  231     0.2KB/s   00:00
userdata1                                                         100% 1024KB   1.0MB/s   00:00
userdata2                                                         100% 2048KB   2.0MB/s   00:00
userdata3                                                         100% 3072KB   3.0MB/s   00:00
userdata4                                                         100% 4096KB   4.0MB/s   00:00
userdata5                                                         100% 5120KB   5.0MB/s   00:00
userdata6                                                         100% 6144KB   6.0MB/s   00:01
userdata7                                                         100% 7168KB   7.0MB/s   00:01
userdata8                                                         100% 8192KB   8.0MB/s   00:00
userdata9                                                         100% 9216KB   9.0MB/s   00:01
userdata10                                                        100%   10MB  10.0MB/s   00:01
userdata11                                                        100%   11MB  11.0MB/s   00:01
userdata12                                                        100%   12MB  12.0MB/s   00:01
userdata13                                                        100%   13MB  13.0MB/s   00:01
userdata14                                                        100%   14MB   7.0MB/s   00:02
userdata15                                                        100%   15MB  15.0MB/s   00:01
userdata16                                                        100%   16MB   8.0MB/s   00:02
userdata17                                                        100%   17MB   8.5MB/s   00:02
userdata18                                                         58%   10MB  10.5MB/s   00:00 ETA
```

図 2-14　ユーザーデータのサルベージ ― レスキューモードで scp コマンドを使ってユーザーデータを救出している様子。ここでは「scp -r /mnt/sysimage/home/koga/ 172.16.1.1:/backup/」を入力。

2-7-3　レスキューモードでの HDD イメージ全体の遠隔地への転送

　災害時の迅速なシステムの復旧を目的として、マスタブートレコードを含む OS 全体とユーザーデータすべてをイメージファイルとして遠隔のファイルサーバーに保管しておきたい場合があります。ローカルディスクにインストールされた OS 全体をイメージファイルとして保管するには、CentOS 7 のレスキューモードを活用できます。

　レスキューモードを使って、ディスク全体を遠隔のファイルサーバーにイメージファイルとして転送する手段としては、dd コマンドと ssh コマンド、そして cat コマンドを組み合わせます。まず、レスキューモードに移行し、先述の手順で、事前にネットワークの設定を行い、遠隔のファイルサーバーと scp や ssh コマンドによるセキュア通信が可能な状態にしておきます。次に、イ

44

● 2-7 レスキューモードを使った復旧手順

メージファイルとして取得するディスクの情報を parted コマンドで出力します。図 2-15 の例では、3TB のローカルディスクの/dev/sda が、レスキューモードから認識できていることがわかります。

```
sh-4.2# parted -s /dev/sda print
Model: ATA MB3000GCWDB (scsi)
Disk /dev/sda: 3001GB
Sector size (logical/physical): 512B/512B
Partition Table: gpt
Disk Flags: pmbr_boot

Number  Start    End      Size     File system    Name  Flags
1       1049kB   2097kB   1049kB                         bios_grub
2       2097kB   526MB    524MB    xfs
3       526MB    8990MB   8464MB   linux-swap(v1)
4       8990MB   62.7GB   53.7GB   xfs
5       62.7GB   3001GB   2938GB   xfs
```

図 2-15　HDD 情報の確認 ─ レスキューモードで parted コマンドにより、ローカルディスクの/dev/sda の情報を確認している様子。ここでは「parted -s /dev/sda print」を入力。

/dev/sda 全体を遠隔のファイルサーバーにイメージファイルとして圧縮して転送します。/dev/sda 全体をイメージ化するには、dd コマンドを使います。転送を行うには、ssh コマンドを使用しますが、イメージファイルが巨大な場合は、gzip コマンドを組み合わせて圧縮するとよいでしょう。通常巨大ファイルの転送は、膨大な時間がかかりますので、今後、同様のイメージファイルの取得作業のスケジュール管理のためにも、コマンドの実行時間を計測しておくのがよいでしょう。コマンドの実行時間を計測するには、time コマンドを付与します。図 2-16 は、遠隔のファイルサーバー（IP アドレスは 172.16.25.4）の/backup ディレクトリ以下に、n01sda_c70_20141007.img.gz というファイル名で保存する例です。

```
sh-4.2# time dd if=/dev/sda bs=1k |gzip -c | ssh 172.16.25.4 "cat > /backup/n01sda_c70_20141007.img.gz"
The authenticity of host '172.16.25.4 (172.16.25.4)' can't be established.
ECDSA key fingerprint is e5:0d:f7:b2:be:6d:5a:69:4d:00:29:56:37:f2:27:e0.
Are you sure you want to continue connecting (yes/no)? yes
Warning: Permanently added '172.16.25.4' (ECDSA) to the list of known hosts.
root@172.16.25.4's password:
```

図 2-16　HDD イメージの転送 ─ レスキューモードを使ったローカルディスクのイメージファイルの取得の様子。遠隔のファイルサーバーに ssh を使って転送している。パーティションが巨大のため、gzip により圧縮を行っている。ここでは、「time dd if=/dev/sda bs=1k | gzip -c | ssh 172.16.25.4 "cat > /backup/n01sda_c70_20141007.img.gz"」と入力。

第 2 章 インストール関連の新機能

2-8　まとめ

　以上で、CentOS 7 に関するインストールの新機能や OS の起動の仕組み、復旧のノウハウについて解説しました。CentOS 7 のインストール自体は、非常に簡単ですが、インストール前の調査など、適切な情報収集が欠かせません。また、ブートローダーの仕組みも従来の CentOS 6 までと大きく異なっていますので、注意が必要です。不慣れなブートローダーの設定ミスにより、CentOS 7 が起動できなくなった場合は、レスキューモードが役に立ちますので、擬似的な障害を発生させてみて、レスキューモードによる復旧の練習をしておくことをお勧めします。以下に、ポイントをまとめておきます。

- ●CentOS 7 のインストール前にハードウェアの設定を適切に行っておく。
- ●インストーラにはトラブルシューティングモードが用意されている。
- ●従来の CentOS 6 に比べ、CentOS 7 のテキストモードのインストーラは、機能が大幅に強化されている。
- ●ブートローダーの設定は、/etc/default/grub と/etc/grub.d/40_custom ファイルに記述する。
- ●レスキューモードでは、パッケージのインストール、ユーザーデータやイメージファイルが転送できる。

第3章 システム管理
－ systemd

CentOS 7 は、従来の CentOS 6.x の管理手法と異なる点が多々存在します。Linux に限らず、伝統的な UNIX で採用されていた管理手法が次々と廃止され、新たな仕組みが取り入れられています。UNIX や CentOS 6 までの管理の仕組みに慣れている管理者からすると、一から学習しなければならないことが少なくないため、当初は戸惑うことが多いかもしれません。CentOS 7 では、従来の管理手法に慣れている管理者のために、一部については、ある程度の後方互換性を維持した形で管理できる仕組みが取り入れられていますが、今後は新しい管理手法のみしか通用しなくなる可能性もあるため、今から新しい管理手法に習熟しておくことをお勧めします。本章では、CentOS 7 の運用管理に関するすべての手順をカバーしているわけではありませんが、CentOS 7 の初心者が遭遇すると予想される、非常に基本的な手順を掲載しています。

3-1 　伝統的な UNIX や Linux で採用されていた init の歴史

　UNIX システムや BSD システム、そして従来の CentOS では、init と呼ばれる仕組みが採用されていました。この init は、主に UNIX や Linux における各種デーモンやアプリケーションのサービスなどのプロセスを、ある決められた順序に従って起動する役目を担っています。init は、

第 3 章 システム管理 ― systemd

OS のカーネルが初めて起動するプロセスであり、通常は、プロセス番号（PID）として 1 が割り当てられています。この init では、大きく分けて、BSD 系 UNIX の init と System V 系の init の 2 系統が存在し、従来の CentOS は、System V 系の UNIX の init に似たものを採用していました。System V 系の init では、/etc/inittab と呼ばれるファイルにランレベルと呼ばれる値を記述し、その値によって OS の挙動（停止、再起動、GUI の有無、ネットワーク機能の有無など）を変更するという仕組みになっています。このランレベルと呼ばれる値によって、OS 起動時や停止時に実行される各種デーモンやアプリケーションなどの起動・停止スクリプト群が異なっており、実行されるスクリプトの違いによって OS の挙動を変更します。このランレベルという値によって、システムの状態を変えるという単純明快な仕組みと、OS の起動・停止にかかわるデーモンやプログラムの登録が比較的簡単であったという点から、長い間、UNIX や Linux で採用されていました。

3-1-1　init の欠点

init は、先述のとおりデーモンやアプリケーションの実装が比較的簡単であった半面、主な問題点としては次のような点が挙げられます。

● デーモンやアプリケーション数が増えると、起動・停止順序の管理や制御が急激に複雑になります。たとえば、複数の Web アプリケーションをシステムに追加する場合、アプリケーションごとの独自の起動・停止用のスクリプトを記述し、これらスクリプトは、init によって個別に制御しなければなりません。たとえスクリプト内に共通化できるような処理があったとしても、別々に記述・管理しなければならず、アプリケーション自体の起動・停止にかかる複雑性の低減を阻害する要因になります。

● init から起動される各種デーモンやアプリケーションは、並列処理が行われず、決められた順序でスクリプトを一つひとつ実行するため、数が増えると OS の起動速度が遅くなってしまいます。

● init によるプロセス制御では、たとえば、何らかの理由でアプリケーションのプロセスの親子関係が崩れた場合に、子プロセスが init プロセスの直接管理下に置かれるものの、子プロセスの挙動を適切に制御できません。

48

3-1-2　Systemd を採用するメリット

　そこで、Linux のコミュニティ達は、これらの init で利用されるスクリプトの煩雑な管理の問題点を解決すべく、新たな仕組みを考えました。init に置き換わる仕組みとしては、スクリプトを使わずに非同期でプロセスを実行する eINIT や、OS 起動時や停止時の処理を非同期で行うことで高速化を図る Upstart、さらに、Fedora や CentOS 7 で採用されている systemd が挙げられます。中でも、systemd は、起動・停止にかかるスクリプトを廃止している点やデーモン（サービス）の管理が大幅に強化されている点が大きな特徴といえます。

　systemd では、アプリケーション側で、起動・停止にかかるスクリプトを用意する必要がありません。プロセスの起動や停止にかかわる設定ファイルのみを用意すればよく、従来のように、アプリケーションごとに行っていた起動・停止に関する複雑なスクリプトの管理から開放されます。また、OS の起動・停止時の各種サービスのプロセス群を、SMP マシンに搭載されている複数の CPU を駆使して並列実行することで、OS の起動・停止を素早く行うことが可能となっています。さらに、systemd ではプロセスをグループ化する「cgroup」と呼ばれる仕組みを使って、プロセスの親子関係をグループで管理しており、従来の init でのプロセスの管理よりも、親子関係のある複数のプロセスの起動と停止にかかわる制御をより適切に行えるようになりました（cgroup の詳細は、第 6 章を参照）。

3-2　ランレベルの廃止とターゲットの導入

　CentOS 6 系と CentOS 7 系で大きく異なるのは、ランレベルの考え方です。CentOS 7 では、ランレベルという仕組みが廃止され、ターゲットと呼ばれる仕組みが導入されています。CentOS 6 系で利用されていたランレベルを管理する/etc/inittab ファイルは、CentOS 7 においてもはや利用されません。

　本節では、CentOS 6 系でのランレベル 3（CLI 画面での運用）、ランレベル 5（GUI 画面での運用）、ランレベル 1（シングルユーザーモード）に相当する、CentOS 7 での実際の運用管理の方法を示します。

第 3 章 システム管理 ― systemd

3-2-1　ターゲット

　ターゲットとは、systemd における複数のサービス（デーモン）などの制御対象をグループにし、まとめたものといえます。たとえば、従来の SysV init における「サービス」に相当するユニットのタイプは「service」になりますが、target は、この service ユニットをまとめたものになります。たとえば、ネットワークに関する処理の単位（ユニット）をグループ化したものは network.target と呼ばれます。ターゲットには、一連の処理の単位（ユニット）が複数ある場合に、そのユニットの起動の順序や依存関係を簡単に定義できるといったメリットがあります。ここでは、OS 起動時のデフォルトのターゲットを変更する方法について述べます。

■デフォルトのターゲット

　まず、systemctl コマンドを実行して、デフォルトで設定されている状況を確認します。

```
# systemctl get-default
multi-user.target
```

　この状態は、CentOS 6 系でのランレベル 3 に相当する状態です。

■利用可能なターゲット

　次に、利用可能なターゲットを確認してみます。

```
# systemctl list-units --type=target --all --no-pager
UNIT                   LOAD   ACTIVE   SUB     DESCRIPTION
basic.target           loaded active   active  Basic System
cryptsetup.target      loaded active   active  Encrypted Volumes
emergency.target       loaded inactive dead    Emergency Mode
final.target           loaded inactive dead    Final Step
getty.target           loaded active   active  Login Prompts
graphical.target       loaded inactive dead    Graphical Interface ←ここ
local-fs-pre.target    loaded active   active  Local File Systems (Pre)
local-fs.target        loaded active   active  Local File Systems
multi-user.target      loaded active   active  Multi-User System
network-online.target  loaded inactive dead    Network is Online
network.target         loaded active   active  Network
nfs.target             loaded active   active  Network File System Server
nss-lookup.target      loaded inactive dead    Host and Network Name Lookups
nss-user-lookup.target loaded inactive dead    User and Group Name Lookups
```

50

```
paths.target              loaded active    active Paths
remote-fs-pre.target      loaded inactive dead   Remote File Systems (Pre)
remote-fs.target          loaded active    active Remote File Systems
rescue.target             loaded inactive dead   Rescue Mode
shutdown.target           loaded inactive dead   Shutdown
slices.target             loaded active    active Slices
sockets.target            loaded active    active Sockets
sound.target              loaded active    active Sound Card
swap.target               loaded active    active Swap
sysinit.target            loaded active    active System Initialization
syslog.target             not-found inactive dead   syslog.target
time-sync.target          loaded inactive dead   System Time Synchronized
timers.target             loaded active    active Timers
umount.target             loaded inactive dead   Unmount All Filesystems

LOAD   = Reflects whether the unit definition was properly loaded.
ACTIVE = The high-level unit activation state, i.e. generalization of SUB.
SUB    = The low-level unit activation state, values depend on unit type.

28 loaded units listed.
To show all installed unit files use 'systemctl list-unit-files'.
```

ここに表示されている「graphical.target」が、CentOS 6 系のランレベル 5 に相当します。

■グラフィカルターゲット

それでは、OS 起動時に自動的に GUI ログイン画面が表示されるグラフィカルターゲットに設定します。

```
# systemctl set-default graphical.target
rm '/etc/systemd/system/default.target'
ln -s '/usr/lib/systemd/system/graphical.target' '/etc/systemd/system/default.
target'

# systemctl get-default
graphical.target
```

systemctl コマンドの実行結果から、グラフィカルターゲットへの移行は、シンボリックリンクの貼り替えであることがわかります。OS 起動時に自動的に GUI のログイン画面が表示されるか確認するため、CentOS 7 を再起動します（X Window がインストールされていることが前提です）。

```
# reboot
```

第 3 章　システム管理 ─ systemd

CentOS 7 で定義されている各種ターゲットが、従来のどのランレベルに相当しているかの対応
関係を、次のコマンドを実行することで確認できます。

```
# ls -l /lib/systemd/system/runlevel*target
lrwxrwxrwx. 1 ... /lib/systemd/system/runlevel0.target -> poweroff.target
lrwxrwxrwx. 1 ... /lib/systemd/system/runlevel1.target -> rescue.target
lrwxrwxrwx. 1 ... /lib/systemd/system/runlevel2.target -> multi-user.target
lrwxrwxrwx. 1 ... /lib/systemd/system/runlevel3.target -> multi-user.target
lrwxrwxrwx. 1 ... /lib/systemd/system/runlevel4.target -> multi-user.target
lrwxrwxrwx. 1 ... /lib/systemd/system/runlevel5.target -> graphical.target  ←
lrwxrwxrwx. 1 ... /lib/systemd/system/runlevel6.target -> reboot.target
```

コマンドの実行結果より、グラフィカルターゲットは、従来のランレベル 5 に相当することが
わかります。

3-2-2　OS 再起動なしでグラフィカルターゲットとマルチユーザーターゲットを切り替える

CentOS 6 系では、telinit コマンドを使ってランレベルの変更を行っていましたが、CentOS 7
では、systemctl コマンドによって、X Window が起動している状態と X Window が起動せずにマ
ルチユーザー環境の状態（CentOS 6 系のランレベル 5 やランレベル 3）を切り替えることができ
ます。

■マルチユーザーモード

X Window が起動していないマルチユーザーモードの状態への変更は、次のようにします。こ
の操作は、CentOS 6 系の telinit 3 に相当する操作です。

```
# systemctl isolate multi-user.target
# runlevel
5 3
```

■ GUI のログイン画面

CentOS 6 系のランレベル 5 に相当する X Window による GUI のログイン画面の状態に変更する
には、次のようになります。

```
# systemctl isolate graphical.target
```

● 3-2 ランレベルの廃止とターゲットの導入

```
# runlevel
3 5
```

この操作は、CentOS 6 系の telinit 5 に相当する操作であるため、X Window を利用した GUI ログイン画面が起動しますが、OS 起動時に自動的に設定されるデフォルトのターゲットが変更されたわけではありません。次に、デフォルトのターゲットを確認してみます。

```
# systemctl get-default
multi-user.target
```

このように、現在稼働中の OS がグラフィカルターゲットであっても、OS 起動時に自動的に設定されるデフォルトのターゲットとは異なりますので、現在のターゲットの状況と、OS 起動時に自動的に設定されるデフォルトのターゲットの両方を確認するようにしてください。

3-2-3　シングルユーザーモードと緊急モード

システムに不具合やシステムの継続稼働が困難になった場合に、シングルユーザーモードや緊急モードに移行する必要がでてきます。CentOS 6 系では、telinit 1 などによりランレベル 1 を指定し、シングルユーザーモードに移行していましたが、CentOS 7 では、systemd を使ってレスキューターゲットやエマージェンシーターゲットを指定することで、状態を切り替えることができます。

■シングルユーザーモード

シングルユーザーモードになると、ネットワーク通信機能が切断されてしまいますので、telnet などの仮想端末で遠隔から操作している場合には、ローカルマシンでの作業に切り替えるか、あるいは、ハードウェアベンダーが提供するサーバーに搭載された遠隔管理用のチップの仮想端末などを利用し、OS のネットワーク通信機能を利用しなくても遠隔管理できる仕組みを整えておくなど、事前の対処が必要ですので十分注意してください。

シングルユーザーモードになるためには、コマンドラインから次のように入力します。

```
# systemctl isolate rescue.target
```

図 3-1 は、サーバーの遠隔管理チップの仮想端末ウィンドウ上で、遠隔にある CentOS 7 サーバーのシングルユーザーモードの画面を表示しています。シングルユーザーモードでは、root ア

53

第 3 章 システム管理 ― systemd

カウントのパスワードを入力します。

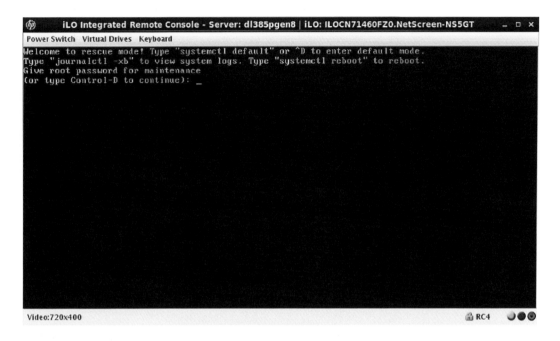

図 3-1　CentOS 7 のレスキューモード

表 3-1 に、CentOS 6 系の SysV init のランレベルと CentOS 7 の systemd ターゲットの対応表を示します。

	CentOS 6 のランレベル	CentOS 7 の systemd
システム停止	0	# systemctl isolate poweroff.target
シングルユーザーモード	1	# systemctl isolate rescue.target
マルチユーザーモード	3	# systemctl isolate multi-user.target
グラフィカルログイン	5	# systemctl isolate graphical.target
OS の再起動	6	# systemctl isolate reboot.target
緊急モード	-	# systemctl isolate emergency.target

表 3-1　CentOS 6 系のランレベルの仕組みとそれに対応する CentOS 7 の systemd のコマンド

3-3　systemd の仕組み

　CentOS 6 系では、chkconfig コマンドによるサービスの有効化、無効化の切り替え、/etc/init.d ディレクトリ配下のスクリプトに対して、start/stop/status などのパラメーターを与えることで、さまざまなサービスの制御を行っていました。CentOS 7 においては、こうしたサービスの制御を systemd によって行います。具体的には、管理者は、systemctl コマンドを使ってサービスの起動、停止、状態確認などを行います。CentOS 6 までは、デーモンと起動スクリプトの集合体でサービスを管理していましたが、CentOS 7 の systemd では、ユニットと呼ばれる単位で管理を行います。CentOS 5 の SysV init や CentOS 6 の Upstart における起動スクリプトを使った処理が、CentOS 7 では、複数のユニットに分割されて、並列実行することにより、OS の起動速度の向上を実現しています。また、従来のデーモンと複雑な起動スクリプトの集合体では、スクリプトの記述がサービスごとに異なっており、管理が複雑化していましたが、systemd により記述が標準化されており、複雑なスクリプト群をできるだけ排除する設計が採られています。

◎ ユニット◎

　　ユニットとは、systemd の管理対象となる処理の単位のことを指します。従来の SysV init 系で採用されていた起動スクリプトでは、スクリプト内で記述された起動順序に基づいて処理が順番に実行されていましたが、systemd では、これらの複数の処理を並列実行が可能なユニットとして定義しています。

systemd の管理の単位となるユニットには、次に示すいくつかのタイプが存在します。

- service：各種デーモンやサービスの起動
- target：起動プロセスやサービスなどの複数のユニットをグループにしてまとめたもの
- mount：ファイルシステムのマウントポイント制御
- device：ディスクデバイス
- socket：FIFO、UNIX ドメインソケット、ポート番号などに関する通信資源

3-3-1　サービスやデーモンの起動

　service は、OS の各種デーモンやサービスの起動に関連するユニットです。たとえば、メールサービスで有名な postfix であれば、postfix.service として管理されており、postfix サービ

第 3 章 システム管理 ― systemd

スの制御にかかわる設定ファイルは、/usr/lib/systemd/system/postfix.service です。

　登録されているサービスの OS 起動時における自動起動の有効化または無効化の設定状態を表示するには、ユニットの種類としては「service」をパラメーターに指定し、list-unit-files を指定します。

```
# systemctl -t service list-unit-files
UNIT FILE                                 STATE
abrt-ccpp.service                         enabled
abrt-oops.service                         enabled
...
...
vsftpd.service                            disabled
vsftpd@.service                           disabled
wacom-inputattach@.service                static
wpa_supplicant.service                    disabled
xinetd.service                            enabled

253 unit files listed.
```

　CentOS 7.0 の時点では、すべてのサービスが systemd に移行しているわけではなく、旧来の CentOS 6 系で使われていた/etc/init.d ディレクトリ配下のサービス群が残っています。これらの一部のサービスについては、chkconfig コマンドを使ってサービスの有効化・無効化の設定を行ってください。

3-3-2　FTP サービスの設定事例

　サービスの設定例として、FTP サービスの起動、停止、状態確認、OS 起動時の自動起動の有効化・無効化の設定を行ってみます。まず FTP サービスが、systemd のユニットにおいてどのような名前のサービスとして登録されているのかを確認します（vsftpd は、インストールされているものとして話しを進めます）。

```
# systemctl -t service list-unit-files | grep -i ftp
tftp.service                              static
vsftpd.service                            disabled
vsftpd@.service                           disabled
```

　FTP サーバーを実現するサービスは、「vsftpd.service」です。コマンドの実行結果の「vsftpd.service」の右側を見ると「disabled」と表示されています。これは、OS 起動時に、「vsftpd.service」が自動的に起動しない設定になっていることを意味します。

● 3-3 systemd の仕組み

■サービスの状態確認

サービスの状態確認は、systemctl コマンドに「status」を指定します。また、systemctl コマンドの利用においては、サービス名の「.service」を省略できます。

```
# systemctl status vsftpd
vsftpd.service - Vsftpd ftp daemon
   Loaded: loaded (/usr/lib/systemd/system/vsftpd.service; disabled)
   Active: inactive (dead)
```

コマンドの実行結果の「Active:」の項目を見ると、inactive(dead) と表示されていることから、vsftpd サービスは現在起動していないことがわかります。

■サービスの起動

次に、vsftpd サービスを起動してみます。

```
# systemctl start vsftpd
# systemctl status vsftpd
vsftpd.service - Vsftpd ftp daemon
   Loaded: loaded (/usr/lib/systemd/system/vsftpd.service; disabled)
   Active: active (running) since Sun 2014-09-07 00:39:03 JST; 3s ago
  Process: 19159 ExecStart=/usr/sbin/vsftpd /etc/vsftpd/vsftpd.conf (code=exit
ed, status=0/SUCCESS)
 Main PID: 19160 (vsftpd)
   CGroup: /system.slice/vsftpd.service
           '-19160 /usr/sbin/vsftpd /etc/vsftpd/vsftpd.conf

Sep 07 00:39:03 centos70n01.jpn.linux.hp.com systemd[1]: Starting Vsftpd ftp d
...
Sep 07 00:39:03 centos70n01.jpn.linux.hp.com systemd[1]: Started Vsftpd ftp da
...
Hint: Some lines were ellipsized, use -l to show in full.
```

コマンドの実行結果の「Active: active」およびプロセスが正常起動している旨の出力から、vsftpd サービスが正常に起動していることがわかります。

■サービスの停止

次に、vsftpd サービスを停止してみます。

57

第 3 章 システム管理 — systemd

```
# systemctl stop vsftpd
# systemctl status vsftpd
vsftpd.service - Vsftpd ftp daemon
   Loaded: loaded (/usr/lib/systemd/system/vsftpd.service; disabled)
   Active: inactive (dead)
```

■起動時の自動実行

OS が起動したときに、vsftpd サービスが自動的に起動するように設定します。

```
# systemctl enable vsftpd
ln -s '/usr/lib/systemd/system/vsftpd.service'
'/etc/systemd/system/multi-user.target.wants/vsftpd.service'
```

OS が起動したときに、vsftpd サービスが自動的に起動するように設定されているかを確認します。

```
# systemctl -t service is-enabled vsftpd
enabled
```

表 3-2 に、CentOS 6 系の SysV init のコマンドと、CentOS 7 で採用されている systemd のコマンドの対応関係を表にまとめておきますので、参考にしてください。

機能	CentOS 6.x	CentOS 7
サービスの開始	# service httpd start	# systemctl start httpd
サービスの停止	# service httpd stop	# systemctl stop httpd
サービスの再起動	# service httpd restart	# systemctl restart httpd
サービスの設定ファイルの再読み込み	# service httpd reload	# systemctl reload httpd
サービスの状態確認	# service httpd status	# systemctl status httpd
サービスがすでに稼働している場合、サービスを再起動する	# service httpd condrestart	# systemctl condrestart httpd
次回 OS 起動時に自動的に、サービスを起動する	# chkconfig httpd on	# systemctl enable httpd
次回 OS 起動時に自動的に、サービスを起動しない	# chkconfig httpd off	# systemctl disable httpd

58

● 3-4 ユニットの依存関係

ランレベルごとに全サービ スが有効・無効になってい るかを表示	# chkconfig --list	#systemctl -t service list-unit-files または # ls /etc/systemd/system/*.wants/
ランレベルごとに指定した サービスが有効・無効になっ ているかを表示	# chkconfig --list httpd	# ls /etc/systemd/system/*.wants/httpd.service

表 3-2　CentOS 6 系の service コマンドや chkconfig コマンドと CentOS 7 の systemd の対応関係

3-4　ユニットの依存関係

　systemd が管理するユニットには、依存関係が存在します。ユニットの依存関係は、あるユニットを有効にするために、ほかのユニットも有効にしないとうまく稼働しない場合、それらの複数のユニット間に依存関係があると判断します。ユニットに依存関係がない場合、それらのユニットは、個別に同時並列的に起動されることになり、CentOS 7 の OS 起動の高速化に貢献します。

　ユニットの依存関係は、CentOS 7 で定義されているターゲットの設定ファイルの内容を見ると理解が深まります。たとえば、graphical.target ファイルの内容を確認します。

```
# cd /usr/lib/systemd/system
# cat graphical.target
...
Requires=multi-user.target
...
Wants=display-manager.service
...
```

　graphical.target に記述されている「Requires=multi-user.target」は、graphical.target を起動するためには、multi-user.target が必要であるという依存関係を示しています。さらに、Wants=display-manager.service も依存関係を示しています。従来のランレベル 5 に相当する graphical.target は、従来のランレベル 3 に相当する multi-user.target に依存していることになります。同様に multi-user.target の内容も確認してみます。

```
# pwd
/usr/lib/systemd/system
# cat multi-user.target
```

第 3 章　システム管理 ─ systemd

```
...
Requires=basic.target
...
```

ファイルの出力結果のとおり、multi-user.target は、basic.target に依存していることが
わかります。この basic.target は、ランレベルに依存しないで起動するサービスに相当します。
さらに basic.target の内容を確認してみます。

```
# cat basic.target
...
Requires=sysinit.target
Wants=sockets.target timers.target paths.target slices.target
...
```

ファイルの内容を見ると、basic.target は、sysinit.target、sockets.target、timers.target、
paths.target、そして、slices.targe に依存していることがわかります。sysinit.target は、
従来の CentOS 6 における rc.sysinit の処理に相当するターゲットです。最後に sysinit.target
の内容を確認してみます。

```
# cat sysinit.target
...
Wants=local-fs.target swap.target
...
```

cat コマンドの出力結果を見ると、sysinit.target は、local-fs.target と swap.target に
依存していることがわかります。すなわち、sysinit.target の処理を行うには、ファイルシス
テムのマウントとスワップ領域の有効化の処理が前提となっていることがわかります。

3-4-1　ユニットの起動順序

ユニットには、依存関係のほかに、起動順序の設定によりサービスが実行されるタイミングを
制御します。例を見ながら解説します。最初に、サービスについての起動順序を確認します。例
として、sshd サービスを取り上げます。

60

● 3-4 ユニットの依存関係

■設定ファイルの確認

sshd サービスの起動に関する設定ファイルは、/usr/lib/systemd/system/sshd.service です。この設定ファイルの内容を確認してみます。

```
# pwd
/usr/lib/systemd/system

# cat sshd.service
...
After=syslog.target network.target auditd.service
...
```

sshd.service ファイルには、「After=syslog.target network.target auditd.service」と記述されています。これは、syslog.target、network.target、auditd.service のあとに、sshd.service が起動することを意味します。ここで、network.target が指定されていることに注目します。起動順序において、ターゲットが指定されている場合は、そのターゲットの前後の起動順序において、1つ前のサービスの起動が完了してから、次のサービスの起動が開始することを保証できます。sshd の場合は、network.target のあとに、sshd.service が起動しますが、newtork.target の前に起動するサービスを確認してみます。

```
# pwd
/usr/lib/systemd/system

# grep Before=network.target ./*.service
./NetworkManager-wait-online.service:Before=network.targ
et network-online.target
./NetworkManager.service:Before=network.target network.service
./arp-ethers.service:Before=network.target
./firewalld.service:Before=network.target
./netcf-transaction.service:Before=network.target
./wpa_supplicant.service:Before=network.target
```

ここでは、サービスの設定ファイルに、「Before=network.target」を指定しているものを抽出しています。NetworkManager.service は、Before=network.target が指定されているので、network.target の前に起動することになります。すなわち、先述の sshd.service と NetworkManager.service の間には、network.target が介在しており、NetworkManager.service の構成が終了してから、sshd.service が起動することが保証されます。

61

第 3 章 システム管理 － systemd

■ auditd.service の起動順序の確認

続いて、auditd.service の起動順序も確認してみます。

```
# pwd
/usr/lib/systemd/system

# cat auditd.service
...
After=local-fs.target
...
Before=sysinit.target shutdown.target
...
```

auditd.service は、local-fs.target のあとに起動されることがわかります。また、「Before=sysinit.target shutdown.target」の設定により、audit.service が sysinit.target と shutdown.target の前に起動することがわかります。このように、systemd は、依存関係や起動順序を設定ファイルに記述することで実現していることがわかります。

CentOS 7 では、systemd のデフォルトの設定ファイル群が、/usr/lib/systemd/system ディレクトリ配下に格納されています。もし独自のルールを設定したい場合は、/etc/systemd/system ディレクトリ配下に設定ファイルとして記述します。/usr/lib/systemd/system ディレクトリ以下と/etc/systemd/system ディレクトリ以下に同じファイル名が存在する場合は、/etc/systemd/system ディレクトリ配下の設定ファイルが優先されます。実行時に一時的に作成されるようなランタイムデータは、/run/systemd ディレクトリ配下に生成されます。

3-4-2　ドロップインによるユニットのカスタマイズ

systemd には、サービスの起動・停止の制御や依存関係、起動順序の制御だけでなく、プロセス管理の挙動に関するパラメーターを、詳細に設定できます。たとえば、次のように systemctl コマンドを実行すると、httpd サービスのパラメーターにはさまざまなパラメーターがあり、設定可能であることがわかります。

```
# systemctl show --all httpd
Id=httpd.service
Names=httpd.service
Following=
Requires=basic.target
RequiresOverridable=
```

```
...
...
```

　こうした特定のパラメーターについて明示的に設定を行う場合には、ユーザー独自の設定ファイルに特定のパラメーターのみを記述しておくと、アプリケーションやサービスの運用管理が煩雑化するのを防ぐことができます。以下では、httpd サービスにパラメーターを個別に指定して管理する方法を紹介します。

■パラメーター用ディレクトリの作成

　まず、systemd では、ユーザー独自のパラメーターを指定するためのディレクトリを作成します。httpd.service の場合は、httpd.service.d という名前のディレクトリを/etc/systemd/system ディレクトリの下に作成します。

```
# mkdir /etc/systemd/system/httpd.service.d/
```

■設定ファイルの作成

　次に、設定ファイルを作成します。ここでは、10-httpd.conf というファイル名を付けました。

```
# cd /etc/systemd/system/httpd.service.d/

# vi 10-httpd.conf
[Service]
Restart=always
CPUAffinity=0 1 2 3
OOMScoreAdjust=-1000
```

　10-httpd.conf ファイルの先頭行に、[Service] を記述し、その下にパラメーターを記述します。このパラメーターは、「man systemd.exec」や「man systemd.service」で確認できます。ここでは、次の3つを指定しました。

●Restart=always　←サービスの正常終了にかかわらず、サービスを再起動
●CPUAffinity=0 1 2 3　←実行するプロセスの CPU アフィニティ[1]を設定（例は CPU0、1、2、3に固定）

＊1　第9章参照

第 3 章 システム管理 — systemd

- ●OOMScoreAdjust=-1000　←「Out of Memory」発生時のプロセス制御（-1000 でプロセス kill を無効）

■デーモンの再起動

設定ファイルを記述したら、デーモンを再起動します。

```
# systemctl daemon-reload
```

httpd サービスの状態を確認します。すると図 3-2 のようになり、「Drop-In:」の行に、先ほど作成したディレクトリと設定ファイルが読み込まれていることがわかります。これは systemd におけるドロップインと呼ばれており、ユーザー独自でパラメーターを明示的に指定する場合に利用される仕組みです。

図 3-2　systemd のドロップインが利用されている様子 — 作成した 10-httpd.conf ファイルがロードされていることがわかる。

ドロップインを利用したパラメーター設定を行ったあとは必ず、「systemctl daemon-reload」が必要になりますので、注意してください。

● 3-5 ロケール、キーボード設定、日付・時間・タイムゾーン設定

3-5. ロケール、キーボード設定、日付・時間・タイムゾーン設定

CentOS 7 は、ロケール、キーボード設定、日付・時間・タイムゾーンなどの設定も CentOS 6 系と大きく異なります。CentOS 7 では、ロケール、キーボードを設定する localectl コマンド、日付・時間・タイムゾーンを設定する timedatectl コマンドが用意されています。設定ファイルも CentOS 6 系とは異なりますので注意してください。

3-5-1　ロケールの変更

システムのロケールの変更は、localectl コマンドで行います。

■ロケールの状態

現在のロケールの状態を確認します。

```
# localectl
   System Locale: LANG=en_US.UTF-8
       VC Keymap: us
      X11 Layout: us
```

■ロケールを日本語に設定

ロケールを日本語に設定し、変更されているかを確認します。

```
# localectl set-locale LANG=ja_JP.utf8
# localectl
   System Locale: LANG=ja_JP.utf8
       VC Keymap: us
      X11 Layout: us
```

ロケールの設定ファイルは、/etc/locale.conf ファイルになります。変更されているかどうかを確認します。

```
# cat /etc/locale.conf
LANG=ja_JP.utf8
```

65

第 3 章 システム管理 ─ systemd

3-5-2 キーボード設定

キーボード設定も、localectl コマンドで行います。

■キーマップの表示

利用可能なキーマップを表示します。

```
# localectl list-keymaps
...
...
jp106
...
unicode
us
us-acentos
wangbe
wangbe2
windowkeys
```

■キーボードの設定

日本語のキーマップは jp106 として利用可能です。現在のキーボード設定を日本語 106 キーボードに設定します。

```
# localectl set-keymap jp106
[root@centos70n02 ~]# localectl
   System Locale: LANG=ja_JP.utf8
       VC Keymap: jp106
      X11 Layout: jp
       X11 Model: jp106
     X11 Options: terminate:ctrl_alt_bksp
```

キーマップの設定ファイルは、/etc/vconsole.conf ファイルになります。先述の設定が反映されているか確認してみます。

```
# cat /etc/vconsole.conf
FONT=latarcyrheb-sun16
KEYMAP=jp106
```

66

● 3-5 ロケール、キーボード設定、日付・時間・タイムゾーン設定

3-5-3　日付、時刻、タイムゾーンの設定

CentOS 7 では、日付、時刻の設定コマンドとして従来の date コマンドや hwclock コマンドが存在しますが、新しく systemd で制御される timedatectl コマンドが用意されています。

■日付、時間、タイムゾーンの表示

timedatectl コマンドをオプションなしで実行すると、現在の日付、時刻、タイムゾーン、NTP の同期設定の有無などを表示します。

```
# timedatectl
      Local time: 金 2014-09-05 19:41:11 JST
  Universal time: 金 2014-09-05 10:41:11 UTC
        RTC time: 金 2014-09-05 10:41:11
        Timezone: Asia/Tokyo (JST, +0900)
     NTP enabled: yes
NTP synchronized: yes
 RTC in local TZ: no
      DST active: n/a
```

■日付の設定

日付を設定する場合は、timedatectl コマンドに set-time オプションを指定します。次の例では、2014 年 9 月 6 日に設定します。

```
# timedatectl set-time 2014-09-06
# timedatectl
      Local time: 土 2014-09-06 00:00:00 JST
  Universal time: 金 2014-09-05 15:00:00 UTC
        RTC time: 金 2014-09-05 15:00:01
        Timezone: Asia/Tokyo (JST, +0900)
     NTP enabled: yes
NTP synchronized: no
 RTC in local TZ: no
      DST active: n/a
```

67

第 3 章 システム管理 — systemd

■時刻の設定

時刻を設定する場合も、timedatectl コマンドに set-time オプションを指定します。次の例では、19 時 51 分 00 秒に設定しています。

```
# timedatectl set-time 19:51:00
# timedatectl
       Local time: 金 2013-09-06 19:51:00 JST
  Universal time: 金 2013-09-06 10:51:00 UTC
         RTC time: 金 2013-09-06 10:51:00
         Timezone: Asia/Tokyo (JST, +0900)
     NTP enabled: yes
NTP synchronized: no
 RTC in local TZ: no
       DST active: n/a
```

■日付と時刻の同時設定

日付と時刻を同時に設定する場合は、次のように設定します。

```
# timedatectl set-time "2014-09-06 19:55:00"
# timedatectl
       Local time: 土 2014-09-06 19:55:01 JST
  Universal time: 土 2014-09-06 10:55:01 UTC
         RTC time: 土 2014-09-06 10:55:01
         Timezone: Asia/Tokyo (JST, +0900)
     NTP enabled: yes
NTP synchronized: no
 RTC in local TZ: no
       DST active: n/a
```

■タイムゾーンの表示

タイムゾーンの表示は、timedatectl コマンドに list-timezone オプションを付与して実行します。

```
# timedatectl list-timezones
Africa/Abidjan
Africa/Accra
...
...
```

68

```
Asia/Tokyo
...
...
```

■タイムゾーンの変更

　タイムゾーンを変更するには、`timedatectl` コマンドに `set-timezone` オプションを付与します。次の例では、タイムゾーンとして Asia/Tokyo を設定する例です。

```
# timedatectl set-timezone Asia/Tokyo
```

3-6　まとめ

　本章では、ランレベル、サービスの制御、ロケール、キーボード設定、日付・時間・タイムゾーン設定を紹介しました。これらは、すべて systemd で提供される機能です。systemd が CentOS 7 において、幅広いコンポーネントに渡って制御を行っていることが理解できます。systemd だけでも 1 冊の本になるぐらいの膨大な情報量になりますが、まずは、CentOS 5 や CentOS 6 系で自分が理解していた管理手法と同様のことを、CentOS 7 の systemd で実現することを目指してみてください。

第4章 ログ機構とログの活用

第４章 ログ機構とログの活用

CentOS 7 は、ログの管理を行う新しい仕組みが導入されています。従来の CentOS 6 系では、長年親しまれてきた syslog ベースのログ管理手法が採用されていましたが、CentOS 7 からは、systemd がログ管理を担当しており、ログに関するより細かい指定や操作を行うことができるようになっています。本章では、CentOS 7 で採用されている新しいログ管理の仕組みである「journald」や journald と rsyslog との連携について解説し、システム全体に渡って、さまざまなログを収集する sosreport についても簡単に触れます。

4-1 　新たなログ機構

　現在、Linux をベースとした Web システムにおいて、ログの収集技術が注目を浴びています。その背景には、e コマースなどの Web システムを利用する顧客のアクセスログを収集し、顧客と商品の相関関係や動向を把握したいといったニーズがあります。また、Web システムのアクセスログだけでなく、各種サーバーの障害の傾向、負荷・利用状況の把握や、装置に取り付けられたセンサーから生成される情報を収集し、ユーザーの行動を把握するといった目的で、システムのログやセンサーのログも収集されるようになっています。

　従来の UNIX や CentOS では、システムのログの収集方法として、syslog が利用されてきました。syslog は、複数のシステムのログをネットワーク経由で一括して管理できる機能などを備え

● 4-2 Systemd Journal を使いこなす

ることから、多くの管理ソフトウェア製品でも連携が可能となっており、非常に枯れた技術といえます。しかし一方で、膨大なログの中から目的の情報を抽出するために、さまざまなコマンドやツール、スクリプト類を駆使する必要がありました。CentOS 7 では、こうした負荷の大きな作業を軽減するために、従来の syslog に比べて格段に目的の情報を抽出しやすい新たな仕組みが搭載されています。

4-2　Systemd Journal を使いこなす

CentOS 6 までの syslog では、syslog デーモンを稼働させていましたが、CentOS 7 からは、もはや syslogd デーモンの起動は不要です。その代わり、ログの収集の仕組みである journald のサービスを起動する必要があります。サービス名は、「systemd-journald.service」ですが、通常は「journald」と呼ばれています。

■ journald の状態確認

journald が起動しているかどうかは、systemctl コマンドで確認できます。

```
# systemctl status systemd-journald  ←jounald の状態を確認
systemd-journald.service - Journal Service
   Loaded: loaded (/usr/lib/systemd/system/systemd-journald.service; static)
   Active: active (running) since 水 2015-01-21 12:29:21 JST; 4s ago
     Docs: man:systemd-journald.service(8)
           man:journald.conf(5)
Main PID: 14227 (systemd-journal)
   Status: "Processing requests..."
   CGroup: /system.slice/systemd-journald.service
           mq14227 /usr/lib/systemd/systemd-journald

 1月 21 12:29:21 centos70n254 systemd-journal[14227]: Permanent journal is using
 136.0M (max 128.0M, leaving 2.1G of free 2.5G, current limit 128.0M).
 1月 21 12:29:21 centos70n254 systemd-journal[14227]: Journal started
```

journald が収集したログを適宜整形、加工するためのコマンドが、journalctl コマンドです。journalctl コマンドは、ログの出力に関するさまざまなオプションを備えています。以降の節では、CentOS 7 の管理者が知っておくべき、journalctl コマンドを使った基本的なログ管理の操作を説明します。

71

第 4 章 ログ機構とログの活用

4-2-1　ブートログを出力する

　サーバーに搭載されている各種ハードウェアの認識状態などを確認するために、CentOS 7 の
ブート時のログを見たい場合があります。直前のブートのログを確認するには、journalctl コマ
ンドに-b オプションを付与します。

```
# journalctl -b
-- Logs begin at 水 2014-11-05 15:06:58 JST, end at 月 2014-12-22 12:06:34 JST.
--
12月 17 17:46:34 centos70n02 systemd-journal[268]: Runtime journal is using 8.0
M (max 1.5G, leaving 2.3G of free 15.5G, current limit 1.5G).
12月 17 17:46:34 centos70n02 kernel: Initializing cgroup subsys cpuset
12月 17 17:46:34 centos70n02 kernel: Initializing cgroup subsys cpu
12月 17 17:46:34 centos70n02 kernel: Initializing cgroup subsys cpuacct
12月 17 17:46:34 centos70n02 kernel: Linux version 3.10.0-123.13.1.el7.x86_64 (
builder@kbuilder.dev.centos.org) (gcc version 4.8.2 20140120 (Red Hat 4.8.2-16)
 (GCC) ) #1 SMP Tue Dec 9 23:06:09 UTC 2014
12月 17 17:46:34 centos70n02 kernel: Command line: BOOT_IMAGE=/vmlinuz-3.10.0-1
23.13.1.el7.x86_64 root=UUID=4cde5a26-6544-4dfa-990d-5411b0ae859d ro nomodeset
crashkernel=auto vconsole.font=latarcyrheb-sun16 vconsole.keymap=us rhgb quiet
net.ifnames=0 LANG=en_US.utf8
12月 17 17:46:34 centos70n02 kernel: e820: BIOS-provided physical RAM map:
...
```

4-2-2　時系列のフィルタリング

　ログの用途によっては、一定期間の全体の状態を調べたり、今日の始業から現時点までの特定
のサービスの状態であったり、さまざまな用途で利用されます。journalctl コマンドでは、ユー
ザーの利用目的に応じたオプションが用意されています。

■一定期間の指定

　次の journalctl コマンドの実行例は、2014 年 9 月 5 日午前 1 時 23 分 45 秒から 2014 年 9 月 7
日午前 4 時 56 分 0 秒までのログを出力したものです。

```
# journalctl --since="2014-09-05 01:23:45" --until="2014-09-07 04:56:00"
-- Logs begin at Sat 2014-09-06 00:03:27 JST, end at Sat 2014-09-06 10:46:25
 JST. --
Sep 06 00:03:27 c70n2530.jpn.linux.hp.com systemd-journal[95]: Runtime journ
```

● 4-2 Systemd Journal を使いこなす

```
al is using 8.0M (max 93.3M, leaving 140.0M of free 925.3M, current limit 93
.3M).
Sep 06 00:03:27 c70n2530.jpn.linux.hp.com kernel: Initializing cgroup subsys
 cpuset
...
...
```

デフォルトでは、自動的に less ページャが起動し、ログをスクロールさせて閲覧できます。
less ページャの自動起動が不要な場合は、--no-pager オプションを付与します。

■特定サービスの指定

特定のサービスに限ってログを出力させたい場合は、そのサービスのユニット名を指定します。

```
# journalctl --since="2014-09-05 01:23:45" --until="2014-09-07 04:56:00" -u sshd
.service
-- Logs begin at Sat 2014-09-06 00:03:27 JST, end at Sat 2014-09-06 10:46:25 JS
T. --
Sep 06 00:03:58 c70n2530.jpn.linux.hp.com systemd[1]: Starting OpenSSH server d
aemon...
Sep 06 00:03:58 c70n2530.jpn.linux.hp.com systemd[1]: Started OpenSSH server da
emon.
...
...
```

■今日の指定

--since オプションに「today」を指定することで、今日ログされたものから現在までのものを
抽出して出力できます。

```
# journalctl --since=today
-- Logs begin at Sat 2014-09-06 00:03:27 JST, end at Sat 2014-09-06 11:03:55 JS
T. --
Sep 06 00:03:27 c70n2530.jpn.linux.hp.com systemd-journal[95]: Runtime journal
is using 8.0M (max 93.3M, leaving 140.0M of free 925.3M, current limit 93.3M).
Sep 06 00:03:27 c70n2530.jpn.linux.hp.com systemd-journal[95]: Runtime journal
is using 8.0M (max 93.3M, leaving 140.0M of free 925.3M, current limit 93.3M).
...
...
```

ほかにも、--since オプションに「yesterday」や「tomorrow」を指定することも可能です。

73

第4章 ログ機構とログの活用

■リアルタイムの閲覧

過去のログだけでなく、現在のシステムが出力しているログをリアルタイムで閲覧したい場合があります。従来の「`tail -f /var/log/messages`」のように、`tail`コマンドを駆使していたようなログの閲覧方法を実現するには、`-f`オプションを付与して実行します。

```
# journalctl -f
-- Logs begin at Sat 2014-09-06 00:03:27 JST. --
Sep 06 10:30:01 c70n2530.jpn.linux.hp.com CROND[10619]: (root) CMD (/usr/lib64/
sa/sa1 1 1)
Sep 06 10:40:01 c70n2530.jpn.linux.hp.com systemd[1]: Starting Session 76 of us
er root.
Sep 06 10:40:01 c70n2530.jpn.linux.hp.com systemd[1]: Started Session 76 of use
r root.
...
...
```

4-2-3　緊急度によるフィルタリング

従来の`syslog`では、ログのプライオリティ（緊急度）に応じた管理ができましたが、`journalctl`でも同様に、プライオリティによる出力のフィルタリングが行えます。プライオリティには、`emerg`、`alert`、`crit`、`err`、`warning`、`notice`、`debug`があり、ハードウェアレベル、デーモン、セキュリティ関連、アプリケーションなどのさまざまなログをプライオリティ別に整理できます。`emerg`の緊急度が最も高く、`debug`が最も低いプライオリティになります。

■ warning プライオリティ

特定のプライオリティのログのみを出力させる場合は、`-p`オプションにプライオリティを付与して`journalctl`コマンドを実行します。次の実行例は、`warning`プライオリティを指定したものです。

```
# journalctl -p warning
-- Logs begin at Sat 2014-09-06 00:03:27 JST, end at Sat 2014-09-06 10:46:25 JS
T. --
Sep 06 00:03:27 c70n2530.jpn.linux.hp.com kernel: crashkernel=auto resulted in
zero bytes of reserved memory.
Sep 06 00:03:27 c70n2530.jpn.linux.hp.com kernel: ACPI: RSDP 00000000000f68c0 0
0024 (v02 HPQOEM)
```

```
...
...
```

■ err プライオリティの場合：

err プライオリティも、-p オプションに続けて指定します。

```
# journalctl -p err
-- Logs begin at Sat 2014-09-06 00:03:27 JST, end at Sat 2014-09-06 11:01:01 JS
T. --
Sep 06 00:03:27 c70n2530.jpn.linux.hp.com kernel: tpm_tis 00:03: A TPM error (7
) occurred attempting to read a pcr value
Sep 06 00:03:40 c70n2530.jpn.linux.hp.com systemd-udevd[423]: error opening ATT
R{/sys/devices/pci0000:00/0000:00:1a.1/usb4/4-1/4-1:1.0/power/control} for writ
ing: No such file or directory
```

ここで示した-p オプションには、プライオリティの値で指定することも可能です。プライオリ
ティの値とログレベルの対応関係を次に示します。

```
# journalctl -p 0 ← emerg
# journalctl -p 1 ← alert
# journalctl -p 2 ← crit
# journalctl -p 3 ← err
# journalctl -p 4 ← warning
# journalctl -p 5 ← notice
# journalctl -p 6 ← debug
```

■テストログの生成

実際に、ログレベルによってどのような出力結果になるのか、テスト用のログを発生させてみ
ましょう。

CentOS 7 においてプライオリティに応じたテストログを生成するには、logger コマンドを使い
ます。次のコマンドの実行により、emerg プライオリティで「*** EMERG TEST LOG ***.」とい
うメッセージのログを記録します。

```
# logger -p daemon.emerg "*** EMERG TEST LOG ***."
```

第4章　ログ機構とログの活用

■ emerg プライオリティのログ

emerg プライオリティのログを確認します。

```
# journalctl -p 0
-- Logs begin at 水 2014-11-05 15:06:58 JST, end at 月 2014-12-22 12:30:01 JST.
 --
12月 22 12:28:33 centos70n02 root[10259]: *** EMERG TEST LOG ***.
```

■ alert プライオリティのログ

同様に、alert プライオリティのテストログを生成します。

```
# logger -p daemon.alert "*** ALERT TEST LOG ***."
# journalctl -p 1
-- Logs begin at 水 2014-11-05 15:06:58 JST, end at 月 2014-12-22 12:37:57 JST.
 --
12月 22 12:28:33 centos70n02 root[10259]: *** EMERG TEST LOG ***.
12月 22 12:29:56 centos70n02 root[10276]: *** ALERT TEST LOG ***.
```

journalctl コマンドに alert プライオリティを指定すると、emerg プライオリティを包含した
形でログを抽出することがわかります。

ほかのプライオリティの出力については、各自の環境で実行してみてください。

4-2-4　カーネルやプロセスのログ

サーバーシステムにおける障害には、ハードウェア障害、サービスの障害などさまざまなものが
ありますが、そのうち、サーバーシステムのハードウェア障害の情報を収集するためには、カーネ
ルが出力するログを見るのが一般的です。ハードウェアベンダーの保守サポート技術者は、カー
ネルが出力するログやメモリダンプの情報を元に、障害の原因を追究します。通常、カーネルの
ログは、その OS の情報と認識されているハードウェアの情報が詳細に記録されていますので、
ハードウェアと OS に関連する問題点の解明に非常に重要なヒントを与えてくれます。

一方、アプリケーションのログには、障害の状況だけでなく、正常なサービス起動、停止を含
めたさまざまな情報が記録されています。たとえば、アプリケーションがデータを正常にロード
できているか、適切なポートを使った通信が行われているか、といったことを調べるためにアプ
リケーションのログが利用されます。CentOS 7 に搭載されている journald には、これらのカー

76

● 4-2 Systemd Journal を使いこなす

ネルやアプリケーションのログを調査する機能が備わっています。

■カーネルログ

-k オプションを付けると、カーネルログのみを表示させることも可能です。従来の syslog 管理の dmesg に相当します。

```
# journalctl -k
-- Logs begin at 日 2014-08-31 01:02:16 JST, end at 土 2014-09-13 10:10:01 JST.
 --
...
...
 9月 07 01:30:16 centos70n01.jpn.linux.hp.com kernel: NX (Execute Disable) prot
ection: active
 9月 07 01:30:16 centos70n01.jpn.linux.hp.com kernel: SMBIOS 2.4 present.
 9月 07 01:30:16 centos70n01.jpn.linux.hp.com kernel: DMI: Red Hat KVM, BIOS 0.
5.1 01/01/2007
 9月 07 01:30:16 centos70n01.jpn.linux.hp.com kernel: Hypervisor detected: KVM

 9月 07 01:30:16 centos70n01.jpn.linux.hp.com kernel: e820: update [mem 0x0000
0000-0x00000fff] usable ==> reserved
 9月 07 01:30:16 centos70n01.jpn.linux.hp.com kernel: e820: remove [mem 0x000a
0000-0x000fffff] usable
 9月 07 01:30:16 centos70n01.jpn.linux.hp.com kernel: No AGP bridge found
...
...
```

■特定のプロセス ID のログ

特定のプロセス ID のみに関するログを出力したい場合は、「_PID=プロセス番号」を付与して実行します。

```
# journalctl _PID=10765
-- Logs begin at Sat 2014-09-06 00:03:27 JST, end at Sat 2014-09-06 10:50:01 JS
T. --
Sep 06 10:46:25 c70n2530.jpn.linux.hp.com sshd[10765]: Accepted password for ro
ot from 172.16.27.10 port 57150 ssh2
Sep 06 10:46:25 c70n2530.jpn.linux.hp.com sshd[10765]: pam_unix(sshd:session):
 session opened for user root by (uid=0)
```

77

第 4 章 ログ機構とログの活用

■実行ファイルのパス指定によるログ

サービスを提供する実行ファイルのパスを指定することも可能です。次の例では、コマンドの実行をスケジューリングするサービス「crond」の実体である/usr/sbin/crond に関連するログのみを出力する例です。

```
# journalctl /usr/sbin/crond
-- Logs begin at Sat 2014-09-06 00:03:27 JST, end at Sat 2014-09-06 11:01:01 JS
T. --
Sep 06 00:03:51 c70n2530.jpn.linux.hp.com crond[585]: (CRON) INFO (RANDOM_DEL
AY will be scaled with factor 92% if used.)
Sep 06 00:03:53 c70n2530.jpn.linux.hp.com crond[585]: (CRON) INFO (running wit
h inotify support)
Sep 06 00:20:01 c70n2530.jpn.linux.hp.com CROND[2473]: (root) CMD (/usr/lib64/
sa/sa1 1 1)
Sep 06 01:01:01 c70n2530.jpn.linux.hp.com CROND[2972]: (root) CMD (run-parts /
etc/cron.hourly)
...
...
```

4-3　ログの保存

CentOS 7 の journald の設定では、ログファイルは、/run/log/journal ディレクトリ以下に格納されています。しかし、次のコマンドの実行例からわかるように、/run ディレクトリは tmpfs ファイルシステムでマウントされており、OS を再起動すると、/run/log/journal ディレクトリ配下に格納されていたログファイルは削除されてしまいます。

```
# df -HT | grep tmpfs
devtmpfs        devtmpfs  970M     0  970M   0% /dev
tmpfs           tmpfs     979M  144k  979M   1% /dev/shm
tmpfs           tmpfs     979M  959k  978M   1% /run    ←tmpfs でマウントされている
tmpfs           tmpfs     979M     0  979M   0% /sys/fs/cgroup
```

● 4-3 ログの保存

4-3-1　OS 再起動後もログが消えないようにする

OS を再起動してもログが保管されるようにするためには、journald の設定ファイル（/etc/systemd/journald.conf）内で「Storage=persistent」を指定し、コメントアウトを意味する行頭の「#」を削除します。

```
# cp /etc/systemd/journald.conf /etc/systemd/journald.conf.org
# vi /etc/systemd/journald.conf
...
[Journal]
Storage=persistent
...
```

設定ファイルを編集したら、journald サービスを再起動します。

```
# systemctl restart systemd-journald
```

/etc/systemd/journald.conf 内で「Storage=persistent」を指定した場合、/var/log/journal ディレクトリ配下にディレクトリとログが作成され、ログが永続的に保存されるようになります。ディレクトリ名には、machine-id が付けられます。

```
# cd /var/log/journal/54b10747e8d74220a5b5e8da6ddb66ef/
# ls -l
total 8196
-rw-r-----. 1 root root 8388608 Sep  6 12:40 system.journal
```

なお、/etc/systemd/journald.conf 内でデフォルトの「Storage=auto」を指定すると、/var/log/journal ディレクトリが存在しない場合は、tmpfs でマウントされている /run/log/journal ディレクトリ配下にログが保管されます。/var/log/journal ディレクトリが存在する場合は、/var/log/journal ディレクトリ配下にログが保管されます。

■ Column ■■■ machine-id

> /varlog/journal の下に生成されるディレクトリ名は、システムに付与される 128 ビットの machine-id です。この machine-id は、/etc/machine-id ファイルで確認可能です。

79

第 4 章 ログ機構とログの活用

```
# cat /etc/machine-id
54b10747e8d74220a5b5e8da6ddb66ef
```

　machine-id ファイルは、インストール時に決められた固有の ID が格納されています。この
ID は、インストール時にランダムに生成され、OS の再起動後も変化することはありません。

4-3-2　ログの容量

　journald では、ログの容量に関するさまざまな制限をパラメーターとして設定可能です。ログ
の容量に関する設定としては、格納されるジャーナルファイルの大きさの制限があります。通常、
ログが肥大化すると、ログ用に設けられたファイルシステムの空き容量がなくなり、アプリケー
ションの動作に影響を及ぼします。このため、ログの容量をあらかじめ設定しておくなどの対策
を行うのが一般的です。

　CentOS 7 に搭載されている journald では、デフォルトで、ファイルシステムの 10 ％がログの
容量として割り当てられています。また、ログの肥大化の対策として、ログの最大サイズを明示
的に指定し、古いログを自動的に削除するログローテートの機能も搭載されていますし、従来の
syslog デーモン、カーネルログバッファ（通称 kmsg）などにログを転送し、連携したログ管理
を行うなど、ログに関する細かな設定を行うことが可能です。

■ログの容量制限

　journald によって生成されるログの容量を制限するには、journald.conf ファイルの「SystemMax
Use=」パラメーターに値を設定します。次の例は、ログの容量を 128MB に制限する例です。

```
# vi /etc/systemd/journald.conf
...
SystemMaxUse=128M
...
```

パラメーターを記述したら、journald を再起動します。

```
# systemctl restart systemd-journald
```

● 4-4 ログデータの転送

■ログ容量の確認

今現在、journald で管理されているすべてのログの容量を確認するには、journalctl コマンドに「--disk-usage」オプションを付与して実行します。

```
# journalctl --disk-usage
Journals take up 6.2M on disk.
```

4-4　ログデータの転送

CentOS 7 におけるログは、journald によって一元的に管理されていますが、そのログを遠隔にあるログサーバーに転送したい場合があります。ログサーバーにはさまざまな種類がありますが、広く利用されているのは、rsyslog サーバーです。実は、CentOS 7 でも journald 以外に rsyslog によるログサーバーを構築可能となっています。CentOS 7 以外に CentOS 5 や CentOS 6 などの journald に対応していない syslog ベースの OS が混在する環境では、ログサーバーとして、使い慣れた rsyslog でログを統合して管理することが考えられます（図 4-1）。

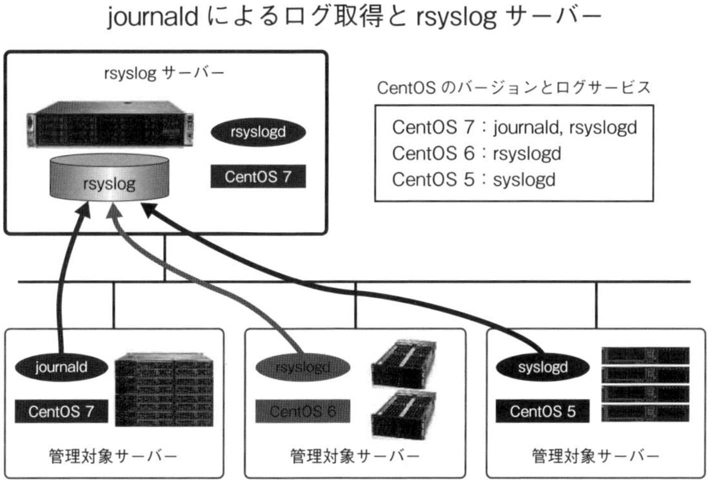

図 4-1　journald と rsyslog サーバーの関係 ― 管理対象サーバー側で journald によりログを取得し、rsyslog サーバーでログを一括管理する。journald だけでなく syslog ベースの旧システムが混在する環境では、rsyslog を使ったログサーバーが有用である。

81

第 4 章 ログ機構とログの活用

4-4-1　遠隔側の設定（rsyslog サーバーの設定）

CentOS 7 がインストールされた管理対象サーバー上で journald によりログを取得し、遠隔に
ある CentOS 7 の rsyslog サーバーにログを転送する手順を紹介します。

■ rsyslog サーバーの構築

まず、CentOS 7 上で、rsyslog サーバーを構築します。rsyslog サーバーの設定ファイル
rsyslog.conf ファイルを編集します。

```
# vi /etc/rsyslog.conf
$ModLoad imudp
$UDPServerRun 514
$umask 0022
$FileCreateMode 0644
$DirCreateMode 0755
...
:fromhost-ip, isequal, "172.16.70.2" /var/log/journalctl_log_172.16.70.2
& ~
...
```

rsyslog.conf に記述されている「$UDPServerRun 514」は、rsyslog において UDP の 514 番
ポートを使用するための設定です。その下の「:fromhost-ip, ...」では、ログを取得したい管理対
象サーバーの IP アドレスと、ログサーバー側で保管するログファイルのフルパスを記述しま
す。この例では、管理対象サーバーの IP アドレスが 172.16.70.2 の場合は、ログサーバー側の
「/var/log/journalctl_log_172.16.70.2」というファイルにログを書き込むというルールを記
述しています。設定ファイルを記述したら、ログサーバー側で journalctl_log_172.16.70.2 と
いう空のファイルを作成しておきます。

```
# touch /var/log/journalctl_log_172.16.70.2
```

■ファイヤウォールの設定（ログサーバー側）

rsyslog は、UDP の 514 番ポートを使って通信を行いますので、ログサーバー側のファイヤウォー
ルの設定を変更します。UDP の 514 番ポートを開ける設定は、次のとおりです（firewall-cmd
コマンドについての詳細は、第 8 章を参照）。

82

●4-4 ログデータの転送

```
# firewall-cmd --zone=public --add-port=514/udp --permanent
success
```

ログサーバー側のファイヤウォールの設定を反映します。

```
# firewall-cmd --reload
```

■ファイヤウォールの確認（ログサーバー側）

ログサーバー側の UDP の 514 番ポートが開放されているかを確認します。

```
# firewall-cmd --list-all
public (default, active)
  interfaces: docker0 ens7 eth0 team0
  sources:
  services: dhcp dhcpv6-client http nfs ssh tftp
  ports: 21/tcp 514/udp 5901/tcp   ←UDP の 514 番ポートが通信できる設定
  masquerade: no
  forward-ports:
  icmp-blocks:
  rich rules:
```

■ rsyslog サービスの再起動（ログサーバー側）

最後に、ログサーバー側の rsyslog サービスを再起動します。

```
# systemctl restart rsyslog
# systemctl status rsyslog
rsyslog.service - System Logging Service
   Loaded: loaded (/usr/lib/systemd/system/rsyslog.service; enabled)
   Active: active (running) since 火 2014-10-21 23:03:47 JST; 2s ago
 Main PID: 18196 (rsyslogd)
   CGroup: /system.slice/rsyslog.service
           mq18196 /usr/sbin/rsyslogd -n

10月 21 23:03:47 centos70n01.jpn.linux.hp.com systemd[1]: Starting System Loggi
ng Service...
10月 21 23:03:47 centos70n01.jpn.linux.hp.com systemd[1]: Started System Loggin
g Service.
```

これで、IP アドレスが「172.16.70.2」の管理対象サーバーのログを rsyslog で収集するログサー

83

第 4 章 ログ機構とログの活用

バーが構築できました。

■ Column ■■■ iptables と firewalld

CentOS 7 のファイヤウォールには、iptables と firewalld の 2 種類があります。従来の CentOS 6 までで採用されていた iptables は、CentOS 7 でも利用可能ですが、firewalld と同時に利用することはできません。iptables の設定を簡素化する GUI ツールとして system-config-firewall が CentOS 7 でも利用可能ですが、firewalld では利用できません。本章では、ファイヤウォールの設定を firewall-cmd コマンドで設定していますが、firewall-cmd に不慣れな場合は、GUI ツールの firewall-config を利用するとよいでしょう。

4-4-2　管理対象サーバー側の設定

管理対象サーバー側では、journald によるログ収集を設定します。

■ファイヤウォールの設定

まず、管理対象サーバー側でも、ログ管理サーバーと同様に、UDP の 514 番ポートを開放します。

```
# firewall-cmd --zone=public --add-port=514/udp --permanent
success

# firewall-cmd --reload
```

■ journald の起動

管理対象サーバー側で journald が稼働していない場合は、journald を起動します。

```
# systemctl start systemd-journald

# systemctl status systemd-journald
systemd-journald.service - Journal Service
   Loaded: loaded (/usr/lib/systemd/system/systemd-journald.service; static)
   Active: active (running) since 火 2014-10-21 23:07:03 JST; 50s ago
```

● 4-5 ログの信頼性保証

```
    Docs: man:systemd-journald.service(8)
          man:journald.conf(5)
 Main PID: 1977 (systemd-journal)
   Status: "Processing requests..."
   CGroup: /system.slice/systemd-journald.service
          mq1977 /usr/lib/systemd/systemd-journald
...
...
```

■ログの取得と転送

　管理対象サーバー側で、journalctl コマンドを使ったログ取得を行い、遠隔の rsyslog サーバー（IP アドレスは 172.16.70.99 とします）に nc コマンド[*1]でログを転送します。

```
# journalctl -o short -f | nc -uv 172.16.70.99 514
Ncat: Version 6.40 ( http://nmap.org/ncat )
Ncat: Connected to 172.16.70.99:514.
```

　ログが転送されているかのテストは、管理対象サーバー側で、httpd や postfix などのサービスを再起動することで、サービス再起動に関するログが生成され、rsyslog サーバーにそのログが転送されるはずです。

4-5　ログの信頼性保証

　ログには、Web サイトのアクセス履歴、サーバーの障害履歴などのほかに、ユーザーの認証情報、ログイン履歴などのセキュリティに関するさまざまな情報が記録されます。部門の種類によってログの利用目的はさまざまですが、とくに全社システムにかかわる IT 主幹部門が最も脅威に感じていることの一つに、不正侵入の証拠の隠滅があります。

　近年、企業の IT システムを狙った攻撃が増えていますが、企業の IT システムの破壊行為だけでなく、IT システムに不正に侵入した証拠自体を消去しようとする動きが見られます。通常、ユーザーがシステムにログインすると、コマンド発行履歴、ファイルのアクセス履歴などの何らかの操作情報が残ります。しかし、侵入者は、その履歴自体を加工し、あたかも不正行為が無かったかのようにシステムを改ざんしようとします。不正行為の証拠を隠蔽するようなログの改ざんが行われてしまうと、ログ自体の信憑性がなくなり、いくら侵入者の行動の痕跡をログから追跡し

──────────────────────────

＊1　nc コマンドは、nmap-ncat パッケージに含まれています。

第 4 章 ログ機構とログの活用

ても意味がありません。このような攻撃に対処するためには、あらかじめ、ログそのものの一貫性を保証する仕組みを導入しなければなりません。

4-5-1 フォワード・セキュア・シーリングと QR コードの生成

ジャーナルの一貫性の確認を行うには、フォワード・セキュア・シーリング（Forward Secure Sealing：以下 FSS）と呼ばれる技術が利用されます。FSS は、定期的に自動生成されるキーを使い、ログの完全性検証を行います。システムへの侵入者が、Linux システムに保管されているログの履歴を改変しても、このキーを使えば、この改変をチェックでき、システムへの侵入検知にも有用です。具体的には、事前に検証用のキーを生成しておき、そのキーを意味する QR コードを管理者の携帯電話やスマートフォンに保管しておきます。検証時には、管理者の携帯電話やスマートフォンに保管しておいた文字列を、journalctl コマンドで読み込ませ、ログが改変されていないかをチェックするという流れになります。ただし、CentOS 7 のアップストリーム OS である RHEL 7 においても、この機能はテクノロジープレビューに位置付けられているため、正常な動作が保証されているわけではありません。あくまで挙動の確認やテスト目的で利用してください。

■キーペアの生成

最初に、キーペアを生成します。このキーペアは、ジャーナルのシーリングに利用するキーです。

```
# mkdir -p /var/log/journal/`cat /etc/machine-id`
# journalctl --setup-keys --force
```

journalctl コマンドにより、「シーリング鍵」が、ローカルシステムの/var/log/journal ディレクトリ配下に格納されます。シーリング鍵は 15 分ごとに自動的に更新されます。この鍵は、複数のホストで共用して利用することは避けてください。

検証鍵は、図 4-2 の中程に表示され、実際の画面では赤い文字列になっています。この文字列を書き留めておきます。この文字列を、ローカルシステムのディスク上に保管することは避けてください。検証鍵を示す QR コードを管理者の携帯電話やスマートフォンで読み取り、表示されたシーリング鍵と検証鍵の文字列を保管しておいてください。

図 4-2 journalctl_QR コード生成 — 実際の画面では、検証鍵が赤い文字で表示される。QR コードを携帯電話やスマートフォンで読み取り、文字列を記録しておく。

■ジャーナルの完全性の検証

システムに記録されているジャーナルの完全性の検証は、journalctl コマンドに、「--verify-key」オプションを付与し、検証鍵の文字列を指定します。

```
# journalctl --verify-key ee2e0e-045220-a3cec8-f111f8/17ec78-35a4e900
```

もし、ジャーナルの完全性が示された場合は、「PASS」と表示されます。

第 4 章　ログ機構とログの活用

4-6　　複数ログの一括収集

　Linux システムで管理されるログには、さまざまな種類が存在しますが、それらのログを一つひとつ手動で収集するのは非効率です。また、ログだけでなくそのときの設定ファイルも証拠として保管しておきたい場合が少なくありません。このような場合、ログや設定ファイルを一括して取得するスクリプトを登録しておくことも有用ですが、CentOS 7 では、それ専用の sosreport コマンドが用意されており、システム全体のログと設定ファイルを簡単に一括取得できます。

4-6-1　　sosreport コマンドを使ったログと設定ファイルの取得

■ sos パッケージのインストール

　sosreport コマンドは、sos パッケージに含まれていますので、インストールされていない場合は、yum コマンドでインストールします。

```
# yum install -y sos
```

■ログの収集

　sosreport コマンドにより、設定ファイルとログの収集を行います。

```
# sosreport -a --report    ←--report オプションを付与し、HTML ファイルを生成

sosreport (version 3.0)

This command will collect diagnostic and configuration information from
this CentOS Linux system and installed applications.

An archive containing the collected information will be generated in
/var/tmp and may be provided to a CentOS support representative.

Any information provided to CentOS will be treated in accordance with
the published support policies at:

  https://www.centos.org/
```

88

● 4-6 複数ログの一括収集

```
The generated archive may contain data considered sensitive and its
content should be reviewed by the originating organization before being
passed to any third party.

No changes will be made to system configuration.

Press ENTER to continue, or CTRL-C to quit.
```

sosreport コマンドの実行して、「Press ENTER to continue, or CTRL-C to quit.」が表示されたら、(Enter) キーを押します。すると、次のように、名称の入力が促されます。

```
Please enter your first initial and last name [centos70n02]:
```

このままでよければ、(Enter) キーを押します。次に、sosreport コマンドが生成するレポートのケースナンバーの入力が促されます。

```
Please enter the case number that you are generating this report for:
```

このままでよければ、(Enter) キーを押します。すると、sosreport コマンドが CentOS 7 がインストールされたシステム全体に渡ってログと設定ファイルを収集します。しばらくすると、次のように、ログと設定ファイルがアーカイブされたファイルが生成された旨のメッセージが表示されます。

```
Your sosreport has been generated and saved in:
  /var/tmp/sosreport-centos70n02-20141022103807.tar.xz

The checksum is: 5db1b518fff2539042f0f94ab3489d96

Please send this file to your support representative.
```

■ログファイルの展開

/var/tmp/に生成された sosreport-centos70n02-20141022101820.tar.xz を tar コマンドで展開し、内容を見てみましょう。

```
# pwd
/root

# tar xJvf /var/tmp/sosreport-centos70n02-20141022103807.tar.xz -C .
```

第 4 章 ログ機構とログの活用

```
# ls -F
anaconda-ks.cfg  initial-setup-ks.cfg  sosreport-centos70n02-20141022103807/

# cd sosreport-centos70n02-20141022103807/
# ls -F
boot/           dmidecode@      installed-rpms@  lsmod@      netstat@    root/
sos_commands/   uname@          version.txt      chkconfig@  etc/        ip_addr@
lsof@           proc/           route@           sos_logs/   uptime@     vgdisplay@
date@           free@           java@            lspci@      ps@         rpm-Va@
sos_reports/    usr/            df@              hostname@   lib/        mount@
pstree@         run/            sys/             var/
```

ディレクトリのリスト表示を見ると、さまざまなログファイルや設定ファイル、そしてコマン
ドの出力結果がディレクトリごとに整理されて記録されていることがわかります。sosreport コ
マンドは、--report オプションを付与して実行すると、取得したログや設定ファイルなどを Web
ブラウザで簡単に閲覧可能な HTML ファイルを生成します。HTML ファイルは、上記アーカイブ
内の sos_reports ディレクトリに保管されています。

4-6-2　遠隔からのアーカイブの参照

ログファイルを遠隔から参照する例として、sosreport コマンドを実行した管理対象サーバー
上に、Web サーバーを起動し、遠隔にある管理者の PC から sosreport のアーカイブを展開した
内容を、Web ブラウザで閲覧できるようにしてみましょう。

■アーカイブファイルの移動

まず、展開したアーカイブファイルを/var/www/html に移動します。

```
# cd
# ls -F
anaconda-ks.cfg  initial-setup-ks.cfg  sosreport-centos70n02-20141022103807/
# mv sosreport-centos70n02-20141022103807 /var/www/html/
```

■ Apache Web サーバーの起動

ログを収集した管理対象サーバー上で、Apache Web サーバーを起動します。

90

```
# systemctl start httpd
```

■ファイヤウォールの設定

ファイヤウォールの設定を行います。遠隔にある管理者のPCと通信を行うLANセグメントを確認します。

```
# firewall-cmd --list-all
public (default, active)
  interfaces: ens7 eth0
  sources:
  services: dhcpv6-client nfs ssh
  ports: 514/udp
  masquerade: no
  forward-ports:
  icmp-blocks:
  rich rules:
```

ここでは、publicに所属するLANセグメントについてHTTPサービスを許可します。なお、この例ではHTTPサービスの提供するゾーンとしてpublicを選択していますが、実際には、ログの盗聴などを考慮し、暗号化されたセキュアな通信経路を考慮してください。

```
# firewall-cmd --zone=public --add-service=http --permanent
# firewall-cmd --reload
```

これで、HTTPを使って/var/www/htmlディレクトリ配下のファイルをクライアントに閲覧できるようになりました。

■ディレクトリの権限変更

次に、/var/www/htmlディレクトリに移動させたsosreportのディレクトリのアクセス権限を変更します。

```
# cd /var/www/html/
# chmod 755 ./sosreport-centos70n02-20141022103807
# cd ./sosreport-centos70n02-20141022103807
# chmod -R 655 ./sos_commands
# chmod -R 655 ./sos_logs
# chmod -R 655 ./sos_reports
```

第 4 章 ログ機構とログの活用

　以上で、遠隔の PC から sosreport コマンドで取得したログや設定ファイルなどを Web ブラウザで確認できます（図 4-3）。

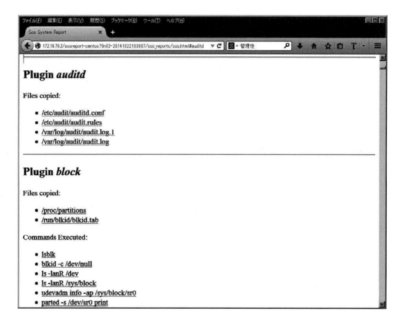

図 4-3　sosreport の結果を web ブラウザで確認 ― sosreport を実行した管理対象サーバー上で Web サーバーを稼働させることで、ログ、設定ファイル、コマンド実行結果などを HTTP 経由でクライアントに提供する。管理者は、これらのログファイルなどを遠隔からマウス操作で確認できる。

4-7　まとめ

　本章では、CentOS 7 におけるログ管理の操作について紹介しました。従来の rsyslog による管理と比較すると、journald は、豊富なフィルタリング機能が提供されており、ログの管理が容易になっています。また、システムの保守にかかわる部門では、sosreport などのログおよび設定ファイルの収集ツールが重宝されています。ログの管理を効率的に行い、日々の運用やトラブル時の保守サポートに役立ててみてください。

第5章 ネットワーク管理ツール

IT部門における悩みの種の一つに、「ネットワーク管理の複雑化」があります。複雑化の原因の一つは、サーバーに装着された物理的なNICやスイッチの設定、耐障害性の確保、セキュリティ対策、カーネルパラメーターによるチューニングなど、ネットワークの構築や保守すべき項目数が非常に多くなっていることです。しかし、最近はそれだけではなく、クラウド基盤を見据えたソフトウェア定義ネットワーク（SDN）と呼ばれる、ネットワークの仮想化が注目を浴びており、その対応に迫られていることも、複雑化の要因となっています。そのようなネットワークが複雑化する状況の中、Linuxでは設定ファイルを直接編集せずに、できるだけ管理ツールを使うことで、ネットワークの構築や運用の簡素化を目指そうという動きが見られます。こうした動向を反映して、CentOS 7のネットワーク管理機能では、新しい管理ツールの登場や、従来のCentOS 6まで慣れ親しんだネットワーク関連の基本的なコマンド群の使用が非推奨になるなど、さまざまな変更点があります。本章では、CentOS 7から一新されたネットワークの具体的な設定手順、Tipsなどをご紹介します。

5-1 ネットワーク管理の変更点

CentOS 7におけるネットワーク管理は、NetworkManagerによって行います。CentOS 6系では、

第 5 章 ネットワーク管理ツール

Network Administration Tool に含まれる `system-config-network` を使った管理や設定ファイルを直接編集する運用形態が一般的でしたが、CentOS 7 では、NetworkManager を使った管理手法が推奨されています。

従来の NetworkManager は、すべてのネットワーク機能を制御できなかったため、`/etc/sysconfig/network-scripts/ifcfg-ethX` ファイルなどを直接編集し、サービスの起動や停止を行う運用が一般的でした。これに対し、CentOS 7 の NetworkManager は、ネットワーク関連の操作が大幅に強化され、`/etc/sysconfig/network-scripts/ifcfg-ethX` ファイルを直接編集することなく、コマンドラインや GUI ツールによって設定ファイルを生成する運用方法に改められています。

また、NIC（Network Interface Card）に付与されるインタフェース名の管理についても、従来のCentOS 6 までとはまったく異なるスキームが採用されています。そのため、CentOS 7 における `systemd` および `udevd` は、NIC のインタフェース名に対する複数の命名体系をサポートするようになっています。

5-2　NIC の永続的な命名

CentOS 7 におけるネットワークインタフェース名は、永続的に（ネットワークのデバイス名が、ずっと変わらないという意味）付与されます。この永続的な命名のことを Consistent Network Device Naming といいます。デフォルトでは、Predictable Network Interface Names が利用され、一般的な x86 サーバーに搭載されているオンボードの NIC は、`eno1`、`eno2` という名前が付与されます。拡張カードスロットに装着する NIC の場合は、`ens1`、`ens2`、あるいは、`ens7f0`、`ens7f1` などの名前が付与されます。

これらのインタフェース名の最後の数字は、従来の biosdevname と同様に物理的な位置を示しています。たとえば、オンボードの 4 ポート NIC の `eno1`、`eno2`、`eno3`、`eno4` は、HP ProLiant Gen8 サーバーの筐体の背面に印字されている NIC1、NIC2、NIC3、NIC4 に対応します。さらに、拡張カードスロットに装着した NIC の `ens7f0`、`ens7f1` は、それぞれサーバー筐体内の拡張スロット7 番に装着したカードのポート 1 番とポート 2 番です。拡張カードスロットに装着したデバイスの位置が判別できない場合は、PCI バス番号を基に、`enp2s1`、`enp2s2` のように命名されます。このように、インタフェース名は、ファームウェアやサーバーのオンボードに搭載されている NICのトポロジやロケーション情報によって異なります。

CentOS 7 のインタフェース名は、インストーラの実行時において、どの命名体系（naming scheme）が利用されているかを確認できます。たとえば、HP ProLiant DL385 Gen8 サーバーのオンボードの様子では、図 5-1 のように表示されます。

94

● 5-2 NICの永続的な命名

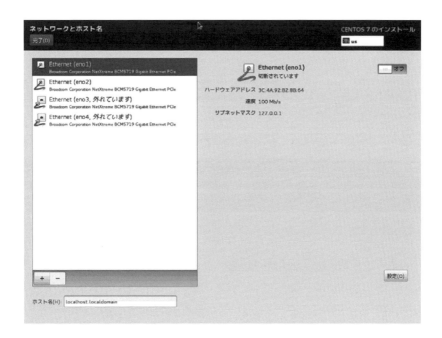

図 5-1　NIC の命名体系 ― CentOS 7 のインストーラで認識されている HP Pro Liant DL385 Gen8 サーバーのオンボードの様子。インタフェース名の命名規則が読み取れる。

　CentOS 7 における udev によるネットワークインタフェースの命名体系をまとめると表 5-1 のようになります。

命名体系	例
オンボード・デバイスに対応するインデックス番号を組み込んだ名前	eno1、eno2
PCI Express ホットプラグスロットインデックス番号を組み込んだ名前	ens1、ens2
ハードウェアのコネクタの物理位置を組み込んだ名前	enp2s1、enp2s2
インタフェースの MAC アドレスを組み込んだ名前	enx78f2e1ba38c2
従来のカーネルネイティブの命名体系	eth0、eth1

表 5-1　ネットワークインタフェースの命名体系

　また、表 5-1 の例に示したように、CentOS 7 における NIC のインタフェース名の命名体系には、いくつかのタイプが存在します。表 5-2 は、命名体系をタイプ別にまとめたものです。

タイプ	フォーマット
オンボード上にあるデバイス番号	o<index>
ホットプラグスロットのインデックス番号	s<slot>[f<function>][d<dev_id>]
MAC アドレス値	x<MACaddress>
PCI のロケーション	p<bus>s<slot>[f<function>][d<dev_id>]
USB ポート番号チェイン	p<bus>s<slot>[f<function>][u<port>][..][c<config>][i<interface>]

表 5-2　NIC のタイプ別命名体系

5-2-1　NIC の命名方式の変更

　CentOS 7 におけるネットワークインタフェースの永続的な命名方式は、CentOS 6 までの従来の命名体系と大きく異なるため、インタフェース名の文字列を基にした独自のスクリプトなどを運用管理に組み込んでいる場合は、注意が必要です。このような場合に、従来の NIC のインタフェース名を利用したい場合は、CentOS 7 の起動時に、ブートパラメーターに net.ifnames=0 を引き渡すことで、NIC のインタフェース名が自動的に命名される機能を無効にする必要があります。また、ブートパラメーターに biosdevname=1 を付与すると、従来の biosdevname による NIC のインタフェース名を利用することも可能です[*1]（図 5-2）。

図 5-2　biosdevname を有効にした場合の NIC 認識 ― CentOS 7 のインストーラで認識されている HP ProLiant SL2500 Gen8 サーバーのオンボードの様子。ブートパラメーターとして biosdevname=1 を付与しているため、biosdevname によるインタフェース名が付与されている。

＊1　詳細は「5-8　旧ネットワークインタフェースの設定」を参照。

● 5-2 NIC の永続的な命名

5-2-2 NIC の命名体系の確認

CentOS 7 のインストール後、NIC に対する命名体系を知るには、/sys/class/net/ディレクトリの下にあるシンボリックリンクを確認します。

```
# ls -l /sys/class/net/
lrwxrwxrwx. 1 root root 0  9月 19 02:03 eno1 -> ../../devices/pci0000:00/0000:00:1c.0
/0000:03:00.0/net/eno1
lrwxrwxrwx. 1 root root 0  9月 19 02:03 eno2 -> ../../devices/pci0000:00/0000:00:1c.0
/0000:03:00.1/net/eno2
lrwxrwxrwx. 1 root root 0  9月 19 02:03 lo -> ../../devices/virtual/net/lo
lrwxrwxrwx. 1 root root 0  9月 19 02:03 virbr0 -> ../../devices/virtual/net/virbr0
lrwxrwxrwx. 1 root root 0  9月 19 02:03 virbr0-nic -> ../../devices/virtual/net/virbr
0-nic
```

この例の場合は、HP ProLiant SL2500 Gen8 のオンボードに搭載されている Intel 社製のギガビットイーサネットのネットワークカードが eno1、eno2 として登録されていることがわかります。

ブートパラメーターに net.ifnames=0 を付与している場合は、NIC のインタフェース名を自動的に命名しないため、ethX などの表記になります。以下の ls コマンドの実行結果は、オンボードに Broadcom 社製の 4 ポート NIC を搭載した HP ProLiant DL385 Gen8 に CentOS 7 をインストールし、ブートパラメーターに net.ifnames=0 を付与した状態で NIC の命名体系を確認したものです。

```
# ls -l /sys/class/net/
lrwxrwxrwx. 1 root root 0 10月  7 06:01 br0 -> ../../devices/virtual/net/br0
lrwxrwxrwx. 1 root root 0 10月  7 06:01 docker0 -> ../../devices/virtual/net/docker0
lrwxrwxrwx. 1 root root 0 10月  7 06:01 eth0 -> ../../devices/pci0000:00/0000:00:0c.0
/0000:04:00.0/net/eth0
lrwxrwxrwx. 1 root root 0 10月  7 06:01 eth1 -> ../../devices/pci0000:00/0000:00:0c.0
/0000:04:00.1/net/eth1
lrwxrwxrwx. 1 root root 0 10月  7 06:01 eth2 -> ../../devices/pci0000:00/0000:00:0c.0
/0000:04:00.2/net/eth2
lrwxrwxrwx. 1 root root 0 10月  7 06:01 eth3 -> ../../devices/pci0000:00/0000:00:0c.0
/0000:04:00.3/net/eth3
lrwxrwxrwx. 1 root root 0 10月  7 06:01 lo -> ../../devices/virtual/net/lo
lrwxrwxrwx. 1 root root 0 10月  7 06:01 virbr0 -> ../../devices/virtual/net/virbr0
lrwxrwxrwx. 1 root root 0 10月  7 06:01 virbr0-nic -> ../../devices/virtual/net/virbr
0-nic
```

97

第 5 章 ネットワーク管理ツール

5-3　nmcli コマンドの基礎

　nmcli（Network Manager Command Line Interface）は、CentOS 7 におけるネットワークの設定を行う NetworkManager の基本コマンドです。nmcli コマンドには、次に示すパラメーターが用意されています。

● connection：接続の設定
● device：デバイス管理
● general：ホスト名設定、ロギング、権限操作、状態の表示
● networking：コネクティビティのチェック、有効化、無効化の管理
● radio：ワイヤレスネットワークの設定の有効化、無効化の管理

5-3-1　インタフェースの接続状態

　次の例では、イーサネットに対応した物理 NIC に対する、インタフェースの基本的な設定を紹介します。ここでは、x86 サーバー「HP ProLiant DL385 Gen8」に搭載されているオンボードの 4 ポート物理 NIC を使って設定を行います。まず、現在の接続状態を確認してみます。

```
# nmcli connection
NAME  UUID                                  TYPE           DEVICE
eno1  9bf86c7e-b15d-480a-b4db-21e30a29bbe9  802-3-ethernet eno1  ←接続されている
eno4  85bb51d1-6ffe-4a67-9e20-726c4d354f2d  802-3-ethernet --
eno2  56ed578c-da1b-47a7-b1b8-154e1bb720ff  802-3-ethernet eno2  ←接続されている
eno3  de3ee89a-8b0e-4da0-97cd-14ba9fd660b6  802-3-ethernet --
```

　この例では、オンボードの 4 ポート物理 NIC のインタフェース名が eno1〜eno4 として割り当てられていることがわかります。

5-3-2　インタフェースの接続と切断

　「nmcli connection」では、up や down を指定することで、インタフェースの接続、切断を制御できます。次の例では、インタフェース eno1 を切断しています。

```
# nmcli connection down eno1
# nmcli connection show
```

98

● 5-3 nmcli コマンドの基礎

```
NAME  UUID                                  TYPE           DEVICE
eno1  9bf86c7e-b15d-480a-b4db-21e30a29bbe9  802-3-ethernet  --    ← eno1 が切断されている
eno4  85bb51d1-6ffe-4a67-9e20-726c4d354f2d  802-3-ethernet  --
eno2  56ed578c-da1b-47a7-b1b8-154e1bb720ff  802-3-ethernet  eno2
eno3  de3ee89a-8b0e-4da0-97cd-14ba9fd660b6  802-3-ethernet  --
```

「nmcli connection down eno1」の実行により、eno1 の DEVICE 欄が「--」に変化し、接続が断たれていることがわかります。接続するには、次のように「up」を指定します。

```
# nmcli connection up eno1
Connection successfully activated (D-Bus active path: /org/freedesktop/Network
Manager/ActiveConnection/3)
```

5-3-3 デバイス名とデバイスの状態の確認

インタフェースのデバイス名とその状態を確認するには、「device」を指定します。

```
# nmcli device
DEVICE  TYPE      STATE        CONNECTION
eno1    ethernet  connected    eno1    ← eno1 が接続されている
eno2    ethernet  connected    eno2    ← eno2 が接続されている
eno3    ethernet  unavailable  --
eno4    ethernet  unavailable  --
lo      loopback  unmanaged    --
```

物理 NIC が 4 ポートのサーバーで、デバイス名が eno1、eno2、eno3、eno4 として割り当てられ、かつループバックデバイスの lo が認識されていることがわかります。STATE から、eno1 と eno2 が接続されていることもわかります。

5-3-4 詳細なデバイス情報の表示

各デバイスの MAC アドレス、IP アドレス、MTU などの詳細を見るには、nmcli device にさらに「show」を付与します。

```
# nmcli device show  ←デバイスごとの詳細情報を表示する
GENERAL.DEVICE:                         eno1
GENERAL.TYPE:                           ethernet
GENERAL.HWADDR:                         2C:76:8A:5D:F3:6C
```

第 5 章 ネットワーク管理ツール

```
GENERAL.MTU:                        1500
GENERAL.STATE:                      100 (connected)  ←インタフェースが接続済みの状態
GENERAL.CONNECTION:                 eno1
GENERAL.CON-PATH:                   /org/freedesktop/NetworkManager/Active
Connection/1   ↑「GENERAL.CON-PATH:」は、NetworkManager デーモンがプロセス間通信を行うオブジェクト
WIRED-PROPERTIES.CARRIER:           on  ←インタフェースのリンクアップまたはリンクダウンの状況
IP4.ADDRESS[1]:                     ip = 172.16.3.82/16, gw = 0.0.0.0
IP6.ADDRESS[1]:                     ip = fe80::2e76:8aff:fe5d:f36c/64, gw
= ::

GENERAL.DEVICE:                     eno2
GENERAL.TYPE:                       ethernet
GENERAL.HWADDR:                     2C:76:8A:5D:F3:6D
GENERAL.MTU:                        1500
GENERAL.STATE:                      100 (connected)   ←インタフェースが接続済みの状態
GENERAL.CONNECTION:                 eno2
GENERAL.CON-PATH:                   /org/freedesktop/NetworkManager/Active
Connection/0
WIRED-PROPERTIES.CARRIER:           on
IP4.ADDRESS[1]:                     ip = 16.147.201.23/22, gw = 16.147.200
.1
IP4.DNS[1]:                         16.110.135.51
IP6.ADDRESS[1]:                     ip = fe80::2e76:8aff:fe5d:f36d/64, gw
= ::

GENERAL.DEVICE:                     eno3
GENERAL.TYPE:                       ethernet
GENERAL.HWADDR:                     2C:76:8A:5D:F3:6E
GENERAL.MTU:                        1500
GENERAL.STATE:                      20 (unavailable)  ←インタフェースが利用不可の状態
GENERAL.CONNECTION:                 --
GENERAL.CON-PATH:                   --
WIRED-PROPERTIES.CARRIER:           off

GENERAL.DEVICE:                     eno4
GENERAL.TYPE:                       ethernet
GENERAL.HWADDR:                     2C:76:8A:5D:F3:6F
GENERAL.MTU:                        1500
GENERAL.STATE:                      20 (unavailable)
GENERAL.CONNECTION:                 --
GENERAL.CON-PATH:                   --
WIRED-PROPERTIES.CARRIER:           off

GENERAL.DEVICE:                     lo
GENERAL.TYPE:                       loopback
GENERAL.HWADDR:                     00:00:00:00:00:00
```

100

```
GENERAL.MTU:                            65536
GENERAL.STATE:                          10 (unmanaged)  ←インタフェースが NetworkManager
GENERAL.CONNECTION:                     --               の管理外の状態
GENERAL.CON-PATH:                       --
IP4.ADDRESS[1]:                         ip = 127.0.0.1/8, gw = 0.0.0.0
IP6.ADDRESS[1]:                         ip = ::1/128, gw = ::
```

インタフェース名を指定することで出力を絞ることも可能です。

```
# nmcli device show eno1
GENERAL.DEVICE:                         eno1
GENERAL.TYPE:                           ethernet
GENERAL.HWADDR:                         2C:76:8A:5D:F3:6C
GENERAL.MTU:                            1500
GENERAL.STATE:                          100 (connected)
GENERAL.CONNECTION:                     eno1
GENERAL.CON-PATH:                       /org/freedesktop/NetworkManager/Active
Connection/1
WIRED-PROPERTIES.CARRIER:               on
IP4.ADDRESS[1]:                         ip = 172.16.3.82/16, gw = 0.0.0.0
IP6.ADDRESS[1]:                         ip = fe80::2e76:8aff:fe5d:f36c/64, gw
= ::
```

5-3-5　接続情報の変更

　インタフェースに割り当てた IP アドレスやゲートウェイアドレスを変更するには、nmcli
connection に「modify」を指定します。次の例は、IP アドレスが 172.16.3.82/16 で、ゲートウェ
イアドレスが 0.0.0.0 で割り当てられているインタフェース eno1 の IP アドレスを、10.0.0.82/24、
ゲートウェイアドレスを 10.0.0.1 に変更する例です。

```
# nmcli connection modify eno1 ipv4.addresses "10.0.0.82/24 10.0.0.1"
# nmcli connection down eno1 && nmcli connection up eno1
Connection successfully activated (D-Bus active path: /org/freedesktop/Network
Manager/ActiveConnection/5)
```

　2 行目の「nmcli connection down」が従来の ifdown、「nmcli connection up」が従来の ifup
に相当します。次に eno1 の IP アドレスとゲートウェイアドレスが変更されているかを確認し
ます。

第 5 章 ネットワーク管理ツール

```
# nmcli device show eno1
GENERAL.DEVICE:                          eno1
GENERAL.TYPE:                            ethernet
GENERAL.HWADDR:                          2C:76:8A:5D:F3:6C
GENERAL.MTU:                             1500
GENERAL.STATE:                           100 (connected)
GENERAL.CONNECTION:                      eno1
GENERAL.CON-PATH:                        /org/freedesktop/NetworkManager/Active
Connection/5
WIRED-PROPERTIES.CARRIER:                on
IP4.ADDRESS[1]:                          ip = 10.0.0.82/24, gw = 10.0.0.1
IP6.ADDRESS[1]:                          ip = fe80::2e76:8aff:fe5d:f36c/64, gw
= ::
```

さらに、DNS サーバーと静的ルーティングを変更するには、「ipv4.dns」および「ipv4.routes」
を指定します。次の例は、インタフェース eno1 に対して、DNS サーバーの IP アドレス「10.0.0.254」
と「10.0.0.253」を指定し、静的ルーティングとして、「10.0.0.0/24」のネットワークアドレスでルー
ターの IP アドレス「10.0.0.1」を指定する例です。

```
# nmcli connection modify eno1 ipv4.dns "10.0.0.254 10.0.0.253"   ←DNS サーバーの設定
# nmcli connection modify eno1 ipv4.routes "10.0.0.0/24 10.0.0.1"   ←静的ルーティング
# nmcli connection down eno1 &&  nmcli connection up eno1  ←eno1 の再起動
Connection successfully activated (D-Bus active path: /org/freedesktop/Network
Manager/ActiveConnection/7)
# nmcli device show eno1
GENERAL.DEVICE:                          eno1
GENERAL.TYPE:                            ethernet
GENERAL.HWADDR:                          2C:76:8A:5D:F3:6C
GENERAL.MTU:                             1500
GENERAL.STATE:                           100 (connected)
GENERAL.CONNECTION:                      eno1
GENERAL.CON-PATH:                        /org/freedesktop/NetworkManager/Active
Connection/7
WIRED-PROPERTIES.CARRIER:                on
IP4.ADDRESS[1]:                           ip = 10.0.0.82/24, gw = 10.0.0.1
IP4.ROUTE[1]:                             dst = 10.0.0.0/24, nh = 10.0.0.1, mt = 0
IP4.DNS[1]:                               10.0.0.254   ←DNS1 の IP アドレス
IP4.DNS[2]:                               10.0.0.253   ←DNS2 の IP アドレス
IP6.ADDRESS[1]:                          ip = fe80::2e76:8aff:fe5d:f36c/64, gw = ::
```

●5-3 nmcli コマンドの基礎

5-3-6　/etc/resolv.conf ファイルの自動更新を抑制する方法

　ここで、nmcli コマンドの実際の使用例として、/etc/resolv.conf ファイルの自動更新を抑制する例を示します。

　CentOS 7 において、参照先の DNS サーバーの IP アドレスが NIC に設定されている場合、デフォルトでは、/etc/resolv.conf ファイルが自動的に更新されるようになっています。しかし、環境によっては、NIC の参照先 DNS サーバーの IP アドレスの変更に伴う/etc/resolv.conf ファイルの自動更新を無効にしたい場合があります。次の例では、/etc/resolv.conf ファイルの自動更新を無効にする手順を紹介します。

　まず、ネットワークインタフェースの eno1 に設定されている参照先の DNS サーバーの IP アドレスを確認しておきます。

```
# nmcli device show eno1 | grep DNS
IP4.DNS[1]:                         10.0.0.254   ←eno1 の DNS サーバーの IP アドレス
```

　このコマンドの実行により、eno1 に設定されている参照先の DNS サーバーの IP アドレスは、10.0.0.254 であることがわかります。デフォルトでは、/etc/resolv.conf ファイルが NetworkManager によって自動的に生成されますので、IP アドレスが/etc/resolv.conf ファイルに記述されているはずです。

```
# cat /etc/resolv.conf
...
nameserver 10.0.0.254
```

　/etc/resolv.conf ファイルが自動的に更新されないようにするには、次に示すように、/etc/NetworkManager/NetworkManager.conf ファイルの [main] の下に dns=none を記述します。

```
# vi /etc/NetworkManager/NetworkManager.conf
[main]
plugins=ifcfg-rh
dns=none   ←追加
```

　次に、eno1 が参照する DNS サーバーの IP アドレスを変更しても、/etc/resolv.conf ファイルが自動的に更新されていないかを確認します。まず、eno1 が参照する DNS サーバーの IP アドレスを 10.0.0.253 に変更します。

```
# nmcli connection modify eno1 ipv4.dns "10.0.0.253"   ←DNS サーバーの IP アドレスを変更
```

103

第 5 章　ネットワーク管理ツール

```
# nmcli connection down eno1 && nmcli connection up eno1
# nmcli device show eno1 | grep DNS
IP4.DNS[1]:                              10.0.0.253    ←変更結果の確認
```

NetworkManager とネットワークサービスを再起動します。

```
# systemctl restart NetworkManager
# systemctl restart network
```

ネットワークインタフェースの eno1 に対して新しく設定した参照先 DNS サーバーの IP アドレスである 10.0.0.253 が、/etc/resolv.conf ファイルに自動的に設定されていないことを確認します。

```
# cat /etc/resolv.conf
...
nameserver 10.0.0.254   ←変更されていない
```

5-4　インタフェース接続の追加と削除

インタフェース接続の追加と削除、さらに追加したインタフェースの IP アドレスの付与も nmcli コマンドで行います。

5-4-1　インタフェース接続の削除

先ほど IP アドレスの変更を行ったインタフェース eno1 を使って、操作例を示します。まず、インタフェースの状況を確認します。

```
# nmcli device
DEVICE   TYPE       STATE        CONNECTION
eno1     ethernet   connected    eno1     ←eno1 が接続されている
eno2     ethernet   connected    eno2     ←eno2 が接続されている
eno3     ethernet   unavailable  --
eno4     ethernet   unavailable  --
lo       loopback   unmanaged    --
```

インタフェース eno1 の接続を削除してみます。接続の削除は、nmcli connection に「delete」を付与し、削除するインタフェース名を指定します。

104

● 5-4 インタフェース接続の追加と削除

```
# nmcli connection delete eno1    ←eno1の接続を削除
# nmcli device   ←デバイスの状況を確認
DEVICE  TYPE      STATE         CONNECTION
eno2    ethernet  connected     eno2
eno1    ethernet  disconnected  --  ←接続が切断されていることがわかる
eno3    ethernet  unavailable   --
eno4    ethernet  unavailable   --
lo      loopback  unmanaged     --
```

インタフェース eno1 は接続が切断され、設定した IP アドレスなども破棄されます。

5-4-2　インタフェース接続の追加

インタフェース eno1 に新規に接続を追加し、新たな IP アドレスを付与してみましょう。接続の追加は、nmcli connection に「add type」を付与します。この例では、1GbE の有線のイーサネットを接続しますので、TYPE として ethernet を指定します。インタフェース名は、ifname で指定し、接続名は con-name で指定します。ここでの接続名は、インタフェース名と同じ eno1 を指定することにします。

```
# nmcli connection add type ethernet ifname eno1 con-name eno1
Connection 'eno1' (8724b120-0270-40dc-982a-8a1be7ea1340) successfully added.
```

eno1 のデバイスに対する接続が追加されているかを確認します。

```
# nmcli device
DEVICE  TYPE      STATE                               CONNECTION
eno2    ethernet  connected                           eno2
eno1    ethernet  connecting (getting IP configuration)  eno1  ←接続が追加される
eno3    ethernet  unavailable                         --
eno4    ethernet  unavailable                         --
lo      loopback  unmanaged                           --
```

5-4-3　IP アドレスの設定

インタフェース接続が追加されたら、インタフェース eno1 に対して、IP アドレスなどの設定が可能になります。

次の例では、固定 IP アドレスとして 192.168.0.82/24、ゲートウェイアドレスとして 192.168.0.254

105

第 5 章 ネットワーク管理ツール

を設定してみます。固定 IP アドレスを設定するには、ipv4.method manual を付与します。

```
# nmcli connection modify eno1 ipv4.method manual ipv4.addresses "192.168.0.82
/24 192.168.0.254"
```

設定を反映させます。

```
# nmcli connection down eno1 && nmcli connection up eno1  ←eno1 を再起動
Connection successfully activated (D-Bus active path: /org/freedesktop/Network
Manager/ActiveConnection/13)  ←接続が成功した
```

インタフェースに eno1 に固定 IP アドレスが付与されていることを確認します。

```
# nmcli device show eno1  ←eno1 の状態の確認
GENERAL.DEVICE:                     eno1
GENERAL.TYPE:                       ethernet
GENERAL.HWADDR:                     2C:76:8A:5D:F3:6C
GENERAL.MTU:                        1500
GENERAL.STATE:                      100 (connected)
GENERAL.CONNECTION:                 eno1
GENERAL.CON-PATH:                   /org/freedesktop/NetworkManager/Active
Connection/13
WIRED-PROPERTIES.CARRIER:           on
IP4.ADDRESS[1]:                     ip = 192.168.0.82/24, gw = 192.168.0.254
IP6.ADDRESS[1]:                     ip = fe80::2e76:8aff:fe5d:f36c/64, gw = ::
```

固定 IP アドレスが設定されたインタフェース eno1 の設定ファイルは、/etc/sysconfig/network
-scripts/ifcfg-eno1 として生成されています。

```
# cat /etc/sysconfig/network-scripts/ifcfg-eno1   ←eno1 の設定ファイルの確認
TYPE=Ethernet
BOOTPROTO=none
DEFROUTE=yes
IPV4_FAILURE_FATAL=no
IPV6INIT=yes
IPV6_AUTOCONF=yes
IPV6_DEFROUTE=yes
IPV6_FAILURE_FATAL=no
NAME=eno1
UUID=8724b120-0270-40dc-982a-8a1be7ea1340
DEVICE=eno1  ←デバイス名
ONBOOT=yes
IPADDR0=192.168.0.82   ←IP アドレス
PREFIX0=24   ←ネットマスク
GATEWAY0=192.168.0.254   ←ゲートウェイアドレス
```

106

```
IPV6_PEERDNS=yes
IPV6_PEERROUTES=yes
```

5-4-4　ホスト名の設定

　CentOS 6 までは、ホスト名の設定を/etc/sysconfig/network ファイルに記述していましたが、CentOS 7 では、/etc/hostname ファイルに記述するようになりました。ホスト名を変更するには、/etc/hostname ファイルを直接編集してもよいのですが、CentOS 7 では、nmcli コマンドでホスト名を設定します[2]。次の例は、nmcli コマンドで、ホスト名を設定する例を紹介します。まず、現在、設定されているホスト名を表示します。

```
# nmcli general hostname
centos70n02.jpn.linux.hp.com    ←現在のホスト名
```

　ホスト名を「centos70n254.jpn.linux.hp.com」に変更します。

```
# nmcli general hostname centos70n254.jpn.linux.hp.com    ←ホスト名の変更
```

　ホスト名が変更されたかどうかを hostname コマンドで確認します。また、/etc/hostname ファイルの内容も確認します。

```
# hostname    ←ホスト名の確認
centos70n254.jpn.linux.hp.com    ←指定した通りに変更されている
```

```
# cat /etc/hostname
centos70n254.jpn.linux.hp.com
```

　このように、IP アドレス、デフォルトゲートウェイ、DNS、ルーティング、ホスト名などの設定を、nmcli コマンドだけでひと通り行うことができますので、設定ファイルのパラメーターの記述方法や複数のコマンドを覚える負担を減らすことができます。しかも、nmcli コマンドは、それに続く引数の候補をキーボード入力の [TAB] キー補完で表示してくれますので、従来の管理手法に比べ、習得のハードルが大幅に下がっています。nmcli コマンドに慣れると、設定ファイルの記述方法を覚える必要がなくなるため、非常に便利です。ぜひ nmcli コマンドを使いこなし

＊2　「hostnamectl set-hostname 新ホスト名」でもホスト名を設定できます。

第5章 ネットワーク管理ツール

てみてください。

5-4-5 ネットワークのコネクティビティの確認

NetworkManager の一般的なネットワークのコネクティビティの状態を確認するには、nmcli コマンドに networking を指定します。

```
# nmcli networking
enabled
```

ネットワーキングを有効にするには、networking on を指定します。有効にすると、ネットワークインタフェースがリンクアップします。

```
# nmcli networking on
# ip link
...
2: eno1: <BROADCAST,MULTICAST,UP,LOWER_UP> mtu 1500 qdisc mq state UP mode DEFAULT ...
    link/ether 9c:b6:54:0e:f1:0c brd ff:ff:ff:ff:ff:ff
3: eno2: <BROADCAST,MULTICAST,UP,LOWER_UP> mtu 1500 qdisc mq state UP mode DEFAULT ...
    link/ether 9c:b6:54:0e:f1:0d brd ff:ff:ff:ff:ff:ff
...
```

逆に、無効にするには、networking off を指定します。無効にすると、ネットワークインタフェースがリンクダウンします。

```
# nmcli networking off
# nmcli networking
disabled
# ip link
...
2: eno1: <BROADCAST,MULTICAST,UP,LOWER_UP> mtu 1500 qdisc mq state DOWN mode DEFAULT
    link/ether 9c:b6:54:0e:f1:0c brd ff:ff:ff:ff:ff:ff
3: eno2: <BROADCAST,MULTICAST,UP,LOWER_UP> mtu 1500 qdisc mq state DOWN mode DEFAULT
    link/ether 9c:b6:54:0e:f1:0d brd ff:ff:ff:ff:ff:ff
...
```

ネットワーキングを無効にすると、すべてのネットワークインタフェースの接続が切断されますので、注意が必要です。

networking パラメーターは、サービスに障害が発生した HA クラスタのノードやウイルスに感染したノードをネットワークから即座に切り離す作業に有用です。

108

5-5　NetworkManager-tui による設定

前節で紹介した nmcli コマンドは、大量の管理対象サーバーのネットワーク設定を自動化する場合に威力を発揮しますが、管理対象サーバーが少数で、直観的な操作で 1 台ずつ設定を行いたいという場合は、nmtui（text user interface）を利用するのがよいでしょう。nmtui は、ネットワーク設定を行うサービスである NetworkManager デーモンに対して、さまざまな指示を行うことでネットワークの設定を行うアプリケーションです。nmtui は、GNOME ターミナルや Tera Term などのターミナルエミュレータ内で起動すると、テキストベースのわかりやすい GUI が起動します。GUI では、メニューの選択や空欄に値を入れることで、簡単にネットワーク設定を行えます。

nmtui の起動は、コマンドラインから nmtui を入力します。nmtui は、NetworkManager-tui パッケージに含まれています。

```
# nmtui
```

nmtui の GUI がターミナルエミュレータ内に表示されます（図 5-3）。

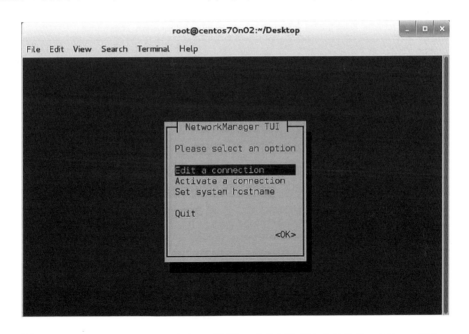

図 5-3　nmtui の GUI メニューのトップ画面 ― シンプルでわかりやすいメニューになっている。

設定画面内で、キーボードの上下左右キーを使ってカーソルを合わせ、パラメーターを入力で

きます（図 5-4）。

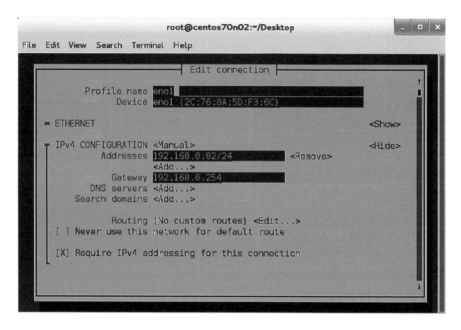

図 5-4　nmtui の設定画面 ― nmtui で、インタフェース eno1 の IP アドレスなどを設定している様子。

5-6　iproute のススメ

　CentOS 7 のアップストリーム OS である RHEL 7 では、ifconfig コマンド、netstat コマンド、arp コマンドなどを提供する net-tools が利用可能です。現状、CentOS 7 においても、net-tools パッケージをインストールすれば、従来の慣れ親しんだ ifconfig コマンドや netstat コマンドを利用できますが、今後は、net-tools ではなく、新しいコマンド体系に慣れることをお勧めします。net-tools に取って代わる新しいコマンド体系は、iproute パッケージで提供されています。CentOS 7 の iproute パッケージに含まれているコマンドは表 5-3 のとおりです。

● 5-6 iproute のススメ

コマンド名	機能
/usr/sbin/arpd	ARP キャッシュの更新や IP アドレスの重複の検出に利用される GratuitousARP 情報を収集するデーモン
/usr/sbin/bridge	ブリッジデバイスの操作、表示、監視を行う
/usr/sbin/cbq	ネットワークを流れるパケットのキューイングの仕組みを提供する。帯域制限などに用いられる
/usr/sbin/ctstat	lnstat コマンドへのシンボリックリンク
/usr/sbin/genl	netlink ライブラリのフロントエンドを提供する
/usr/sbin/ifcfg	ip コマンドのラッパースクリプト。IP アドレスの追加、削除などを行う
/usr/sbin/ifstat	ネットワークインタフェースの統計情報を出力する
/usr/sbin/ip	ルーティング、ネットワークデバイスなどを設定、管理する
/usr/sbin/lnstat	キャッシュされているルーティングの各種統計情報を表示する
/usr/sbin/nstat	ネットワークインタフェースの統計情報や SNMP カウンタを監視する
/usr/sbin/routef	ルーティング情報をフラッシュする
/usr/sbin/routel	ルーティング情報をリストアップする
/usr/sbin/rtacct	ネットワークインタフェースの統計情報や SNMP カウンタを監視する
/usr/sbin/rtmon	ルーティングテーブルの更新を監視する
/usr/sbin/rtpr	tr コマンドのラッパースクリプト
/usr/sbin/rtstat	lnstat コマンドへのシンボリックリンク
/usr/sbin/ss	ソケットの統計情報、TCP/UDP 情報、タイマー、各種ネットワークサービスの接続情報などを表示する
/usr/sbin/tc	ネットワークトラフィックの制御を行う

表 5-3　iproute パッケージに含まれるコマンド

　以降の解説では、CentOS 7 に含まれる iproute パッケージに含まれるコマンドを使って、日常業務でよく利用されるネットワーク管理のコマンドをいくつか抜粋して紹介します。

■ IP アドレス、MAC アドレスの確認（旧：ifconfig　新：ip）

```
# ip a  ←aは、address の意味でデバイスの IP アドレスを表示する
1: lo: <LOOPBACK,UP,LOWER_UP> mtu 65536 qdisc noqueue state UNKNOWN
    link/loopback 00:00:00:00:00:00 brd 00:00:00:00:00:00
    inet 127.0.0.1/8 scope host lo  ←ループバックデバイスの IP アドレス
       valid_lft forever preferred_lft forever
    inet6 ::1/128 scope host
```

111

第 5 章　ネットワーク管理ツール

```
        valid_lft forever preferred_lft forever
2: eno1: <BROADCAST,MULTICAST,UP,LOWER_UP> mtu 1500 qdisc mq state UP qlen 1000
    link/ether 2c:76:8a:5d:f3:6c brd ff:ff:ff:ff:ff:ff    ← eno1 の MAC アドレス
    inet 192.168.0.82/24 brd 192.168.0.255 scope global eno1    ← eno1 の IP アドレス
        valid_lft forever preferred_lft forever
    inet6 fe80::2e76:8aff:fe5d:f36c/64 scope link
        valid_lft forever preferred_lft forever
3: eno2: <BROADCAST,MULTICAST,UP,LOWER_UP> mtu 1500 qdisc mq state UP qlen 1000
    link/ether 2c:76:8a:5d:f3:6d brd ff:ff:ff:ff:ff:ff    ← eno2 の MAC アドレス
    inet 16.147.201.23/22 brd 16.147.203.255 scope global eno2    ← eno2 の IP アドレス
        valid_lft forever preferred_lft forever
    inet6 fe80::2e76:8aff:fe5d:f36d/64 scope link
        valid_lft forever preferred_lft forever
4: eno3: <NO-CARRIER,BROADCAST,MULTICAST,UP> mtu 1500 qdisc mq state DOWN qlen 1000
    link/ether 2c:76:8a:5d:f3:6e brd ff:ff:ff:ff:ff:ff
5: eno4: <NO-CARRIER,BROADCAST,MULTICAST,UP> mtu 1500 qdisc mq state DOWN qlen 1000
    link/ether 2c:76:8a:5d:f3:6f brd ff:ff:ff:ff:ff:ff
```

■一時的な IP アドレスの付与（旧：ifconfig　新：ip）

```
# ip addr add 192.168.0.82/255.255.255.0 dev eno3    ← eno3 に IP アドレスを付与
# ip addr show eno3    ← eno3 のアドレスを確認
4: eno3: <NO-CARRIER,BROADCAST,MULTICAST,UP> mtu 1500 qdisc mq state DOWN qlen 1000
    link/ether 2c:76:8a:5d:f3:6e brd ff:ff:ff:ff:ff:ff
    inet 192.168.0.82/24 scope global eno3    ← eno3 の IP アドレス
        valid_lft forever preferred_lft forever
```

■ NIC のリンクアップの確認（旧：ifconfig　新：ip）

```
# ip link    ← NIC のリンクアップ、リンクダウンの確認
1: lo: <LOOPBACK,UP,LOWER_UP> mtu 65536 qdisc noqueue state UNKNOWN mode DEFAULT
    link/loopback 00:00:00:00:00:00 brd 00:00:00:00:00:00
2: eno1: <BROADCAST,MULTICAST,UP,LOWER_UP> mtu 1500 qdisc mq state UP mode DEFAULT
 qlen 1000    ← eno1 はリンクアップの状態
    link/ether 2c:76:8a:5d:f3:6c brd ff:ff:ff:ff:ff:ff
3: eno2: <BROADCAST,MULTICAST,UP,LOWER_UP> mtu 1500 qdisc mq state UP mode DEFAULT
 qlen 1000    ← eno2 はリンクアップの状態
    link/ether 2c:76:8a:5d:f3:6d brd ff:ff:ff:ff:ff:ff
4: eno3: <NO-CARRIER,BROADCAST,MULTICAST,UP> mtu 1500 qdisc mq state DOWN mode DEFAUL
T qlen 1000    ← eno3 はリンクダウンの状態
    link/ether 2c:76:8a:5d:f3:6e brd ff:ff:ff:ff:ff:ff
5: eno4: <NO-CARRIER,BROADCAST,MULTICAST,UP> mtu 1500 qdisc mq state DOWN mode DEFAUL
```

```
T qlen 1000    ←eno4 はリンクダウンの状態
    link/ether 2c:76:8a:5d:f3:6f brd ff:ff:ff:ff:ff:ff
```

■デフォルトゲートウェイの追加、削除（旧：route　新：ip）

```
# ip route add default via 192.168.0.254   ←デフォルトゲートウェイとしての参照先の IP アドレスを
                                             192.168.0.254 に設定
# ip route del default via 192.168.0.254   ←デフォルトゲートウェイの削除
```

■ルーティングテーブルの確認（旧：route　新：ip）

```
# ip route   ←ローカルのマシンが持つルーティングテーブルの確認
default via 16.147.200.1 dev eno2  proto static  metric 1024  ←①
16.147.200.0/22 dev eno2  proto kernel  scope link  src 16.147.201.23  ←②
192.168.0.0/24 dev eno1  proto kernel  scope link  src 192.168.0.82
192.168.0.0/24 dev eno3  proto kernel  scope link  src 192.168.0.82
```

①デフォルトゲートウェイの IP アドレスと所属するインタフェースの表示
②パケットの宛先が 16.147.200.0/22 のインタフェースは eno2

■ ARP テーブルの確認（旧：arp　新：ip）

```
# ip neigh
172.16.1.115 dev enp0s25 lladdr 00:21:5a:eb:3a:86 STALE
172.16.70.1 dev enp0s25 lladdr 52:54:00:fe:fe:7c STALE
172.16.27.10 dev enp0s25 lladdr b4:b5:2f:fb:6b:ae DELAY
172.16.1.1 dev enp0s25 lladdr 00:0d:02:d7:e9:ce STALE
```

■ ARP キャッシュのクリア（旧：arp　新：ip）

```
# ip neigh flush 172.16.1.115 dev enp0s25 ←ARP キャッシュ内の IP アドレスをクリア
```

第 5 章 ネットワーク管理ツール

■インタフェースごとのパケットの確認（旧：netstat　新：ip）

```
# ip -s l  ←ローカルマシンのすべてのインタフェースのパケットの統計情報を確認
1: lo: <LOOPBACK,UP,LOWER_UP> mtu 65536 qdisc noqueue state UNKNOWN mode
 DEFAULT
    link/loopback 00:00:00:00:00:00 brd 00:00:00:00:00:00
    RX: bytes  packets  errors  dropped overrun mcast
    3818       31       0       0       0       0
    TX: bytes  packets  errors  dropped carrier collsns
    3818       31       0       0       0       0
2: enp0s25: <BROADCAST,MULTICAST,UP,LOWER_UP> mtu 1500 qdisc pfifo_fast state UP mode
 DEFAULT qlen 1000  ←有線 LAN のインタフェース
    link/ether 70:5a:b6:ab:5e:da brd ff:ff:ff:ff:ff:ff
    RX: bytes  packets  errors  dropped overrun mcast
    11451391   140360   0       0       0       52   ←受信パケットのバイト数とパケット数が確認できる
    TX: bytes  packets  errors  dropped carrier collsns
    290998119  217114   0       0       0       0    ←送信パケットのバイト数とパケット数が確認できる
3: wls1: <BROADCAST,MULTICAST> mtu 1500 qdisc noop state DOWN mode DEFAULT qlen 1000
    link/ether 00:26:c6:cf:da:02 brd ff:ff:ff:ff:ff:ff ↑無線 LAN のインタフェース
    RX: bytes  packets  errors  dropped overrun mcast
    0          0        0       0       0       0    ←無線 LAN 経由ではパケットを受信していない
    TX: bytes  packets  errors  dropped carrier collsns
    0          0        0       0       0       0    ←無線 LAN 経由ではパケットを送信していない
```

■TCP ソケットおよび UDP ソケットの状態の確認（旧：netstat　新：ss）

```
# ss -ant  ←TCP ソケット情報を表示する。-n は、サービスが利用するポート番号を表示する
State     Recv-Q Send-Q    Local Address:Port         Peer Address:Port
LISTEN    0      100       127.0.0.1:25               *:*
LISTEN    0      5         *:5901                     *:*
LISTEN    0      64        *:35247                    *:*
LISTEN    0      128       *:111                      *:*
LISTEN    0      128       *:6001                     *:*
LISTEN    0      128       *:22                       *:*
LISTEN    0      128       127.0.0.1:631              *:*
LISTEN    0      128       *:35736                    *:*
ESTAB     0      0         172.16.25.30:22            172.16.27.10:53503  ←①
ESTAB     0      0         172.16.25.30:728           172.16.70.1:2049    ←②
LISTEN    0                ::1:25                     :::*
... ...
```

①ローカルの 22 番ポートで SSH 接続が確立
②遠隔の NFS サーバー（2049 番ポート）と接続が確立

114

```
# ss -anu
State      Recv-Q Send-Q    Local Address:Port              Peer Address:Port
UNCONN     0      0                    *:868                           *:*
UNCONN     0      0            127.0.0.1:896                           *:*
UNCONN     0      0                    *:111                           *:*
UNCONN     0      0                    *:123                           *:*
UNCONN     0      0                    *:5353                          *:*
... ...
```

5-7　リンクアグリゲーション

　CentOS 7 では、複数のネットワークカードを束ねて、1 つのネットワーク通信の可用性や性能向上を図るリンクアグリゲーションを実現する team ドライバが実装されています。現在の多くのサーバーは、ネットワークポートを複数持っており、このネットワークポートを束ねることで、1 つの NIC で障害が発生しても、ネットワーク通信を継続させることができます。NIC がチーミングされた CentOS 7 が稼働する x86 サーバーとネットワークスイッチの典型的な構成例を図 5-5 に示します。

Team driver によるチーミング

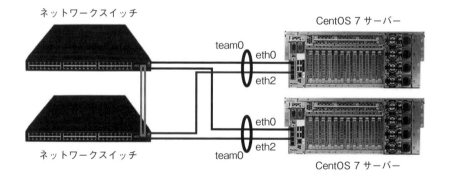

図 5-5　CentOS7 サーバーとスイッチのチーミング構成図 ― サーバー側の eth0 と eth2 をスレーブインタフェースにし、仮想的なインタフェース team0 を構成している。eth0 に障害が発生しても、eth2 が通信を引き継ぐ。この構成では、1 台のスイッチ障害にも対応している。

　このチーミングの機能は、従来の bonding ドライバよりも高機能です。team ドライバのほとん

第 5 章 ネットワーク管理ツール

どの部分は、ユーザー空間で稼働する点が bonding ドライバと異なっています。以降の例では、
この team ドライバの設定を簡単にご紹介します。

5-7-1　team ドライバのインストールと設定

最初に、yum コマンドで、team ドライバをインストールします。

```
# yum install -y teamd
```

次に、複数の NIC を束ねる仮想的なインタフェース team0 を作成します。チーミング用のネッ
トワークインタフェースの作成には、nmcli コマンドを使います。

```
# nmcli connection add type team con-name team0 ifname team0 config '{"runner"
: {"name": "roundrobin"}}'
```

チーミングを行う場合は、nmcli コマンドの add type に「team」を指定します。「con-name」
には接続名を指定します。ifname にインタフェース名「team0」を指定します。次に示した例で
は、接続名とインタフェース名を同じ「team0」にしていますが、同じにしておくと管理上混乱せ
ずに済むため、そろえておくとよいでしょう。

「config」のあとには、チーミングデーモンが構成できる「runner」の種類（ここでは「roundrobin」）
を指定します。従来の bonding ドライバにおける「mode」に相当するものが「runner」です。CentOS
7 のチーミングデーモンがサポートする runner には、表 5-4 に挙げた種類があります。

runner	機能
broadcast	すべてのポートにブロードキャストで伝送される
roundrobin	すべてのポートを順にラウンドロビンで伝送される
activebackup	通信を行うアクティブなポートと障害時のバックアップ用のポートで構成する
loadbalance	負荷分散でデータが伝送される
lacp	802.3ad で規定されたポート同士のネゴシエーションのためのプロトコル

表 5-4　チーミングデーモンがサポートする runner

次に、team ドライバによって作成される仮想的な NIC の IP アドレスを 172.16.70.99/16 に設

116

定します。team0 という仮想的なインタフェースに IP アドレスを付与するために、nmcli コマンドで「connection modify」を指定します。また、固定 IP アドレスを team0 に付与するため、ipv4.method として「manual」を指定します。

```
# nmcli connection modify team0 ipv4.method manual ipv4.addresses "172.16.70.
99/16 172.16.1.1" ipv4.dns 172.16.1.1
```

ネットワークインタフェース eth0 と ens7 をインタフェース team0 のスレーブに設定します。
複数の NIC を束ねてチーミングを行うには、束ねる NIC をスレーブにする必要があります。チーミングのインタフェース team0 に eth0 と ens7 をスレーブインタフェースとして所属させるには、nmcli コマンドに、「connection add type team-slave」を指定します。ifname にスレーブインタフェースを指定し、master に、マスタとなる team0 を指定します。

```
# nmcli connection add type team-slave autoconnect no ifname eth0 master team0
# nmcli connection add type team-slave autoconnect no ifname ens7 master team0
```

ネットワークサービスを再起動します。

```
# systemctl restart network    .
```

スレーブ化した ens7 インタフェースを自動起動するように設定します。

```
# nmcli connection modify team-slave-ens7 connection.autoconnect yes
```

team ドライバによって 2 枚の NIC（eth0 と ens7）が束ねられ、仮想的なインタフェース team0 が作成され、IP アドレスが割り振られるはずです。仮想的なインタフェース team0 に IP アドレスが割り当てられ、外部と通信できるかを確認します。

```
# ip a
1: lo: <LOOPBACK,UP,LOWER_UP> mtu 65536 qdisc noqueue state UNKNOWN
    link/loopback 00:00:00:00:00:00 brd 00:00:00:00:00:00
    inet 127.0.0.1/8 scope host lo
       valid_lft forever preferred_lft forever
    inet6 ::1/128 scope host
       valid_lft forever preferred_lft forever
2: eth0: <BROADCAST,MULTICAST,UP,LOWER_UP> mtu 1500 qdisc pfifo_fast master team0 st
ate UP qlen 1000
    link/ether 52:54:00:fe:fe:7c brd ff:ff:ff:ff:ff:ff
3: ens7: <BROADCAST,MULTICAST,UP,LOWER_UP> mtu 1500 qdisc pfifo_fast master team0 st
ate UP qlen 1000
    link/ether 52:54:00:fe:fe:7c brd ff:ff:ff:ff:ff:ff
```

第 5 章 ネットワーク管理ツール

```
 5: docker0: <NO-CARRIER,BROADCAST,MULTICAST,UP> mtu 1500 qdisc noqueue state DOWN
    link/ether 56:84:7a:fe:97:99 brd ff:ff:ff:ff:ff:ff
    inet 172.17.42.1/16 scope global docker0
       valid_lft forever preferred_lft forever
11: team0: <BROADCAST,MULTICAST,UP,LOWER_UP> mtu 1500 qdisc noqueue state UP
↑仮想的なインタフェース
    link/ether 52:54:00:fe:fe:7c brd ff:ff:ff:ff:ff:ff
    inet 172.16.70.99/16 brd 172.16.255.255 scope global team0
       valid_lft forever preferred_lft forever
    inet6 fe80::5054:ff:fefe:fe7c/64 scope link tentative dadfailed
       valid_lft forever preferred_lft forever

# nmcli c
名前              UUID                                    タイプ           デバイス
システム ens7     914777cb-cdcb-c90d-f590-a17dabc1db4e    802-3-ethernet   ens7
システム eth0     5fb06bd0-0bb0-7ffb-45f1-d6edd65f3e03    802-3-ethernet   eth0
team-slave-ens7  7359d2d6-2908-4f1d-ae55-3052ed84b032    802-3-ethernet   --
team-slave-eth0  daa0dedc-f44b-4374-9a82-d4d13f62c3b7    802-3-ethernet   --
team0            f62aaca3-a85f-49cf-9687-c94a34fc429c    team             team0
docker0          07c54a57-7da0-44e3-921b-d95f21013248    bridge           docker0
```

NetworkManager 配下で生成される設定ファイルを確認してみましょう。複数の NIC を束ねる仮想的なインタフェース team0 のための設定ファイル ifcfg-team0 を確認します。

```
# cat /etc/sysconfig/network-scripts/ifcfg-team0
DEVICE=team0
TEAM_CONFIG="{\"runner\": {\"name\": \"roundrobin\"}}"
DEVICETYPE=Team
BOOTPROTO=none
DEFROUTE=yes
IPV4_FAILURE_FATAL=no
IPV6INIT=yes
IPV6_AUTOCONF=yes
IPV6_DEFROUTE=yes
IPV6_FAILURE_FATAL=no
NAME=team0
UUID=f62aaca3-a85f-49cf-9687-c94a34fc429c
ONBOOT=yes
IPADDR0=172.16.70.99
PREFIX0=16
GATEWAY0=172.16.1.1
DNS1=172.16.1.1
IPV6_PEERDNS=yes
IPV6_PEERROUTES=yes
```

team ドライバによって束ねられるスレーブインタフェース eth0 と ens7 の設定ファイルも確認

118

● 5-7 リンクアグリゲーション

します。

```
# cat /etc/sysconfig/network-scripts/ifcfg-team-slave-eth0
BOOTPROTO=dhcp
DEFROUTE=yes
PEERDNS=yes
PEERROUTES=yes
IPV4_FAILURE_FATAL=no
IPV6INIT=yes
IPV6_AUTOCONF=yes
IPV6_DEFROUTE=yes
IPV6_PEERDNS=yes
IPV6_PEERROUTES=yes
IPV6_FAILURE_FATAL=no
NAME=team-slave-eth0
UUID=daa0dedc-f44b-4374-9a82-d4d13f62c3b7
DEVICE=eth0
ONBOOT=no
TEAM_MASTER=team0
DEVICETYPE=TeamPort

# cat /etc/sysconfig/network-scripts/ifcfg-team-slave-ens7
BOOTPROTO=dhcp
DEFROUTE=yes
IPV4_FAILURE_FATAL=no
IPV6INIT=yes
IPV6_AUTOCONF=yes
IPV6_DEFROUTE=yes
IPV6_PEERDNS=yes
IPV6_PEERROUTES=yes
IPV6_FAILURE_FATAL=no
NAME=team-slave-ens7
UUID=7359d2d6-2908-4f1d-ae55-3052ed84b032
DEVICE=ens7
ONBOOT=yes
TEAM_MASTER=team0
DEVICETYPE=TeamPort
PEERDNS=yes
PEERROUTES=yes
```

チーミングされた仮想的なインタフェース team0 を構成する物理 NIC のインタフェース eth0
と ens7 がラウンドロビンでパケットを処理し、スループットが出ているかを確認するために、視
覚的にしかも直観的に理解できる iptraf-ng というツールがあります。iptraf-ng は、OS が認
識しているネットワークインタフェースすべてについて、トラフィックの有無、パケットの通信

119

の様子を確認できます。コマンドライン上から iptraf-ng コマンドで起動し、テキストベースのわかりやすい画面インタフェースが特徴的です（図5-6）。

図5-6　iptraf-ng の画面 ― チーミングされたインタフェース team0 とそれを構成する物理 NIC の eth0 と ens7 のトラフィックがリアルタイムで表示されるため、チーミングの動作および性能テストに有用である。

CentOS 7 および RHEL7 における team ドライバに関する情報は、Red Hat Summit 2014 のプレゼンテーション資料が参考になります[*3]。

5-8　旧ネットワークインタフェース名の設定

従来の CentOS 6 系では、OS が認識する NIC のインタフェース名は、一般に eth0 や eth1 などで表記されていましたが、CentOS 7 から、デフォルトでは、システムによって名前が自動的に割り当てられるようになりました。たとえば、HP ProLiant DL385p Gen8 サーバーの場合は、デフォルトで enoX というインタフェース名で登録されます。

＊3　http://rhsummit.files.wordpress.com/2014/04/dube_w_1320_new_networking_features__tools_for_red_hat_enterprise_linux_7_beta.pdf

● 5-8 旧ネットワークインタフェース名の設定

```
# nmcli device
DEVICE  TYPE      STATE        CONNECTION
eno1    ethernet  connected    eno1
eno2    ethernet  connected    eno2
eno3    ethernet  unavailable  --
eno4    ethernet  unavailable  --
lo      loopback  unmanaged    --
```

CentOS 7 において、従来の ethX というインタフェース名で NIC を管理するには、GRUB のパラメーターを追加し、整合性のとれた ifcfg-ethX を作成する必要があります。

次に示す例では、HP ProLiant DL385p Gen8 サーバーに搭載されているオンボードの 4 ポートの物理 NIC に、自動的に割り当てられたインタフェース名 eno1、eno2、eno3、eno4 を、従来の eth0、eth1、eth2、eth3 に割り当てる手順を紹介します。

■ /etc/default/grub ファイルの編集

まず、/etc/default/grub ファイルを編集します。/etc/default/grub ファイルの「GRUB_CMDLINE_LINUX=...」の行がブートパラメーターを記述する個所です。GRUB_CMDLINE_LINUX に渡すパラメーターに「net.ifnames=0 biosdevname=0」を追加します。

```
# cp /etc/default/grub /etc/default/grub.org
# vi /etc/default/grub
...
GRUB_CMDLINE_LINUX="nomodeset crashkernel=auto  vconsole.font=latarcyrheb-sun
16 vconsole.keymap=us rhgb quiet net.ifnames=0 biosdevname=0"
                            ↑「net.ifnames=0 biosdevname=0」を追加
...
```

■ grub2-mkconfig の実行

次に、/etc/default/grub ファイルの変更を、GRUB の設定ファイル /boot/grub2/grub.cfg ファイルに反映します。

```
# grub2-mkconfig -o /boot/grub2/grub.cfg
```

この時点では、まだ適切な ifcfg-ethX は生成していませんが、この状態で OS を再起動します。

```
# reboot
```

121

第 5 章 ネットワーク管理ツール

■ nmtui による設定ファイルの生成

　CentOS 7 が自動的に割り当てた NIC の設定ファイルである ifcfg-enoX を破棄して、ethX 用の設定ファイルを生成します。ifcfg-ethX ファイルを生成するには、nmcli コマンドまたは、GUI ベースの設定ツールである nmtui を使用します。

　ここでは、nmtui を使って設定してみましょう。すべてのネットワークインタフェースを編集しますので、SSH 接続や VNC 接続などでの遠隔からの接続が切断されてしまいます。そこで、ネットワークインタフェースとは独立して稼働する遠隔管理専用のネットワークポート（HP ProLiant サーバーの場合はオンボードに搭載された iLO4 チップなど）が提供する仮想端末機能を使った遠隔管理か、ローカル接続のディスプレイとキーボードなどを使った操作に切り替えてください。

　ハードウェアレベルでの遠隔操作環境あるいはローカル接続での操作環境が整ったら、コマンドラインから nmtui を起動します。

```
# nmtui
```

　現在の接続を編集するため、「Edit a connection」を選択します。選択は、Enter キーを押します（図 5-7）。

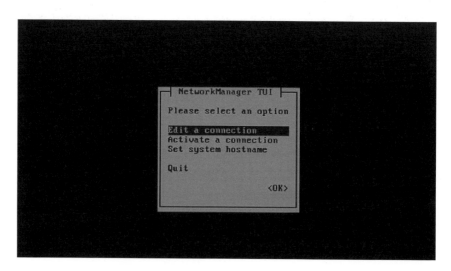

図 5-7　nmtui の設定画面①－ nmtui を使ってネットワークインタフェースを設定する。

122

■既存のインタフェースの削除

現在認識されている NIC のインタフェース名が eno1、eno2、eno3、eno4 として表示されています。現在のインタフェース eno1、eno2、eno3、eno4 すべてを削除します。削除は、<Delete>にカーソルを合わせ、Enter キーを押すと、「Are you sure you want to delete the connection 'eno'?」と表示されますので、「Delete」を選択し、インタフェースを削除します。eno2 から eth4 まで同様の操作を繰り返します。カーソルの移動は上下左右の矢印キーで操作可能です（図5-8、図5-9）。

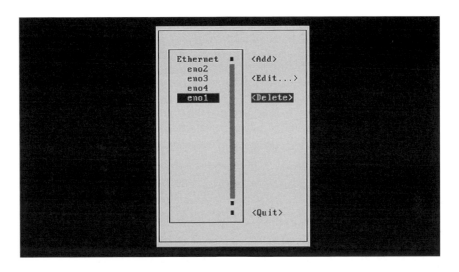

図5-8 nmtui の設定画面②— 現在のインタフェース eno1、eno2、eno3、eno4 が表示されている。これらすべてを削除する。

■新しいインタフェース名の作成

次に、新しいインタフェース名 eth0、eth1、eth2、eth3 を作成します。新しくインタフェースを作成するには図5-9 の設定画面で<Add>を選択します。すると、「Select the type of connection you wish to create.」と表示され、インタフェースの接続タイプを選択するメッセージが表示されますので、「Ethernet」を選択し、「Create」にカーソルを合わせ、Enter キーを押します（図5-10）。

第 5 章 ネットワーク管理ツール

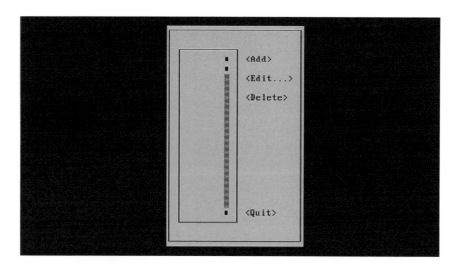

図 5-9　nmtui の設定画面③ー インタフェース eno1、eno2、eno3、eno4 をすべて削除した状態。

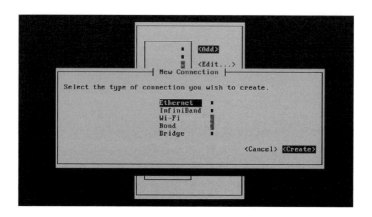

図 5-10　nmtui の設定画面④ー 接続タイプとして Ethernet を選択し、インタフェースを作成する様子。

■プロファイルとデバイス名の入力

「Edit connection」の画面に遷移し、「Profile name」に「eth0」を入力します。Device 名にも、「eth0」を入力します。nmtui は、「Device」欄に入力された eth0 で現在のインタフェースと MAC アドレスを紐付けて管理していますので、「Device」欄は必ず入力します（図 5-11）。

● 5-8 旧ネットワークインタフェース名の設定

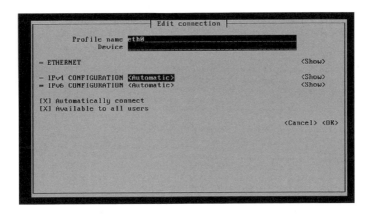

図 5-11　nmtui の設定画面⑤ー デフォルトは、IP アドレスが自動的
　　　　に割り当てられるように設定されているため「Automatic」
　　　　になっている。

■ IP アドレスの設定

　IP アドレスの設定は、「IPv4 CONFIGURATION」で設定できます。<Automatic>にカーソルを合わせ、Enter キーで選択すると、プルダウンメニュー「Manual」が表示されますので、その後、「IPv4 CONFIGURATION」の画面右端にある<Show>を選択すると、手動で固定 IP アドレスを割り振ることができます（図 5-12）。

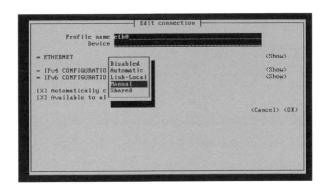

図 5-12　nmtui の設定画面⑥ー 固定 IP アドレスを割り振る
　　　　ため、「Manual」を選択する。

　固定 IP アドレスは、「Addresses」、デフォルトゲートウェイの IP アドレスは「Gateway」、DNS サーバーの IP アドレスは、「DNS servers」、検索ドメイン名は、「Search domains」に入力します。必要事項を入力したら、↓キーでカーソルを画面下部にスクロールさせ、「OK」を選択し、

第 5 章 ネットワーク管理ツール

設定を確定させます（図 5-13）。

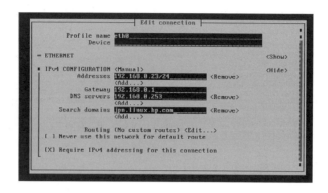

図 5-13　nmtui の設定画面⑦－ 固定 IP アドレスを eth0 に対して設定している様子。

再度、編集画面に移ると、「Device」欄に eth0 に対応した MAC アドレスが自動的に表示されているはずですので、確認しておきます（図 5-14）。

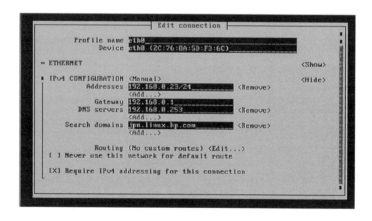

図 5-14　nmtui の設定画面⑧－ nmtui が認識したポートの MAC アドレスを「Device」欄で確認しておく。

■インタフェース名の登録確認

eth0 と同様に、eth1、eth2、eth3 についても、適切に設定を行います。すべてのインタフェースが適切に登録されていることを確認したら、「Quit」を選択し、nmtui を終了します（図 5-15）。/etc/sysconfig/network-scripts/ifcfg-ethX が正しく生成されているかを確認します。

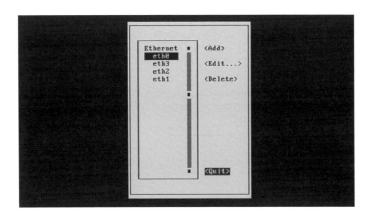

図 5-15　nmtui の設定画面⑨－ すべてのインタフェース名が ethX で登録されていることを確認する。

```
# cd /etc/sysconfig/network-scripts/
# cat ifcfg-eth0
...
# cat ifcfg-eth1
...
```

OS を再起動します。

```
# reboot
```

ip コマンドなどで、eth0、eth1、eth2、eth3 に IP アドレスが正しく設定され、通信できるかを確認してください。

5-9　NetworkManager を使わない NIC の管理

　これまで見てきたように、CentOS 7 において NIC の設定を行うには、nmcli コマンドまたは、GUI ベースの設定ツールの nmtui を使用しますが、なんらかの理由で nmcli や nmtui が利用できない場合は、CentOS 6 系と同様に、ifcfg-ethX を直接編集する方法で NIC の設定を行えます。ただし、あくまでこれは、現時点で従来型の編集方法を可能とする後方互換性による回避策としての手順です。今後は、この方法がサポートされない可能性もありますのでご注意ください。次の例では、ファイルを直接編集する方法を掲載します。最近の x86 サーバーは、物理 NIC ポートを複数持っていますが、ここでは、その複数のポートのうちの 1 つを設定することにします。

第 5 章 ネットワーク管理ツール

■オリジナルファイルの保存

まず、/etc/sysconfig/network-scripts/ディレクトリにあるオリジナルの設定ファイルを別のファイル名でコピーしておきます。

```
# cd /etc/sysconfig/network-scripts/
# mv ifcfg-eno1 org.ifcfg-eno1
# mv ifcfg-eno2 org.ifcfg-eno2
# mv ifcfg-eno3 org.ifcfg-eno3
# mv ifcfg-eno4 org.ifcfg-eno4
# cp org.ifcfg-eno1 ifcfg-eth0
# cp org.ifcfg-eno2 ifcfg-eth1
# cp org.ifcfg-eno3 ifcfg-eth2
# cp org.ifcfg-eno4 ifcfg-eth3
```

■ ifcfg-ethX ファイルの編集と再起動

ifcfg-ethX ファイルの内容を編集します。ifcfg-eth0 ファイルでは、「DEVICE=eno1」と「NAME=eno1」となっている個所を「DEVICE=eth0」および「NAME=eth0」に変更します。さらに、NM_CONTROLLED=no を記述します。適宜、HWADDR=に MAC アドレスを記述してください。

```
# vi ifcfg-eth0
...
DEVICE=eth0
...
NAME=eth0
...
NM_CONTROLLED=no
...
```

設定変更を反映させるため、OS を再起動します。

```
# reboot
```

■設定内容の確認

OS 再起動後、nmcli コマンドにより、eth0 のインタフェースが「unmanaged」になっていることを確認します。

```
# nmcli device show
GENERAL.DEVICE:                   eth0
GENERAL.TYPE:                     ethernet
GENERAL.HWADDR:                   52:54:00:D0:CF:87
GENERAL.MTU:                      1500
GENERAL.STATE:                    10 (unmanaged) ←「unmanaged」になっている
GENERAL.CONNECTION:               --
GENERAL.CON-PATH:                 --
WIRED-PROPERTIES.CARRIER:         on
...
```

5-10　まとめ

　本章では、CentOS 7 におけるネットワーク管理ツールの機能と設定方法について紹介しました。ネットワークの運用管理手順が従来の CentOS 5 や CentOS 6 と大きく変更されているため、最初は戸惑うことが多いかと思います。ネットワーク関連の管理コマンドやオプションは膨大に存在するため、習得に時間がかかりますが、まずは、従来のコマンドでよく利用するものをピックアップし、CentOS 7 でも同様に利用できるかを試してみてください。本章では、比較的よく利用すると思われる管理手順やコマンドを掲載しておきましたので、システムの構築や日常の運用管理に活用してみてください。

第 6 章 仮想化における資源管理

第 6 章　仮想化における資源管理

最近では、ハイパーバイザを利用した仮想環境におけるシステムの運用は当たり前の
ものとなり、商用の UNIX システムで利用されているコンテナ（HP-UX Container
や Solaris Container）と同様の考えを Linux で稼働させる Linux コンテナや、さ
らにそれを発展させた Docker に注目が集まっています。本章では、CentOS 7 の
仮想化機能の KVM に加え、最近巷で話題の Linux コンテナである Docker、そし
て、仮想化によるサーバー集約時に必要とされる cgroups による資源管理につい
て紹介します。

6-1　仮想化の始まり

　コンピュータシステムの歴史において、ハードウェアの性能をいかに効率的に引き出すかという課題は、今も昔も変わりません。「仮想化」の技術は、CPU、メモリ、ディスク、テープ装置、プリンタを効率的に利用するための技術として、1960 年代から大型汎用機で利用されてきました。旧 DEC（現 HP）では、仮想記憶と呼ばれるメモリ空間に関する仮想化技術を、1970 年代にすでにミニコンピュータ VAX（Virtual Address eXtension）に搭載し、利用されていました。これらの仮想化技術は、一般の PC ではなく、大型汎用機やミニコンピュータで利用されていたものですが、これらを業界標準の x86 サーバーと汎用的な OS で利用しようというのが現在巷で言われている「仮想化」です。仮想化というと VMware や Hyper-V という言葉を連想されるかもしれませ

130

● 6-2 KVM

んが、実は、コンピュータ資源を有効利用するための技術として、古くから使われている枯れた技術です。

6-2 KVM

CentOS 7 においては、仮想化機能として KVM がサポートされています。従来の CentOS 6 系に比べ、NUMA アーキテクチャの CPU に対するプロセスの割り当て自動化機能や仮想 CPU のホットアド機能、ライブマイグレーションの高速化など、さまざまな機能拡張が施されています[*1]。

6-2-1 仮想マシンの管理

CentOS 7 では、CentOS 6 系と同様に、仮想マシン管理ツールの「virt-manager」を使うことが可能です。virt-manager は、X11 のデスクトップ上で稼働し、仮想マシンの作成、起動、停止、サスペンドなどを GUI で簡単に操作できます。また、遠隔にある CentOS 6 や CentOS 7 のホストマシンの上で稼働するゲスト OS を管理することも可能です。

■ KVM のインストール

KVM を利用するには、必要なパッケージをあらかじめインストールしておく必要がありますので、ここで yum コマンドで KVM に関連するパッケージをインストールします。

```
# yum install -y qemu-kvm libvirt virt-manager virt-install
```

このコマンドの実行で、KVM の仮想環境を実現するための各種パッケージがインストールされます。ここでインストールしているのは、次に示す KVM 仮想化における代表的なコンポーネントです。

● qemu-kvm：KVM ハイパーバイザ用のハードウェアエミュレーションを提供するバーチャライザ。KVM カーネルモジュールにより、仮想マシンモニタ（VMM：Virtual Machine Monitor）として稼働し、ハードウェアのエミュレーションを行う。

＊1　CentOS 7 の KVM の機能拡張については、アップストリーム OS にあたる RHEL 7 のリリースノートの第 9 章が参考になりますので、興味のある方は参照してください。
RHEL 7 のリリースノートの入手先：

https://access.redhat.com/documentation/ja-JP/Red_Hat_Enterprise_Linux/7/pdf/7.0_Release_Notes/Red_Hat_Enterprise_Linux-7-7.0_Release_Notes-ja-JP.pdf

第 6 章　仮想化における資源管理

●libvirtd：libvirtd 管理デーモンと呼ばれ、ホストマシン上で稼働する。仮想マシンのタスクを管理するために必要となる。仮想マシンのタスクとしては、ゲスト OS の起動、停止、ライブマイグレーション、仮想ストレージや仮想ネットワークの起動などがあり、これらのタスクを libvirtd が管理する。

●virt-manager：仮想マシンを管理するデスクトップツール。仮想マシンの作成、削除、起動、停止、一時停止、負荷監視などを行える。ローカルマシンの KVM 仮想マシンだけでなく、SSH 経由で遠隔にあるホストの仮想マシンも GUI で管理できる。

●virt-install：新規の仮想マシンを作成するコマンド。仮想マシンは、libvirt を使ったものであれば、KVM に限らず Xen や Linux コンテナでも virt-install で作成が可能である。仮想マシンへのゲスト OS のインストールとしても物理メディアのほか、iso イメージなどもサポートしている。

■ libvirtd の起動

仮想マシンを管理するには、仮想マシンを作成・稼働させるホストマシン上で libvirtd が稼働していることが前提です。もし、ホストマシン上で、libvirtd が稼働していない場合は、libvirtd を起動します。CentOS 7 の場合は、systemctl コマンドを使用します。

```
# systemctl start libvirtd
```

ホストマシン上で libvirtd が稼働したら、コマンドラインで virt-manager を起動します（図 6-1）。画面を見ると、ローカルのホストマシン「localhost」上の仮想マシンだけでなく、遠隔のホストマシン（IP アドレスは 172.16.1.5）上の仮想マシンも管理可能であることがわかります。

```
# virt-manager
```

CentOS 7 の virt-manager がサポートする仮想マシンのインストール方法には、次に示すものがあります（図 6-2）。

●ローカルに保管した OS のインストールメディアの ISO イメージや CD/DVD-ROM ドライブ
●ネットワークインストール（プロトコルは、HTTP、FTP、NFS）
●PXE ブート
●既存のディスクイメージのインポート

ホスト OS やファイルサーバーに保管したインストールメディアの ISO イメージを使ってイン

132

●6-2 KVM

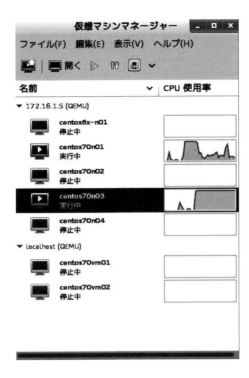

図6-1　virt-manager の GUI ― CentOS 7 が
　　　提供する virt-manager の GUI 画面。

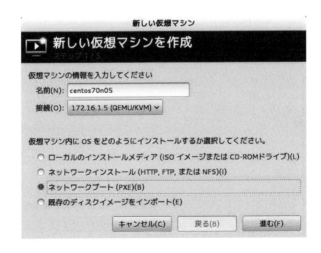

図6-2　virt-manager でのインストールの方法 ― virt-manager
　　　のインストール方法は4種類用意されている。

ストールすることが一般的です。HTTP や FTP、NFS を使ったインストールもサポートされてい

ますので、従来の物理基盤でのCentOSのインストールと同様にOSを仮想マシンにインストールできます。

　対応している仮想マシンのOSの種類はさまざまなものが存在しますが、仮想マシンにCentOS 7をインストールしたい場合は、virt-managerのOS選択画面で、OSの種類に「Linux」を選択し、バージョンに「Red Hat Enterprise Linux 7」を選択します（図6-3）。

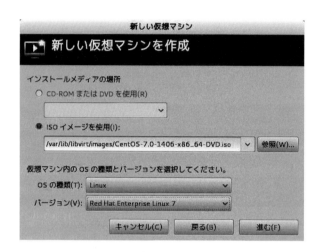

図6-3　virt-managerでISOイメージを選択しOSの種類を選択 ― 仮想マシンにCentOS 7をインストールしたい場合は、「Red Hat Enterprise Linux 7」を選択すればよい。OSの種類としては、Linux以外にもWindowsやFreeBSD、Solarisなどにも対応している。

6-2-2　仮想マシンの自動インストール

　virt-managerを使えば、GUIで簡単に仮想マシンの作成が可能ですが、大量の仮想マシンの作成を自動化しなければならないホスティングシステムや、独自の内製ツールから仮想マシンを作成するようなクラウド環境の場合は、virt-managerではなく、virt-installのほうが有用です。
　virt-installは、コマンドラインで仮想マシンの作成が可能ですので、バッチスクリプトへの埋め込みなど、仮想マシンの作成を自動化できます。以降の例では、virt-installを使った仮想マシンの作成とCentOS 7の自動インストールの手順を紹介します。

● 6-2 KVM

■ Kickstart ファイルの作成

最初に、仮想マシン上に CentOS 7 をインストールする Kickstart ファイル ks.cfg を作成します。KVM の仮想マシンのストレージデバイス名は、/dev/vdX になりますので、Kickstart ファイル内で/dev/vdX を指定します。この例では、インストール先として/dev/vda を指定します。この指定は Kickstart ファイル内の次のパラメーターで指定します。

- ignoredisk --only-use=vda：/dev/vda のみを使用
- bootloader --location=mbr --boot-drive=vda：ブート用ディスクとして/dev/vda を指定
- clearpart --all --initlabel --drives=vda：/dev/vda のラベルとパーティションを初期化

Kickstart ファイルは、CentOS 7 のホストマシンの/root に保管されている anaconda-ks.cfg ファイルを基に、書き換えて作成すればよいでしょう。

◎ Kickstart ファイル◎

Kickstart とは、RHEL 系ディストリビューションで採用されている OS のインストールを自動化する仕組みです。Kickstart 用の設定ファイル（ks.cfg ファイル）に記述したパラメーターの記述に基づいて、人間がキーボードやマウスを使って行っていた OS のインストール作業を自動化します。

```
# vi /root/ks.cfg
cmdline
install
auth --enableshadow --passalgo=sha512
text   ←テキストモードでインストール
firstboot --enable
ignoredisk --only-use=vda   ←仮想ディスクとして vda を指定
keyboard --vckeymap=us --xlayouts='us'
lang en_US.UTF-8
network  --bootproto=static --device=eth0 --gateway=172.16.1.1 --ip=172.16.70.1
 --nameserver=172.16.1.1 --netmask=255.255.0.0 --ipv6=auto --activate
                           ↑ゲスト OS の eth0 を固定 IP で設定
network  --hostname=centos70vm01.jpn.linux.hp.com   ←ゲスト OS のホスト名を設定
rootpw password   ←root アカウントのパスワードを設定
skipx
timezone Asia/Tokyo --isUtc
user --name=koga --password=koga   ←追加したい一般ユーザーのアカウント名とパスワードを記述
xconfig  --startxonboot
zerombr   ←マスタブートレコードの初期化
bootloader --location=mbr --boot-drive=vda
```

135

第 6 章 仮想化における資源管理

```
        ↑ブートローダーのインストール先を/dev/vda の MBR 領域に設定
clearpart --all --initlabel --drives=vda    ← ´/dev/vda のラベルとすべてのパーティションを初期化
part /boot --fstype=xfs --size=500 --asprimary
    ↑/boot パーティションを 500MB で確保し、ファイルシステムとして XFS を指定
part swap --size=1024    ←スワップ領域のサイズを 1024MB で確保
part / --fstype=xfs --size=1 --grow --asprimary
    ↑ルートパーティションにディスクの残りの容量すべてを確保し、ファイルシステムとして XFS を指定
selinux --disabled    ← SELinux を無効に設定
firewall --disabled    ←ファイヤウォールを無効に設定
reboot    ← OS のインストールが完了したら再起動を行う
%packages
@base
@core
%end
```

■スクリプトの生成

次に、仮想マシンの生成スクリプト「virt-install-centos7.sh」を作成します。ここでは、事前にホストマシンの/var/www/html/centos70 ディレクトリに保管した CentOS 7 の ISO イメージを使います。

```
# ls /var/www/html/centos70/*.iso
CentOS-7.0-1406-x86_64-DVD.iso

# vi virt-install-centos7.sh
#!/bin/sh
virt-install \
--connect qemu:///system \
--name centos70vm02 \
--hvm \
--virt-type kvm \
--os-type=linux \
--os-variant=rhel7 \
--ram 1024 \
--vcpu 1 \
--arch x86_64 \
--nographics \
--serial pty \
--console pty \
--noautoconsole \
--disk=/var/lib/libvirt/images/centos70vm02,format=qcow2,size=16 \
--boot=hd \
```

● 6-3 コマンドラインによる仮想マシンの管理

```
--network bridge=br0 \
--location=/var/www/html/centos70/CentOS-7.0-1406-x86_64-DVD.iso \
--initrd-inject /root/ks.cfg \    ←ks.cfg ファイルをフルパスで指定
--keymap ja \
--extra-args='ks=file:/ks.cfg console=tty0 console=ttyS0,115200'
```

virt-install-centos7.sh スクリプトと ks.cfg ファイルが用意できたら、virt-install-centos7.sh を実行します。ks.cfg が正しく記述できていれば、スクリプトを実行したホストマシン上に仮想マシンが生成され、CentOS 7 が自動インストールされます。

```
# sh ./virt-install-centos7.sh
```

6-3　コマンドラインによる仮想マシンの管理

KVM の仮想環境をコマンドラインで管理する場合、ゲスト OS に関する日々の管理作業の多くは、virsh コマンドで行います。virsh コマンドは非常に多くのサブコマンドがありますが、本書では、管理者が知っておくべき最低限の使い方として、仮想マシンの起動、状態確認、シャットダウン、コンソール接続、スナップショットの作成と適用を紹介します。

6-3-1　virsh コマンドによる仮想マシンの管理

仮想マシンの管理をコマンドラインで行うには、libvirt-client パッケージに含まれている virsh コマンドを使用します。libvirt-client パッケージがインストールされていない場合は、次のように yum コマンドでインストールしてください。

■ libvirt-client のインストール

```
# yum install libvirt-client
```

次の実行例では、virsh コマンドでよく利用される基本的な管理手順をいくつか紹介します。

137

第 6 章 仮想化における資源管理

■仮想マシンの状態の確認

現在の仮想マシンの状態を確認するには、virsh コマンドに list コマンドを付与します。--all オプションを指定すれば、登録済みの全仮想マシンの状態を表示します。

```
# virsh list --all
 Id    名前                      状態
-----------------------------------------------------
  -    centos70vm01             シャットオフ
  -    centos70vm02             シャットオフ
```

仮想マシン centos70vm01 と centos70vm02 がシャットオフされていることがわかります。

■仮想マシンの起動

登録されている仮想マシンを起動する場合は、virsh コマンドに start コマンドを指定します。

```
# virsh start centos70vm02
 ドメイン centos70vm02 が起動されました

# virsh list --all
 Id    名前                      状態
-----------------------------------------------------
  5    centos70vm02             実行中
  -    centos70vm01             シャットオフ
```

■仮想マシンのシャットダウン

仮想マシンのシャットダウンは、virsh コマンドに shutdown コマンドを指定します。

```
# virsh shutdown centos70vm02
 ドメイン centos70vm02 はシャットダウン中です
```

6-3-2　virt-clone による仮想マシンのクローニング

virt-install パッケージに含まれている virt-clone コマンドを利用すれば、既存の仮想マシンのイメージファイルを使って、仮想マシンのクローンを生成することが可能です。

● 6-3 コマンドラインによる仮想マシンの管理

■仮想マシンのクローンの作成

次の実行例は、既存の仮想マシン「centos70vm01」から「centos70vm03」という名前の仮想マシンを作成する例です。作成する仮想マシンのイメージファイル名は「centos70vm03.img」としています。

```
# virt-clone --original centos70vm01 --name centos70vm03  --file /var/lib/libvirt/images/centos70vm03.img
割り当て中 'centos70 11% [=-                 ] 158 MB/s | 2.7 GB      02:18 ETA

'centos70vm03'のクローニングに成功しました 。

# virsh list --all
 Id    名前                          状態
----------------------------------------------------
 -     centos70vm01                  シャットオフ
 -     centos70vm02                  シャットオフ
 -     centos70vm03                  シャットオフ
```

virt-clone では、仮想マシンの設定ファイルも自動生成します。/etc/libvirt/qemu ディレクトリ以下に、設定ファイルが生成されているかを確認してください。

```
# ls -l /etc/libvirt/qemu/*.xml
...
-rw--------. 1 root root 2900 11月  6 21:54 /etc/libvirt/qemu/centos70vm03.xml
```

生成された仮想マシン「centos70vm03」は、centos70vm01 とまったく同じイメージファイルですので、ホスト名やネットワークの設定ファイルに記述されている MAC アドレスの指定、IP アドレスなどの変更が必要になりますので注意してください。

6-3-3　仮想マシンのコンソールへの接続と離脱方法

通常、仮想マシンを操作するには、SSH 接続もありますが、IP アドレスが付与されていない場合は、コンソールへのアクセスが一般的です。virt-manager の GUI からコンソールを出力させることも可能ですが、X Window が用意されていない端末からコンソール出力を行いたい場合があります。そのような場合は、virsh コマンドに console コマンドを付与し、コンソール接続を行いたい仮想マシン名を指定します。

139

第 6 章 仮想化における資源管理

■仮想マシンのコンソールへ接続

```
# virsh console centos70vm02
```

virsh コマンドで仮想マシンのコンソールにログインした状態から離脱し、ホストマシンのコマンドプロンプトに移行するには、仮想マシンのコンソール上で、キーボードから CTRL +] を入力します。

6-3-4　仮想マシンのスナップショットの作成と適用方法

virsh コマンドには、さまざまな機能が備わっていますが、その中でも、多くのユーザーで重宝されているのがスナップショット機能です。仮想マシンのスナップショットを利用するメリットの一つは、過去の OS 状態に戻すことができるという点です。スナップショットは、仮想マシンの「ある時点での状態」を非常に小さいファイルに記録し、その「状態」を記録したファイルを基に、過去の OS の状態に戻すことができます。たとえば、LAMP を構築する場合、Linux、Apache、MySQL、PHP の 4 つのコンポーネントの設定を行いますが、途中で重大な設定ミスを犯してしまった場合でも、定期的にスナップショットを取得しておけば、そのスナップショットを基に、コンポーネントの設定ミスを犯す前の過去の状態に戻すことができます。

■スナップショットの作成

以下では、CentOS 7 における KVM 仮想マシンのスナップショットの取得と適用方法の手順を述べます。まず、仮想マシンの名前を virsh コマンドで確認します。

```
# virsh list --all
 Id    名前                              状態
-------------------------------------------------------
 5     centos70vm02                     実行中
 -     centos70vm01                     シャットオフ
```

centos70vm02 のスナップショットを作成します。スナップショット名は、「centos70vm02-snapshot-2014-09-19-001」にします。

```
# virsh snapshot-create-as centos70vm02 centos70vm02-snapshot-2014-09-19-001
 ドメインのスナップショット centos70vm02-snapshot-2014-09-19-001 が作成されました
```

140

● 6-3 コマンドラインによる仮想マシンの管理

■ Column ■■■スナップショットの作成でエラーが発生したら

「Unsupported configuration. internal snapshot for disk sda unsupported for storage type raw.」といったエラーが発生したら、そのゲスト OS は、raw 形式で作成されてる可能性があります。よくあるミスとしては、virt-manager の GUI でゲスト OS のイメージファイルを作成する際に、「raw 形式」を指定してスナップショットが取れないゲスト OS のイメージファイルを作成してしまうことです。スナップショット可能なゲスト OS の作成する際は、qcow2 形式を指定する必要があります。先に示した virt-install-centos7.sh 内では、「--disk=/var/lib/libvirt/images/centos70vm01,format=qcow2,size=16」の個所で、「format=qcow2,size=16」を指定し、qcow2 形式で 16GB の容量のファイルを作成するように指定しています。

■スナップショットのリストアップ

作成したスナップショットをリストアップするには、virsh コマンドに「snapshot-list」コマンドに続け仮想マシンの名前を付与すると、作成したスナップショットの名前と作成時間、現在の状態が表示されます。

```
# virsh snapshot-list centos70vm02
名前                作成時間              状態
------------------------------------------------------------
 centos70vm02-snapshot-2014-09-19-001 2014-09-19 14:28:54 +0900 running
```

■スナップショットのテスト

取得したスナップショットを適用して、過去の状態に戻すことができるかテストしてみます。仮想マシン centos70vm02 にログインし、/root/に適当な名前のファイルを生成します。1 つ目のスナップショットと 2 つ目のスナップショットを適用した環境に戻るかどうかをテストする際に、それらの区別が付くように、仮想マシン上でなんらかの作業を行ってください。その後、2 つ目のスナップショットを作成します。

```
# virsh snapshot-create-as centos70vm02 centos70vm02-snapshot-2014-09-19-002
ドメインのスナップショット centos70vm02-snapshot-2014-09-19-002 が作成されました
```

再び、スナップショットをリストアップします。スナップショット「centos70vm02-snapshot-

141

第6章 仮想化における資源管理

2014-09-19-001」と「centos70vm02-snapshot-2014-09-19-002」の2つが作成されていること
がわかります。

```
# virsh snapshot-list centos70vm02
 名前                    作成時間                    状態
------------------------------------------------------------
 centos70vm02-snapshot-2014-09-19-001 2014-09-19 14:28:54 +0900 running
 centos70vm02-snapshot-2014-09-19-002 2014-09-19 14:32:03 +0900 running
```

■スナップショットに関する情報の表示

スナップショットに関する情報の表示は、virsh コマンドに「snapshot-info」コマンドを付与
し、仮想マシン名とスナップショット名を指定します。

```
# virsh snapshot-info centos70vm02 centos70vm02-snapshot-2014-09-19-001
 名前:       centos70vm02-snapshot-2014-09-19-001
 ドメイン:   centos70vm02
 カレント:   いいえ (no)
 状態:       running
 場所:       内部
 親:         -
 子:         1
 子孫:       1
 メタデータ: はい (yes)

# virsh snapshot-info centos70vm02 centos70vm02-snapshot-2014-09-19-002
 名前:       centos70vm02-snapshot-2014-09-19-002
 ドメイン:   centos70vm02
 カレント:   はい (yes)
 状態:       running
 場所:       内部
 親:         centos70vm02-snapshot-2014-09-19-001
 子:         0
 子孫:       0
 メタデータ: はい (yes)
```

■スナップショットの適用

作成したスナップショットを適用し、仮想マシンを過去の状態に戻してみます。まずは、スナップ
ショット「centos70vm02-snapshot-2014-09-19-001」を適用し、スナップショットを作成した時
点の OS の状態に復元します。スナップショットの適用は、virsh コマンドに「snapshot-revert」

コマンドを付与し、仮想マシン名と適用したいスナップショット名を指定します。

```
# virsh snapshot-revert centos70vm02 centos70vm02-snapshot-2014-09-19-001
```

　仮想マシン「centos70vm02」にログインし、状態が復元されているかを確認します。アプリケーションのインストールやアップグレード、システムの設定変更前にスナップショットを作成しておくと、アプリケーションや設定でトラブルが発生しても、スナップショットから元の状態に復元できますので、非常に便利です。

■物理環境・仮想環境の識別

　仮想環境において、管理者は、物理サーバー上で直接稼働している OS 環境と仮想マシンを区別して管理する必要があります。ユーザーが利用する環境が物理マシンの場合と仮想マシンの場合の両方が考えられる場合、物理マシンと仮想マシンが混在するため、どのような仮想化基盤で稼働しているかを事前にチェックしてから、アプリケーションや管理ツールの実行を行うといった運用も見られます。現在自分が操作している OS 環境が、物理マシンで直接稼働しているものなのか、仮想マシンなのかを判断するには、その操作しているマシン上で、virt-what コマンドを実行します[2]。

■ KVM 仮想マシン上での実行

```
# virt-what
kvm
```

■物理マシン上での実行

```
# virt-what
```

　もし操作しているマシン上で、virt-what コマンドの出力結果が「kvm」と表示される場合は、そのマシンは仮想マシンであることを意味します。何も出力されない場合は、物理マシンで稼働していることを意味します。virt-what コマンド以外にも、systemd-detect-virt コマンドを使うことでも同様の確認が可能です。

＊2　virt-what コマンドは virt-what パッケージに含まれています。

第 6 章 仮想化における資源管理

■ KVM 仮想マシン上での実行

```
# systemd-detect-virt
kvm
```

■ 物理マシン上での実行

```
# systemd-detect-virt
none
```

6-3-5　KVM 仮想環境におけるブリッジインタフェースの作成

　CentOS 7 において、KVM の仮想マシンを作成する場合は、事前にネットワークの設定を行っておく必要があります。KVM の仮想環境で、よく利用されるネットワーク設定は、仮想マシンとホストマシンが同一ネットワークに所属するようにホストマシンにブリッジインタフェースを設ける構成と、NAT を使って仮想マシンにプライベート IP アドレスを割り振る構成です。CentOS 7 において、ホストマシンにブリッジインタフェースを作成するには、nmtui を使用します。nmcli コマンドによって設定できますが、初心者は、nmtui で設定するのがよいでしょう（図 6-4）。

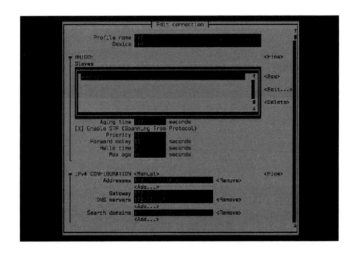

図 6-4　nmtui でブリッジインタフェースを設定 ー ネットワークの設定を行う GUI ツール nmtui でブリッジインタフェース br0 を設定している様子。

● 6-3 コマンドラインによる仮想マシンの管理

■ virt-manager vs. 商用の仮想化基盤管理ツール

Red Hat 社が提供している仮想化ソフトウェア Red Hat Enterprise Virtualization（通称 RHEV）では、RHEL 7 が搭載する KVM 仮想化の機能に加え、以下のような機能を搭載しています。

- ●仮想ディスクのホットプラグ対応
- ●ライブスナップショットの対応
- ●スナップショットのクローン機能
- ●VDSM を介在しないダイレクト LUN の対応
- ●クォータ機能
- ●ストレージマイグレーション
- ●ライブスナップショットの統合
- ●OpenvSwitch に代表されるソフトウェア定義ネットワークへの対応

このような、企業向けの基盤に必要な仮想化の機能を利用し、ベンダーの保守サポートが必要とされる場合は、CentOS が提供する KVM ではなく、RHEV の採用を検討すべきです。CentOS 7 での仮想化機能は、主に KVM の virt-manager および virsh による比較的簡単な操作に限定されます。エンタープライズレベルの高度な要求に対応する仮想化統合基盤の実現を目的とする場合、virt-manager や virsh のみの環境では、多くの作り込みが発生してしまいます。仮想マシンだけを遠隔から管理する簡素で小規模なシステムの場合は、CentOS 7 や RHEL 7 の virt-manager や virsh で事足りるかもしれませんが、サーバーの物理コンポーネントと仮想マシンの一元管理や変更管理などを考慮に入れた高度な仮想化基盤においては、ハードウェアベンダーの管理ツールと RHEV の統合を検討する必要があります（図 6-5）。具体的には、KVM による仮想マシン管理と、仮想化基盤でよく利用されているブレードサーバーや NIC のポートの分割、帯域設定、FC ストレージ、バーチャルコネクトなどの仮想化を意識した、ハードウェアコンポーネントの設定の自動化や運用管理を高度に統合することが求められます。

ハードウェアベンダーの管理ツールと RHEV を統合させたものとしては、HP OneView for RHEV などが存在しますが、CentOS 7 において、このような物理基盤と仮想環境の高度な統合管理ツールは、現時点で存在しません。サーバー、ストレージ、ネットワークの各種コンポーネントと仮想マシンの設定変更や運用管理に関する仮想化基盤全体の要件を定義し、仮想化による統合管理でどのように効率化するのかを十分検討するようにしてください。

第 6 章 仮想化における資源管理

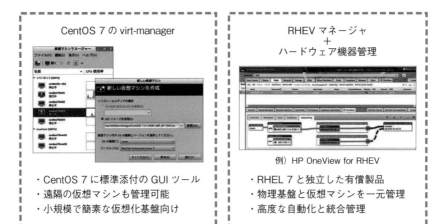

図 6-5　virt-manager vs. RHEV-M — CentOS 7 に標準添付されている virt-manager と Red Hat 社が提供する商用の RHEV マネージャの棲み分け。virt-manager は小規模な仮想化基盤での利用が想定される。一方、RHEV は、ハードウェアベンダーが提供する管理ツールを組み合わせることが可能であり、物理基盤と仮想化基盤の高度な統合管理を実現する。

6-4　Docker とは？

　最近、巷で注目を浴びているオープンソースの一つに「Docker」（ドッカー）があります。Docker は、コンテナと呼ばれる隔離空間を管理するためのツールです。CentOS 7 は、この「コンテナ」と呼ばれるアプリケーションと OS をパッケージ化した実行環境をサポートしています。一般に、Linux OS 上での隔離空間を「Linux コンテナ」と呼びます。

　Linux コンテナは、KVM や Xen などのハイパーバイザ型の仮想化技術に比べて、CPU、メモリ、ストレージ、ネットワークなどのハードウェア資源の消費やオーバーヘッドが小さいという利点があります。さらに Docker は、Linux コンテナの機能に加えて、API、イメージフォーマット、環境を配布する仕組みを持っています。しかし、Docker が注目される本当の理由は、ハードウェア資源の消費が小さいというより、アプリケーション開発者が最も嫌うであろう「ハードウェアの調達やメンテナンス」の隠蔽が可能となることでしょう。ハードウェアに関する部分は、アプリケーション開発者にとってあまり重要ではありません。従来の KVM などによる仮想化は、アプリケーション開発者にとってのメリットというよりもむしろ、システム管理者にとって大きなメリットがありました。一方、Docker のような軽量なコンテナ技術の発達により、アプリケーショ

ン単位での隔離、開発環境の容易な作成と廃棄ができるようになり、アプリケーションのメンテナンスの簡素化がよりいっそう進むことになります。これは、システム管理者よりもアプリケーション開発者にとってのメリットが非常に大きいことを意味します。また、Dockerの仕組みによって、アプリケーションの開発と実環境への素早い展開と運用の両立が見えてきました。これは、近年、開発者やIT部門の間で話題になっている「DevOps環境」の実現にほかなりません。アプリケーション開発者やIT部門にとっては、アプリケーションの開発、運用、廃棄などを、ハードウェア資源を意識しない「雲」の上で迅速に行える環境が、Dockerを使って整備されつつあります（図6-6）。

IT 基盤比較

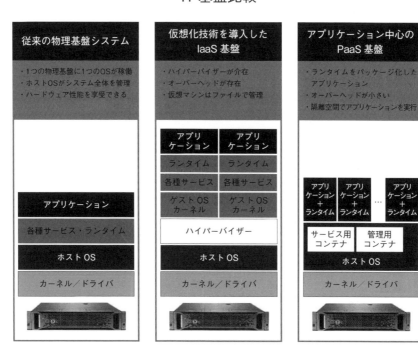

図6-6 IT基盤比較 — 物理基盤、仮想化基盤、PaaS基盤の比較。PaaS基盤では、DevOpsのようなアプリケーション中心の考えで隔離空間ごとに異なるOSバージョンとサービスを提供できる。

第 6 章 仮想化における資源管理

6-4-1　Docker を使う

それでは、CentOS 7 で採用されている Docker のインストールと基本的な利用方法について説明します。

■ docker のインストール

CentOS 7 では、docker パッケージが標準で含まれています。yum コマンドでインストールします。

```
# yum install -y docker
# rpm -qa | grep docker
docker-1.3.2-4.el7.centos.x86_64
```

なお、企業内においてプロキシーサーバー経由でインターネットに接続する環境では、次のように、/etc/sysconfig/docker ファイルにプロキシーサーバーを指定し、docker サービスを再起動してください。

```
# vi /etc/sysconfig/docker
...
http_proxy=http://proxy.yourserver.com:8080     ←自社のプロキシーサーバーの FQDN を指定
https_proxy=http://proxy.yourserver.com:8080     ←自社のプロキシーサーバーの FQDN を指定
...
```

docker サービスを起動します。

```
# systemctl start docker
# systemctl enable docker
ln -s '/usr/lib/systemd/system/docker.service' '/etc/systemd/system/multi-user.
target.wants/docker.service'
```

これで、Docker のインストールは完了です。Docker では、さまざまな OS とアプリケーションがパッケージ化された環境が Docker イメージとして Docker リポジトリに用意されています。イメージファイルを一から作成することも可能ですが、すでに Docker リポジトリに用意されているイメージファイルを利用できますので、コンテナへの OS やアプリケーションのインストールなどの煩雑な作業をスキップできます。

148

● 6-4 Docker とは？

■イメージファイルの起動

Docker のイメージファイルを Docker リポジトリから入手する前に SELinux を無効にしておきます。

```
# setenforce 0   ←SELinux を無効化
# getenforce   ←SELinux の状態を確認
Permissive   ←無効になっている
```

イメージファイルをインターネット経由で Docker リポジトリから入手します。

```
# docker pull centos:centos5   ←centos5 のイメージを Docker リポジトリから入手
Pulling repository centos
... ...
Status: Downloaded newer image for centos:centos5
# docker pull centos:centos6   ←centos6 のイメージを Docker リポジトリから入手
Pulling repository centos
... ...
Status: Downloaded newer image for centos:centos6
# docker pull centos:centos7   ←centos7 のイメージを Docker リポジトリから入手
Pulling repository centos
... ...
Status: Downloaded newer image for centos:centos7
```

Docker リポジトリから入手し、ローカルの CentOS 7 サーバー上に保管されているイメージファイル一覧を確認します。

```
# docker images   ←Docker のイメージファイルを確認
REPOSITORY        TAG          IMAGE ID          CREATED        VIRTUAL SIZE
centos            5            bac0c97c3010      7 days ago     466.9 MB
centos            centos5      bac0c97c3010      7 days ago     466.9 MB
centos            6            510cf09a7986      7 days ago     215.8 MB
centos            centos6      510cf09a7986      7 days ago     215.8 MB
centos            latest       8efe422e6104      7 days ago     224 MB
centos            7            8efe422e6104      7 days ago     224 MB
centos            centos7      8efe422e6104      7 days ago     224 MB
```

■コンテナの起動

Docker リポジトリからダウンロードしたイメージファイル群のうち、centos6 というタグの付いたイメージファイルから、コンテナを生成、起動し、そのコンテナ内で作業できるようにしてみましょう。

149

第 6 章 仮想化における資源管理

コンテナの起動はdocker コマンドに run オプションを付けます。--name オプションは、コンテナの名前を指定します。ここでは、test01 という名前のコンテナを起動するように指定しました。-i オプションは、コンテナの標準入力を開いた状態にします。-t オプションを付与することにより、Docker は、仮想端末を割り当てて、コンテナの標準入力にアタッチします。centos:centos6 は、入手したイメージファイルのタグ付きのリポジトリ名です。最後に、/bin/bash を指定することで、コンテナ上のシェルを起動します。

```
# docker run --name test01 -i -t centos:centos6 /bin/bash
[root@d962dc3be270 /]#
```

■コンテナ情報の確認

コンテナにログインし、作業を始めます。コンテナの OS のバージョンを確認します。

```
[root@d962dc3be270 /]# cat /etc/redhat-release
CentOS release 6.6 (Final)
```

すると、CentOS 6.6 であることがわかります。ホスト名を確認してみます。

```
[root@d962dc3be270 /]# hostname
d962dc3be270
```

ホスト名は自動的に「d962dc3be270」という名前で割り振られていることがわかります。

■ IP アドレスの確認

さらに IP アドレスを確認し、ホスト OS や外部と通信できるかを確認します。docker では、標準で、インタフェース docker0 を割り当てます。

```
[root@d962dc3be270 /]# ifconfig eth0 | grep inet
          inet addr:172.17.0.5  Bcast:0.0.0.0  Mask:255.255.0.0
          inet6 addr: fe80::42:acff:fe11:5/64 Scope:Link
[root@d962dc3be270 /]# ping -c 3 172.16.1.1
PING 172.16.1.1 (172.16.1.1) 56(84) bytes of data.
64 bytes from 172.16.1.1: icmp_seq=1 ttl=63 time=0.690 ms
64 bytes from 172.16.1.1: icmp_seq=2 ttl=63 time=0.281 ms
64 bytes from 172.16.1.1: icmp_seq=3 ttl=63 time=0.239 ms

--- 172.16.1.1 ping statistics ---
```

150

● 6-4 Docker とは？

```
3 packets transmitted, 3 received, 0% packet loss, time 2373ms
rtt min/avg/max/mdev = 0.239/0.403/0.690/0.204 ms
[root@d962dc3be270 /]# nslookup www.hp.com
Server:         16.110.135.51
Address:        16.110.135.51#53

Non-authoritative answer:
www.hp.com      canonical name = www.hpgtm.nsatc.net.
Name:   www.hpgtm.nsatc.net
Address: 15.240.238.61
Name:   www.hpgtm.nsatc.net
Address: 15.193.112.150

[root@d962dc3be270 /]#
```

ネットワークインタフェースの docker0 は、ホストマシンで確認できます。

```
# ip a show dev docker0
7: docker0: <NO-CARRIER,BROADCAST,MULTICAST,UP> mtu 1500 qdisc noqueue state DOWN
    link/ether 56:84:7a:fe:97:99 brd ff:ff:ff:ff:ff:ff
    inet 172.17.42.1/16 scope global docker0
       valid_lft forever preferred_lft forever
```

■イメージファイルの検証

docker のイメージファイルの仕組みを理解するため、まず、試しに docker コンテナ上の/root ディレクトリにファイル testfile を作成しておきます。

```
[root@d962dc3be270 /]# touch /root/testfile
[root@d962dc3be270 /]# ls /root/
testfile
```

docker コンテナの OS 環境から離脱します。

```
[root@d962dc3be270 /]# exit
exit
#
```

151

第 6 章 仮想化における資源管理

■コンテナの一覧表示

ホスト OS 上で、過去に起動したコンテナ一覧を確認します。

```
# docker ps -a
CONTAINER ID    IMAGE          COMMAND      CREATED         ...    NAMES
d962dc3be270    centos:centos6 "/bin/bash"  9 minutes ago ...      test01
```

■コンテナのイメージ化

先ほど作業したコンテナを再利用できるように、コンテナのイメージ化を行います。コンテナをイメージ化するには、コンテナをコミットします。先ほど作業したコンテナのコンテナ ID とイメージを指定してコミットを行います。

```
# docker commit d962dc3be270 centos:centos6
5468f0e1072fbd5cdf0042efc76e3d0d8c778f235faf212bcbf9b2105ebdf30f
```

再び、現在のイメージファイルの一覧を確認します。

```
# docker images
REPOSITORY      TAG          IMAGE ID         CREATED          VIRTUAL SIZE
centos          centos6      5468f0e1072f     24 seconds ago   215.8 MB
centos          centos5      bac0c97c3010     7 days ago       466.9 MB
centos          5            bac0c97c3010     7 days ago       466.9 MB
centos          6            510cf09a7986     7 days ago       215.8 MB
centos          centos7      8efe422e6104     7 days ago       224 MB
centos          latest       8efe422e6104     7 days ago       224 MB
centos          7            8efe422e6104     7 days ago       224 MB
```

■別のコンテナの生成と確認

先ほどコミットしたイメージファイル「centos:centos6」を使って、別のコンテナ test02 を生成してみます。

```
# docker run --name test02 -i -t centos:centos6 /bin/bash
[root@5b2ac9622d6f /]#
```

コンテナ test02 上の/root を確認してみます。

● 6-4 Docker とは？

```
[root@5b2ac9622d6f /]# ls /root/
testfile
[root@5b2ac9622d6f /]#
```

コンテナ test02 で、/root/testfile2 を作成します。

```
[root@5b2ac9622d6f /]# touch /root/testfile2
[root@5b2ac9622d6f /]# exit
exit
# docker ps -a
CONTAINER ID        IMAGE               COMMAND             CREATED           ...   NAMES
5b2ac9622d6f        centos:centos6      "/bin/bash"         2 minutes ago     ...   test02
d962dc3be270        centos:6            "/bin/bash"         20 minutes ago    ...   test01

# docker commit 5b2ac9622d6f centos:testfile2
4eac0fb23ec1d4a212b4aa289637f43da3049dd975d48a91fd9890ca6a368cdd
# docker images
REPOSITORY          TAG                 IMAGE ID            CREATED           VIRTUAL SIZE
centos              testfile2           4eac0fb23ec1        8 seconds ago     215.8 MB
centos              centos6             5468f0e1072f        7 minutes ago     215.8 MB
centos              5                   bac0c97c3010        7 days ago        466.9 MB
centos              centos5             bac0c97c3010        7 days ago        466.9 MB
centos              6                   510cf09a7986        7 days ago        215.8 MB
centos              centos7             8efe422e6104        7 days ago        224 MB
centos              latest              8efe422e6104        7 days ago        224 MB
centos              7                   8efe422e6104        7 days ago        224 MB
```

これまでのコマンドの実行例により、作業を行ったコンテナをコミットすることでその作業内容を反映したイメージファイルが生成でき、さらに作成したイメージファイルを再利用して、新たなコンテナを生成できることがわかったと思います。開発者は、アプリケーションごとに異なるコンテナを複数作成し、コミットしておけば、そのアプリケーションに特化したイメージファイルを持つことができます（図6-7）。

6-4-2　コンテナに含まれるファイルの確認方法

現在起動している Docker コンテナのファイルシステム上にあるファイルなどをホストマシンから確認したい場合があります。起動中のコンテナのファイルシステムは、/var/lib/docker/devicemapper/metadata ディレクトリ配下にあるコンテナ ID の名前が付いたメタデータの情報を基に、Device Mapper を使ってアクセスできます。以降の操作では、CentOS 6.6 の Docker イメージからコンテナを起動し、そのコンテナのファイルシステムに存在する/etc/redhat-release ファ

153

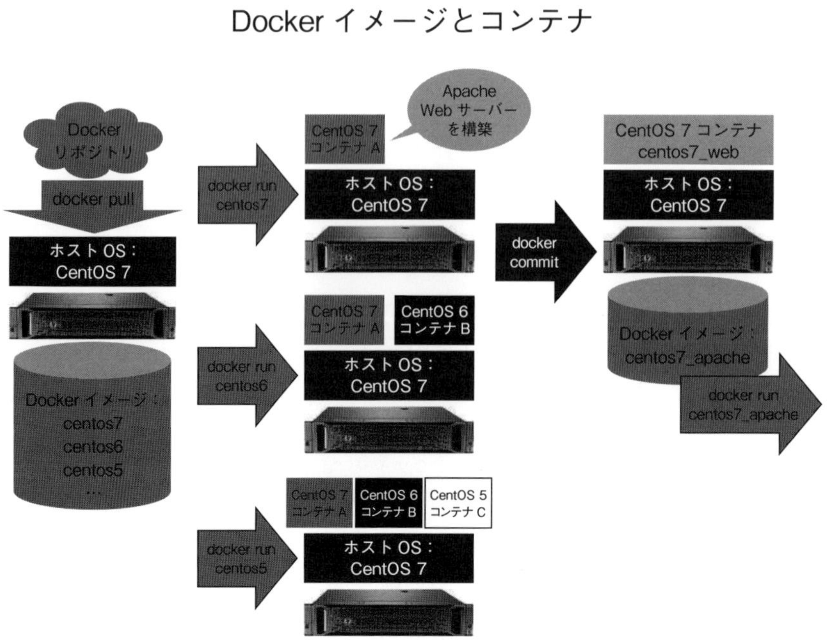

第 6 章 仮想化における資源管理

Docker イメージとコンテナ

図 6-7 Docker イメージとコンテナ ― ホストマシンに保管された Docker イメージ
から docker run でコンテナを起動する。起動したコンテナで作業を施し、ア
プリケーションなどを構築したものを docker commit で Docker イメージと
して登録する。

イルに記載された CentOS のバージョンをホストマシンから確認する手順を示します。

■イメージファイルの確認

最初に、Docker に現在登録されているイメージファイルを確認します。ここでは、CentOS 6.6
の Docker イメージ「centos:centos6.6」は、事前に CentOS 6 の Docker イメージを入手し、yum
update によりパッケージを最新に更新することにより作成しました。

```
# docker images
REPOSITORY          TAG             IMAGE ID        CREATED         VIRTUAL SIZE
centos              centos6.6       6e80aa2dad3a    23 seconds ago  215.8 MB
centos              testfile2       4eac0fb23ec1    4 minutes ago   215.8 MB
centos              centos6         5468f0e1072f    12 minutes ago  215.8 MB
centos              5               bac0c97c3010    7 days ago      466.9 MB
centos              centos5         bac0c97c3010    7 days ago      466.9 MB
centos              6               510cf09a7986    7 days ago      215.8 MB
```

154

● 6-4 Docker とは？

```
centos          centos7          8efe422e6104      7 days ago        224 MB
centos          7                8efe422e6104      7 days ago        224 MB
centos          latest           8efe422e6104      7 days ago        224 MB
```

■コンテナの起動

この Docker イメージ「centos:centos6.6」から、コンテナを起動します。コンテナ名は test001 としました。

```
# docker run --name test001 -i -t centos:centos6.6 /bin/bash
[root@098686019f0d /]#
```

ホストマシンの別の端末で、起動中のコンテナを確認します。このとき、STATUS が Up になっていることを確認してください。

```
# docker ps -a
CONTAINER ID IMAGE           COMMAND       ... STATUS           NAMES
098686019f0d centos:centos6.6 "/bin/bash"  ... Up 12 minutes    test001
```

■ファイルシステムの確認

起動中のコンテナ「098686019f0d」のファイルシステムをホストマシンから確認する手順を示します。まず、コンテナ「098686019f0d」のメタデータから、コンテナのデバイス ID とサイズを確認します。

```
# cd /var/lib/docker/devicemapper/metadata
# cat 098686019f0dec240ec5b0473046b78b5e56cb7dd0651e821d9e9216cfa9e37e | python
 -mjson.tool
{
    "device_id": 6,
    "initialized": false,
    "size": 10737418240,
    "transaction_id": 121
}
```

cat コマンドの出力から、このコンテナのデバイス ID は 6、サイズが、10737418240 であることがわかります。

次に、起動しているコンテナがマウントされているデバイスを表示します。

155

第 6 章 仮想化における資源管理

```
# ls -l /dev/mapper/
合計 0
crw-------. 1 root root 10, 236 12月 17 17:46 control
lrwxrwxrwx. 1 root root       7  1月 13 11:23 docker-8:3-84171797-098686019f0de
c240ec5b0473046b78b5e56cb7dd0651e821d9e9216cfa9e37e -> ../dm-3
lrwxrwxrwx. 1 root root       7  1月 13 08:33 docker-8:3-84171797-pool -> ../dm-1
lrwxrwxrwx. 1 root root       7  1月 13 05:28 encrypted001 -> ../dm-2
lrwxrwxrwx. 1 root root       7  1月 13 05:28 pool001-lvol001 -> ../dm-0
```

　上記の docker-8:3-84171797-pool と先述のデバイス ID、サイズを使って、テスト用のボリュームを作成します[*3]。具体的には、コンテナのサイズ「10737418240」と、デバイス ID の「6」をdmsetup コマンドの--table オプションで指定します。

```
# dmsetup create testvol01 --table "0 $((10737418240 / 512)) thin /dev/mapper/d
ocker-8:3-84171797-pool 6"
```

　テスト用のボリューム testvol01 は/dev/mapper ディレクトリ以下に作成されていますので、これをマウントします。

```
# mount /dev/mapper/testvol01 /mnt
```

　/mnt にマウントしたコンテナのディレクトリツリーと/etc/redhat-release ファイルを確認します。

```
# ls -la /mnt/rootfs/
合計 176
drwxr-xr-x. 21 root root  4096  1月 13 08:07 .
drwxr-xr-x.  4 root root  4096  9月  9 06:30 ..
dr-xr-xr-x.  2 root root  4096  1月  2 23:23 bin
... ...
drwxrwxrwt.  2 root root  4096  1月  2 23:23 tmp
drwxr-xr-x. 13 root root  4096  1月  2 23:21 usr
drwxr-xr-x. 17 root root  4096  1月  2 23:21 var

# cat /mnt/rootfs/etc/redhat-release
CentOS release 6.6 (Final)
```

　コンテナが持つファイルシステムを確認し終えたら、マウントを解除し、テスト用のボリュームは削除しておきます。

＊3　dmsetup コマンドにより、コンテナのファイルシステムを確認するためのテスト用のボリュームを作成する際に、デバイス ID を間違えると、別のコンテナのファイルシステムの内容を見ることになりますので十分注意してください。

```
# cd
# umount /mnt
# dmsetup remove /dev/mapper/testvol01
```

6-4-3　Dockerfile を使ったイメージファイルの構築

　Docker イメージの作成や、イメージファイルからコンテナを起動する一連の手順は、先述の
docker コマンドでコマンドラインから入力することで可能ですが、イメージ作成作業、アプリケー
ションのインストールなどの複数の作業をまとめて行いたい場合があります。そのような場合は、
Dockerfile を使うと便利です。Dockerfile は、開発環境における Makefile のように、一連の作業を
Docker で定義された書式に従って事前に記述し、それに基づいてイメージの作成を行います。以
下では、CentOS 7 で稼働する Apache Web サーバーが起動するコンテナのイメージファイルの作
成、コンテナの起動、コンテナへのアクセス方法を述べます。

■ Dockerfile の用意

　最初に、Apache が稼働するコンテナ用の Dockerfile を用意します。ここでは、/root/apache
ディレクトリを作成し、その下に Dockerfile を作成します。

```
# mkdir /root/apache
# cd /root/apache
# vi Dockerfile
FROM          centos:centos7   ←使用する Docker イメージ名を指定
MAINTAINER    Masazumi Koga
ENV           container        docker
RUN           yum swap -y      fakesystemd systemd ← systemd を Docker イメージにインストール
RUN           yum install -y   initscripts
RUN           yum install -y   httpd   ← httpd を Docker イメージにインストール
RUN           echo "Hello Apache." > /var/www/html/index.html
              ↑テスト用の HTML ファイルを Docker イメージに配置
RUN           systemctl enable httpd   ←コンテナ起動時に httpd サービスが起動するように設定
EXPOSE        80   ← Docker コンテナが外部に開放するポート番号を指定
```

　Dockerfile 内では、FROM 行に利用するイメージの種類を記述します。イメージ名はコマンドラ
インから「docker images」で確認可能ですので、一覧に表示されているイメージ名を記述しま
す。ここでは CentOS 7 のイメージ「ceentos:centos7」を指定しています。RUN 行では、Docker
のイメージを作成する際に実行したいコマンドを記述します。

第 6 章 仮想化における資源管理

　この例では、RUN 行に、「yum swap -y fakesystemd systemd」が指定されています。Docker リポジトリに標準で用意されている CentOS 7 の Docker イメージは、デフォルトで systemd を利用しないものが用意されています。しかし、多くの CentOS 7 向けのアプリケーションやサービスが systemd を使用するため、Docker イメージに systemd をインストールしたい場合があります。ここでは、yum コマンドで、fakesystemd を削除し、systemd をインストールしています[*4]。さらに、RUN 行の「yum install -y httpd」は、Apache Web サーバーの httpd パッケージをインストールする記述です。ここで使用する Docker イメージは、CentOS 7 の systemd を有効にしますので、RUN 行で「systemctl enable httpd」を記述し、コンテナが起動した際に、自動的に Apache Web サーバーが起動するようにします。Apache Web サーバーのコンテナが外部に開放するポート番号を EXPOSE 行で指定します。

　プロキシーサーバー経由でインターネットにアクセスする環境で Docker を利用する場合には、Dockerfile にプロキシーサーバーの設定を記述する必要があります。以下は、プロキシサーバーを含んだ Dockerfile の例です。

　Dockerfile 内で、「ENV http_proxy」と「ENV https_proxy」でプロキシサーバーを指定します。以下の proxy.your.site.co.jp は、自社のプロキシーサーバーのアドレスに置き換えてください。

```
FROM centos:centos7
MAINTAINER Masazumi Koga
ENV container docker
ENV http_proxy http://proxy.your.site.co.jp:8080    ←プロキシサーバーを指定
ENV https_proxy http://proxy.your.site.co.jp:8080   ←プロキシサーバーを指定
RUN yum swap -y fakesystemd systemd
RUN yum install -y initscripts
RUN yum install -y httpd
RUN echo "Hello Apache." > /var/www/html/index.html
RUN systemctl enable httpd
EXPOSE 80
```

■ Docker イメージの生成

Dockerfile を記述したら、Docker イメージを生成します。

＊4　本書では、CentOS 7 の Docker イメージに systemd をインストールする方法を紹介しましたが、Docker コンテナ上での systemd の利用については、すべてのアプリケーションやデーモンについて、十分なテストが行われているわけではありません。したがって、利用者の自己責任のもとで十分な動作確認を行って上記手順を利用するようにください。

●6-4 Docker とは？

```
# pwd
/root/apache

# ls -l
合計 4
-rw-r--r--. 1 root root 263 11月  9 17:09 Dockerfile

# docker build -t centos7_apache .
```

Apache Web サーバー入りの Docker イメージ「centos7_apache」が作成されているかを確認します。

```
# docker images
REPOSITORY          TAG        IMAGE ID        CREATED             VIRTUAL SIZE
centos7_apache      latest     4538613340f4    About a minute ago  372.3 MB
...
...
```

■ Docker コンテナの起動

作成した Docker イメージ「centos7_apache」を使って Docker コンテナを起動します。起動するコンテナ名は、「apache001」としました。

```
# docker run --name apache001 --privileged -i -t -d -p 80:80 centos7_apache /sbin/init
3db4623293db8c6a2e516ac788bb10fa32a73175c46d08c19a6b441d148b6838
```

Docker イメージが CentOS 7 ベースで、コンテナ内で systemd を使用する場合は、コンテナの起動オプションに、「--privileged」オプションが必要になります。またコンテナの起動に指定するコマンドは、「/sbin/init」を指定します。コンテナが起動したかを確認します。

```
# docker ps -a
CONTAINER ID     IMAGE                   COMMAND        PORTS               NAMES
3db4623293db     centos7_apache:latest   "/sbin/init"   0.0.0.0:80->80/tcp  apache001
```

コンテナ「apache001」が起動していることがわかります。ホストマシンからコンテナ「apache001」にログインします。

```
# nsenter -t $(docker inspect --format '{{.State.Pid}}' apache001) -i -m -n -p -u /bin
/bash
[root@3db4623293db /]#
```

159

第 6 章 仮想化における資源管理

この例で示されているように、ログインプロンプトが「[root@3db4623293db /]」になったことで、コンテナにログインできていることがわかります。

■ Column ■■■コンテナへのログイン方法

ここで使用した nsenter コマンドは、指定したプロセスの名前空間（ここではコンテナのこと）で、プログラムを実行することができます。$(docker inspect --format '{{.State.Pid}}' apache001) により、稼働中の apache001 コンテナのプロセス ID を出力し、その値を稼働中のプロセス ID として-t オプションに渡しています。

Docker の最新バージョン 1.3 系では、docker コマンドに exec コマンドを付与することで、稼働中のコンテナでコマンドを発行することができるようになっているため、次のように docker exec を実行すれば、現在稼働中の apache001 コンテナにログインできます（「man docker-exec」で使用可能なオプションを確認できます）。

```
# docker exec -i -t apache001 /bin/bash
```

■ httpd の起動状態を確認

コンテナ上で Apache Web サービスが起動しているかを確認します。

```
[root@3db4623293db /]# systemctl status httpd
```

コンテナが httpd サービスを正常に起動できていることを確認できたら、コンテナに割り振られた IP アドレスをコンテナ上で確認します。

```
[root@3db4623293db /]# ip a |grep inet
    ...
    inet 172.17.0.26/16 scope global eth0
    ...
```

コンテナが外部に Web サービスを提供できているかを、ホストマシンやほかのクライアントマシンから確認します。コマンドラインから確認するには、curl コマンドが有用です。

```
# curl 172.17.0.26/index.html
Hello Apache.
```

160

● 6-5 cgroup によるハードウェア資源管理

6-5　　cgroup によるハードウェア資源管理

　1 つのホスト上で複数の隔離空間として稼働する Docker コンテナや KVM の仮想マシンが稼働する環境において、限られたハードウェア資源を適切に分配することは非常に重要です。特定のユーザーが使用するコンテナがホストマシンのハードウェア資源を食いつぶすようなことがあると、ほかのユーザーの利用に支障をきたします。そのため、CentOS 7 では cgroup と呼ばれる資源管理の仕組みが備わっています。本節では、cgroup を使ったネットワーク帯域制御とディスク I/O 制御の手法を紹介します。

6-5-1　　cgroup とは

　cgroup は、Linux のカーネルに実装されているリソース制御の仕組みです。CPU、メモリ、ネットワーク通信の帯域幅などのコンピュータ資源を組み合わせ、ユーザーが定義したタスクのグループに割り当て、このグループに対してリソースの利用の制限や開放を設定することが可能となります。この設定は、システムが稼働中に行うことができ、OS の再起動を行うことなく資源の割り当てを動的に行うことが可能となります。

　とくに、マルチコアのシステムにおいて、CPU を効率よく利用するために商用 UNIX でも利用されている技術です。マルチコアシステムで稼働させるマルチスレッドのアプリケーションの性能劣化をできるだけ発生させないようにするために、cgroup によってコンピュータ資源を割り当てます。この割り当ては、アプリケーションを改変することなく行うことが可能です。また、コンピュータ資源を分割する手段として知られている仮想化技術では、オーバーヘッドが生じるのに対し、cgroup では仮想化を行わず、物理サーバー上の OS だけで実現するため、オーバーヘッドは生じません。

　cgroup は、ユーザーが利用するコンピュータ資源の大小によって契約内容が異なるようなサービスプロバイダや、通信事業のように、ユーザーのデータ通信量によって通信速度の制限を動的に提供しなければならない場合に有用です。

■ cgroup の初期設定

CentOS 7 における cgroup を利用するには、cgconfig サービスを起動します。

```
# systemctl enable cgconfig
```

161

第 6 章 仮想化における資源管理

```
ln -s '/usr/lib/systemd/system/cgconfig.service' '/etc/systemd/system/sysinit.t
arget.wants/cgconfig.service'

# systemctl start cgconfig
```

■サブシステムの確認

cgroup による資源管理は、/sys/fs/cgroup 配下の各種ディレクトリ配下に、ハードウェア資源に対応したサブシステムが存在します。

```
# lssubsys -am
cpuset /sys/fs/cgroup/cpuset   ←CPU リソースに関する各種パラメーターを格納しているディレクトリ
cpu,cpuacct /sys/fs/cgroup/cpu,cpuacct   ←CPU リソースに関する自動レポートを生成
memory /sys/fs/cgroup/memory   ←メモリリソースの自動レポートを生成、タスクが使用するメモリの上限の設定
devices /sys/fs/cgroup/devices   ←ブロックデバイスや文字デバイスへのアクセス可否を設定
freezer /sys/fs/cgroup/freezer   ←タスクの一時停止や再開
net_cls /sys/fs/cgroup/net_cls   ←ネットワークパケットのタグ付け
blkio /sys/fs/cgroup/blkio   ←ブロックデバイスへの I/O を制御、監視
perf_event /sys/fs/cgroup/perf_event   ←プロセスやスレッドを perf ツールで監視可能にする
hugetlb /sys/fs/cgroup/hugetlb   ←大きいサイズの仮想メモリページを利用可能にする
```

これらのパラメーターについては、Red Hat 社が提供する『Red Hat Enterprise Linux 7 Resource Management and Linux Containers Guide』に説明が掲載されています[5]。

6-5-2　ネットワーク通信の帯域制御

ここでは、ネットワーク通信の帯域制御を行うため、net_cls サブシステムを使って、test01 という名前の cgroup を作成します。

■ cgroup の作成

cgcreate コマンドに付与した-t オプションは、定義した cgroup のタスクに関するファイルを所有するユーザーとグループの名前を定義します。ここで指定するユーザーとグループに所属するメンバは、ファイルへの書き込みが許されます。

＊5　https://access.redhat.com/documentation/en-US/Red_Hat_Enterprise_Linux/7/pdf/Resource
　　_Management_and_Linux_Containers_Guide/Red_Hat_Enterprise_Linux-7-Resource_Management_
　　and_Linux_Containers_Guide-en-US.pdf

162

● 6-5 cgroup によるハードウェア資源管理

　-g オプションは、新しい cgroup を定義します。cgroup は、「サブシステム：パス」の書式になります。この例では、サブシステムが「net_cls」を指定しているため、cgroup が送信するパケットを識別するために、ネットワークパケットにタグ付けを行います。「/test01」は、cgroup への相対パスになります。

```
# cgcreate -t koga:koga -g net_cls:/test01

# ls -lF /sys/fs/cgroup/net_cls/test01/
total 0
-rw-rw-r--. 1 root root 0 Sep  9 02:06 cgroup.clone_children
--w--w----. 1 root root 0 Sep  9 02:06 cgroup.event_control
-rw-rw-r--. 1 root root 0 Sep  9 02:06 cgroup.procs
-rw-rw-r--. 1 root root 0 Sep  9 02:06 net_cls.classid
-rw-rw-r--. 1 root root 0 Sep  9 02:06 notify_on_release
-rw-rw-r--. 1 koga koga 0 Sep  9 02:06 tasks
```

　次に、作成した test01 という cgroup に対してパラメーターを設定します。cgset コマンドは、指定した cgroup にパラメーターを付与します。-r オプションでパラメーターに値をセットします。ここで指定している net_cls.classid は、トラフィック制御のための値を格納します。値は 16 進数で指定します。この例では、0x00010002 ですので、「16 の 4 乗＋ 2 × 16 の 0 乗=65538」が/sys/fs/cgroup/net_cls/test01/net_cls.classid に 10 進数の値で格納されます。

```
# cgset -r net_cls.classid=0x00010002 /test01
# cat /sys/fs/cgroup/net_cls/test01/net_cls.classid
65538
```

通信の帯域制御を行うためのネットワークインタフェースを確認します。

```
# ip a
...
2: enp0s25: <BROADCAST,MULTICAST,UP,LOWER_UP> mtu 1500 qdisc pfifo_fast state U
P qlen 1000
    link/ether 70:5a:b6:ab:5e:da brd ff:ff:ff:ff:ff:ff
    inet 172.16.25.30/16 brd 172.16.255.255 scope global enp0s25
       valid_lft forever preferred_lft forever
...
```

163

第6章 仮想化における資源管理

■トラフィック量の調整

トラフィックの制御には、tc コマンドを使います。tc に付与された qdisc（queueing discipline）は、キューイングに関する規則を表します。OS がデータをどのように送信するかは、どのようなキューイングを使うかに依存します。tc コマンドの詳細については、後述の「Column　tc コマンドの機能」を参照してください。

```
# tc qdisc add dev enp0s25 root handle 1: htb
# tc class add dev enp0s25 parent 1: classid 1:2 htb rate 256kbps
# tc filter add dev enp0s25 parent 1: protocol ip prio 10 handle 1: cgroup
```

ネットワークインタフェース enp0s25 に対する通信性能を検証します。ここでは、転送速度の性能検証に用いるファイルを dd コマンドで用意します。性能検証用のファイル「testfile」のサイズは 30MB としました。

```
# cd
# dd if=/dev/zero of=/root/testfile bs=1024k count=30
# ls -lh testfile
-rw-r--r--. 1 root root 30M Sep  9 02:28 testfile
```

転送前に testfile のチェックサムを確認しておきます。遠隔にあるサーバーに転送されたファイルとチェックサムが一致しているかを確認するためです。

```
# md5sum ./testfile
281ed1d5ae50e8419f9b978aab16de83  ./testfile
```

testfile のファイル転送は、scp を使います。testfile を scp でコピーするスクリプト scp.sh を次に示します。転送先のマシンは、遠隔にある別の Linux サーバーで構いません。

```
# vi /root/scp.sh
scp /root/testfile 172.16.1.5:/root/

# chmod +x /root/scp.sh
```

■ネットワーク帯域のテスト

帯域を制限できるかどうかをテストします。「tc class change ...」により、クラス「1:2」に設定されているパラメーターを変更できます。この例では、ネットワークインタフェース enp0s25

164

●6-5 cgroup によるハードウェア資源管理

のパケット送受信の帯域幅を 100kbps に設定します。

```
# tc class change dev enp0s25 parent 1: classid 1:2 htb rate 100kbps
# cgexec --sticky -g net_cls:test01 ./scp.sh
root@172.16.1.5's password:
testfile                                          25% 7952KB  99.0KB/s
   03:49 ETA
```

次に、1Mbps に帯域を制限できるかどうかをテストします。

```
# tc class change dev enp0s25 parent 1: classid 1:2 htb rate 1mbps
# time cgexec --sticky -g net_cls:test01 ./scp.sh
root@172.16.1.5's password:
testfile                                          97%    29MB 991.0KB/s
   00:00 ETA
```

最後に、10Mbps に帯域を制限できるかどうかをテストします。

```
# tc class change dev enp0s25 parent 1: classid 1:2 htb rate 10mbps
[root@c70n2530 ~]# time cgexec --sticky -g net_cls:test01 ./scp.sh
root@172.16.1.5's password:
testfile                                          100%   30MB  10.0MB/s
   00:03
```

　各帯域制限の検証において、ファイル転送完了後は、転送先に保管された `testfile` の MD5 チェックサムも確認してください。ここでは、100kbps、1Mbps、10Mbps の 3 種類の帯域制限で検証を行いましたが、この値以外の転送速度を指定することも可能です。

■ Column ■■■ tc コマンドの機能

　仮に、Linux マシンが 1GbE のネットワークカードを持っているにもかかわらず、接続先のスイッチが 100Mb/s にしか対応していない場合、Linux マシン側で、送信するデータの量を調整する必要があります。この調整を行うためには、データの送信の仕方を工夫する必要があり、その送信の仕方には、キューイングなどが使われています。

　カーネルは、パケットをインタフェースに送信するときは、インタフェースに対して設定した qdisc にキューイングされます。一般的な qdisc としては、FIFO 型のキューイングがあります。「qdisc add」により、qdisc を追加することを意味します。dev には、ネットワークインタフェース名を指定します。

　今回指定しているネットワークインタフェース名は、enp0s25 です。インタフェース名は ip コマンドで確認できます。さらに、指定したインタフェースに出入り口を作る必要があります。

第 6 章 仮想化における資源管理

この出入り口は、root qdisc と呼ばれます。qdisc には、ハンドル（handle）を割り当てます。このハンドルを使って qdisc を参照できます。ハンドルは、「メジャー番号:マイナ番号」の書式をとります。ただし、ルート qdisc については、上記のように、マイナ番号を省略し、「1:」と記述するのが一般的です。これは「1:0」と同じ意味になります。

```
# tc class add dev enp0s25 parent 1: classid 1:2 htb rate 256kbps
```
　先ほど作成したルート qdisc の「1:」に繋がるクラス「1:2」を作成します。このクラスを流れるパケットの帯域幅を rate で指定します。htb（hierarchical token bucket）は、階層型トークンバケットと呼ばれ、キューイングの規則に取って代わる高速化の一手法です。

```
# tc filter add dev enp0s25 parent 1: protocol ip prio 10 handle 1: cgroup
```
「tc filter …」は、ネットワークインタフェース enp0s25 に対して、フィルタを作成します。「protocol ip」で IP プロトコルを指定しています。キューイングにおける複数のクラスに対して、優先度を設定できます。

6-5-3　ディスク I/O の帯域制御

次に、cgroup を使ったディスク I/O の帯域制御の手順を述べます。

■ cgroup の作成

ディスク I/O の帯域制御用に、test01 という cgroup を作成します。/sys/fs/cgroup/blkio/test01 ディレクトリ配下には、さまざまなファイルが用意されます。

```
# cgcreate -t koga:koga -g blkio:/test01

# ls -l /sys/fs/cgroup/blkio/test01/
total 0
-r--r--r--. 1 root root 0 Sep  9 05:31 blkio.io_merged
-r--r--r--. 1 root root 0 Sep  9 05:31 blkio.io_merged_recursive
-r--r--r--. 1 root root 0 Sep  9 05:31 blkio.io_queued
... ...
-rw-rw-r--. 1 root root 0 Sep  9 05:31 cgroup.procs
-rw-rw-r--. 1 root root 0 Sep  9 05:31 notify_on_release
-rw-rw-r--. 1 koga koga 0 Sep  9 05:31 tasks
```

● 6-5 cgroup によるハードウェア資源管理

■ストレージデバイスの情報確認

I/O 帯域制御を行いたいストレージデバイスのメジャー番号とマイナ番号を確認します。この値は、cgset コマンドで、ディスク I/O の IOPS の制限をかけるデバイスの指定に必要となります。次のコマンドを実行すると、メジャー番号が 8、マイナ番号が 0 であることがわかります。

```
# ls -l /dev/sda
brw-rw----. 1 root disk 8, 0 Sep  7 12:29 /dev/sda
```

この値は、cgset コマンドで次のように利用します。

```
# cgset -r blkio.throttle.read_iops_device="8:0 10" /test01
```

■テスト用スクリプトの作成

ディスク I/O を発生させるスクリプト io.sh を作成します。io.sh スクリプトは、/usr/share/doc 以下のすべてのファイルを/dev/null にアーカイブするスクリプトです。さらに、tar コマンドに--totals オプションを付与することで、書き出したバイト数を出力できます。

```
# vi /root/io.sh
echo 3 > /proc/sys/vm/drop_caches
time tar cvf /dev/null /usr/share/doc --totals

# chmod +x /root/io.sh
```

■ IOPS の制御

ディスク I/O を 10IOPS 以下に制限できるかを検証します。

```
# cgset -r blkio.throttle.read_iops_device="8:0 10" /test01
# cgexec --sticky -g blkio:test01 ./io.sh
tar: Removing leading '/' from member names
Total bytes written: 95610880 (92MiB, 971KiB/s)

real    1m38.296s
user    0m0.029s
sys     0m0.112s
```

同様に、ディスク I/O を 50IOPS 以下に制限できるかを検証します。

167

第 6 章 仮想化における資源管理

```
# cgset -r blkio.throttle.read_iops_device="8:0 50" /test01
# cgexec --sticky -g blkio:test01 ./io.sh
tar: Removing leading '/' from member names
Total bytes written: 95610880 (92MiB, 4.5MiB/s)

real    0m21.327s
user    0m0.043s
sys     0m0.099s
```

ディスク I/O を 500IOPS 以下に制限できるかも検証します。

```
# cgset -r blkio.throttle.read_iops_device="8:0 500" /test01
# cgexec --sticky -g blkio:test01 ./io.sh
tar: Removing leading '/' from member names
Total bytes written: 95610880 (92MiB, 8.3MiB/s)

real    0m11.549s
user    0m0.034s
sys     0m0.108s
```

ディスク I/O を 10IOPS に設定した場合、io.sh スクリプトの実行に、約 1 分 38 秒かかっているのに対し、ディスク I/O を 50IOPS に設定した場合は、約 21 秒に短縮されていることがわかります。このことから、cgroup により、限られたディスクの性能をユーザーのアプリケーションごとに制限することで、コンピュータシステム全体をより多くのユーザーやアプリケーションで効率的に利用できることがわかります。

■ I/O 性能の計測

最後に、cgroups を適用しない場合のディスク I/O 性能を計測しておきます。

```
# ./io.sh
tar: Removing leading '/' from member names
Total bytes written: 95610880 (92MiB, 8.4MiB/s)

real    0m11.504s
user    0m0.029s
sys     0m0.113s
```

■ Column ■■■ systemd を使った資源の制限

　CentOS 7 では、資源管理の方法は cgroups だけでなく、systemctl コマンドを使って、httpd サービスのメモリ制限値を設定できます。次に示したのは、httpd サービスのメモリ使用量の制限値を 1GB にする例です。

```
# systemctl set-property httpd.service MemoryLimit=1G

# systemctl daemon-reload ; systemctl restart httpd.service

# cat /etc/systemd/system/httpd.service.d/90-MemoryLimit.conf

[Service]

MemoryLimit=1073741824
```

6-6　まとめ

　本章では、仮想化、コンテナ、そして、それらの環境で必要とされる cgroup によるリソース管理の基礎をご紹介しました。

　仮想化やコンテナは、単なるサーバー集約だけでなく、クラウド基盤でのサービス提供や DevOps 環境で必要となる非常に重要な基礎技術です。CentOS 7 には、クラウドコンピューティングに必要なこれらの機能が多く搭載されています。すべてを紹介することはできませんが、少なくとも、本章の手順を一通り試し、仮想化やクラウド基盤、開発環境のありかたを再考してみてください。

　cgroup については、トラフィックコントロールの知識が必要となり、非常に複雑なのですが、実際のクラウドサービスなどでは、サービスメニューに応じてさまざまな帯域制限が設けられているのが一般的です。Linux の cgroup を使えば、クラウド基盤において、特定のユーザーがネットワーク帯域を使い切らないように帯域制限をかけることができます。利用できるネットワーク帯域幅による従量課金制のクラウド基盤システムを構築する場合に有用です。トラフィックコントロールは、非常に抽象的ですので、理解を深めるためにも、Linux JF (Japanese FAQ) Project が公開している「Linux Advanced Routing & Traffic Control HOWTO[6]」を参照されることをお勧めします。

---

* 6　http://linuxjf.sourceforge.jp/JFdocs/Adv-Routing-HOWTO/lartc.qdisc.terminology.html

第 7 章 OpenLMI

第 7 章　OpenLMI

近年、Linux システムを取り巻く世界では、管理の簡素化、自動化を実現するための標準化の必要性が高まってきています。一連の定型作業は、できるだけ標準化・自動化し、さまざまな種類の作業を単一のコマンド体系に集約することで、ユーザーのスキル習得の負担を減らし、簡素なものにしなければならないという考え方です。Linux システム全体の管理の標準化は、まだ発展途上の初期段階ですが、Linux ベースの管理・監視の仕組みが大きく見直されようとしており、その一つが本章で取り上げる OpenLMI です。

7-1　　OpenLMI によるシステム管理

　Linux システムの管理を行うには、さまざまなコマンドを利用します。たとえば、OS の論理ボリュームを管理する LVM 一つをとっても、物理ボリュームやボリュームグループの管理コマンド、論理ディスクの管理コマンドなど、さまざまなコマンドやオプションを覚えなければなりません。OS の管理コマンドもバージョンによってオプションや書式が変わるものも少なくありません。また、一連の管理の自動化を行うには、管理者のコマンドの利用知識とスクリプト開発のスキルに依存することも多く、システムの複雑化とともに管理者の負担は増加する一方です。また、システム管理ではローカルの Linux システム管理の簡素化だけではなく、遠隔管理の仕組みも含めた標準化が必要です。たとえば、遠隔地にあるデータセンターのサーバーの電源管理やコ

170

ンソール出力管理、不正侵入の監視システム用の通報の仕組みなどを、いかに標準化できるかについても検討され始めています。

こうした管理者の負担を軽減し、遠隔管理までも含めた標準化の仕組みとして考案されたのがOpenLMI（Open Linux Management Infrastructure）と呼ばれる管理基盤です。

7-2　OpenLMIとは

OpenLMIは、Linuxが管理するサーバーのデバイスやシステムの状態表示や変更を、統一されたコマンド体系で、簡単に実行できます。OpenLMIでは、この管理対象サーバー側に存在する各種コマンド類（例：nmcli、yum、lvcreate、mkfs.xfs、parted、systemctlなど）を抽象化・隠蔽します。つまり、各種の仕様の異なるコマンドを利用する代わりに、OpenLMIでは、一連の統一的仕様のコマンドを提供します（図7-1）。

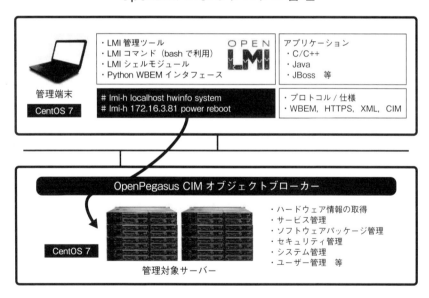

図7-1　OpenLMIによるシステム管理 ― OpenLMIによるシステム管理の概念図。OpenLMIが提供する管理コマンドやスクリプトなどを使って、遠隔にある管理対象サーバーを管理する。

OpenLMIのコマンドやスクリプトでは、ジョブの終了、ストレージのハードディスクドライブ

第 7 章 OpenLMI

の故障、NIC の構成変更の通知、パスワード変更の通知といったイベント処理が可能です。また、遠隔の Linux サーバーの管理・監視も考慮しているため、セキュリティについても考慮されており、TLS（https）を使用し、暗号化通信を行います。監視対象にすべきかどうかの判断についての認証の仕組みも取り込まれています。OpenLMI の認証では、管理対象サーバーのユーザーのアカウントが利用されますので、全管理対象サーバーにおいてユーザー作成とパスワード設定などを一つひとつ行うことでも管理は可能ですが、大規模システムにおいては、統合的なユーザー ID 管理ソフトウェアの導入が強く推奨されています。

7-3　OpenLMI のアーキテクチャ

　OpenLMI は、標準化団体 DMTF によって標準化された共通情報モデル（CIM：Common Information Model）と WBEM（Web Based Enterprise Management）のオープンソース実装である OpenPegasus を利用しています。

　WBEM では、CIM のデータ構造（スキーマといいます）を用いて、管理対象のサーバーや OS からさまざまな情報を取得できます。管理対象のサーバーや OS からの各種情報を取得するのは、OpenLMI で用意されているシステム管理エージェントです。システム管理エージェントは、サーバー、ストレージ、ネットワークなどのハードウェア情報やユーザー、ソフトウェアなどの OS 関連の情報などを収集し、OpenLMI の標準オブジェクトブローカ（CIMOM：Common Information Model Object Manager）に情報を提供します。さらに CIMOM は、クライアントとなる管理ソフトウェアやシェル環境、開発環境となるアプリケーションなどにインタフェースを提供します。

　図 7-2 は、OpenLMI のコンポーネントのアーキテクチャを示したものです。

- ●オブジェクトブローカ：システム管理エージェントを管理する。さらにクライアントとなる管理ソフトウェアなどにインタフェースを提供する。
- ●システム管理エージェント：管理対象サーバーのハードウェアや OS 情報などを収集する。管理対象サーバー上にインストールされ、常駐して稼働する。WBEM では、WBEM プロバイダ、SNMP では、SNMP エージェントが相当する。
- ●クライアント：オブジェクトブローカを経由して、システム管理エージェントと通信を行う。WBEM に対応したベンダー提供の各種管理ソフトウェアのアプリケーションや OS の Bash、ライトウェイト言語などが相当する。OpenLMI では、LMIshell クライアントと呼ばれる。

172

● 7-3 OpenLMI のアーキテクチャ

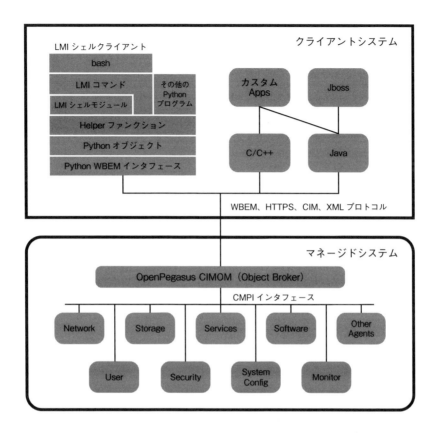

図 7-2 OpenLMI のアーキテクチャ ― 図中の CMPI（Common Manageability Programming Interface）は、WBEM サーバーと WBEM クライアント間のプログラミングインタフェースのこと（出典："Administer Production Servers Effectively with OpenLMI", Russell doty and Stephen Gallagher, Red Hat.）。

◎ **WBEM** ◎

旧コンパックコンピュータ（現 HP）、インテル、マイクロソフトなどによって提案され、標準化団体 DMTF（Desktop Management Task Force）によって標準化された「Web ベースの管理」に関する仕様。WBEM は、Web ベースでのシステム管理を標準化する仕様であり、ローカルまたは遠隔地にあるサーバー、ネットワーク、ストレージ、OS などの各種情報の統合管理に必要なプロトコルとデータ構造を規定している。WBEM ができる以前は、SNMP（Simple Network Management Protocol）が使われていたが、暗号化への対応などを考慮し HTTPS と XML を使用する。OpenLMI におけるシステム管理エージェントは、WBEM プロバイダと呼ばれる。

第 7 章 OpenLMI

7-4 OpenLMI のコマンド操作

　ここでは、CentOS 7 に OpenLMI をインストールしたあと、さまざまなシステム管理情報の取得を実際に行ってみましょう。ただし、OpenLMI はまだ発展途上であるため、従来のコマンド群を直接使用したほうがよい場合もあります。それらの留意点も含めて解説します。

7-4-1 OpenLMI のインストール手順

■インストール

　CentOS 7 において、OpenLMI は、RPM パッケージで提供されており、yum コマンドでインストールできます。次のコマンドを実行して、管理対象サーバーに OpenLMI をインストールしてください。

```
# yum install -y openlmi
```

■サービスの起動とポートの開放

　OpenLMI に必要なサービスである tog-pegasus サービスを起動します。

```
# systemctl start tog-pegasus   ←サービスの起動
# systemctl enable tog-pegasus   ←サービスの有効化
ln -s '/usr/lib/systemd/system/tog-pegasus.service' '/etc/systemd/system/multi-
user.target.wants/tog-pegasus.service'
```

　OpenLMI はポート番号 5989 を使用しますので、firewall-cmd コマンドで、当該ポートを開放します。また、今回は、SELinux を無効にしています。

```
# firewall-cmd --permanent --add-port=5989/tcp
success
# firewall-cmd --reload
success
# setenforce 0   ←SELinux を無効化
```

174

● 7-4 OpenLMI のコマンド操作

■ pegasus ユーザーのパスワード設定

top-pegasus パッケージをインストールすると、pegasus ユーザーが作成されています。pegasus ユーザーは、管理対象サーバーが遠隔にある場合に、遠隔操作を行うために必要となります。

OpenPegasus で提供される CIMOM は、root または、pegasus ユーザーで HTTP および HTTPS によるアクセスを許可します。標準では、pegasus ユーザーが CIMOM にアクセスできる設定になっていますが、/etc/Pegasus/access.conf 設定ファイルを編集し、CIMOM へ接続するユーザーを登録できます。

access.conf ファイル内には、Pegasus PAM アクセスルールなども記述されています。デフォルトの設定では、ネットワーク経由での WBEM を使ったアクセスは、pegasus ユーザーのみが許可されており、ローカルのアクセスには、root と pegasus ユーザーが許可されています。

```
# cat /etc/Pegasus/access.conf  | grep -v ^#
-: ALL EXCEPT pegasus:wbemNetwork    ←ネットワーク経由では pegasus ユーザー以外の WBEM を使った
-: ALL EXCEPT pegasus root:wbemLocal      アクセスは拒否
↑ローカルでは、pegasus と root 以外の WBEM アクセスは拒否
```

さらに、pegasus ユーザーを OpenLMI で有効にするためには、root アカウントで passwd コマンドを実行して、pegasus ユーザーのパスワードを設定する必要があります。

```
# passwd pegasus
ユーザー pegasus のパスワードを変更。
新しいパスワード:
新しいパスワードを再入力してください:
passwd: すべての認証トークンが正しく更新できました。
```

■スクリプトのインストール

OpenLMI は、CentOS 7 の EPEL リポジトリにスクリプト類が用意されていますので、併せてインストールしておきます[1]。

```
# yum install -y http://dl.fedoraproject.org/pub/epel/7/x86_64/e/epel-releas
```

＊ 1　2015 年 1 月時点での EPEL のリポジトリで提供されているファイルは、epel-release-7-5.noarch.rpm ですが、今後のアップデートによりファイルのバージョンが新しくなり、URL が変更される可能性があります。そのため、ダウンロード時には、URL に存在する epel-release RPM パッケージの最新版を事前に確認してください。

第 7 章 OpenLMI

```
e-7-5.noarch.rpm
# yum install -y openlmi-scripts*
```

■証明書の追加

　OpenLMI において、PEM 形式（Base64 で符号化されたデータ）の証明書ファイルをコピーします。証明書ファイルをコピーしたら、CA（Certificate Authority）の証明書を管理する update-ca-trust コマンドを使ってルート証明書を追加します[*2]。

```
# cp /etc/Pegasus/server.pem /etc/pki/ca-trust/source/anchors/managed-machine-
cert.pem
# update-ca-trust extract
```

7-4-2　ハードウェア情報の取得

　管理対象サーバーにログインし、OpenLMI を使って管理対象サーバーのハードウェア情報を取得してみます。OpenLMI では、主に lmi コマンドを使って管理を行います。

■ハードウェア情報の取得

　ローカルホストの情報を取得するには、lmi コマンドを次のように実行します。ホスト名は、-h オプションを付けて指定します。

```
# lmi -h localhost hwinfo
Hostname:          centos70n02.jpn.linux.hp.com  ←ホスト名

Chassis Type:     SMBIOS Reseved
Manufacturer:     HP  ←製造メーカー名
Model:            Not Specified (ProLiant DL385p Gen8)  ←モデル名
Serial Number:    XXXXXXXXXX    シリアル番号
Asset Tag:        XXXXXXXXXX    資産タグ番号
Virtual Machine:  N/A
```

＊2　ここで示した例は、公式の認証機関による署名入りの証明書を利用する手順ではなく、自己証明書による設定例となります。本番環境においては、公式の認証機関におる署名入り証明書を使うようにしてください。

176

● 7-4 OpenLMI のコマンド操作

```
Motherboard info: N/A

CPU:               AMD Opteron(TM) Processor 6238
Topology:          2 cpu(s), 24 core(s), 24 thread(s)
Max Freq:          3500 MHz
Arch:              x86_64

Memory:            32.0 GB
Modules:           8.0 GB, DDR3 (DIMM), 1333 MHz, HP, Not Specified
                   8.0 GB, DDR3 (DIMM), 1333 MHz, HP, Not Specified
                   8.0 GB, DDR3 (DIMM), 1333 MHz, HP, Not Specified
                   8.0 GB, DDR3 (DIMM), 1333 MHz, HP, Not Specified
Slots:             4 used, N/A total
```

OS 上で設定されたホスト名のほかに、管理対象サーバーの製造元のメーカー名や、サーバーの
モデル名、CPU の種類、CPU ソケット数、CPU コア数、CPU 動作周波数、メモリ容量などの情
報が取得できていることがわかります。メモリモジュールの情報やメモリの動作周波数も、人間
にとってわかりやすい形で表示されています。従来であれば、「cat /proc/cpuinfo」や vmstat
コマンドなどの各種コマンドやオプション、書式を覚える必要がありましたが、OpenLMI が提供
する lmi コマンドだけで、これらの情報を一括取得でき、管理者の手間を削減できます。

7-4-3　システム概要の表示

OpenLMI は、ハードウェア情報だけでなく、管理対象サーバーの OS に関連する、OS 情報、ファ
イヤウォール、ネットワークインタフェースなどのシステムの概要を表示することが可能です。
lmi コマンドを使って、ハードウェア情報に加え、OS 情報、ファイヤウォール、ネットワークイ
ンタフェースなどのシステム情報をまとめて表示するには、次のように入力します。

```
# lmi -h localhost system
================================================================================
Host: centos70n02
================================================================================
Hardware:          HP ProLiant DL385p Gen8
Serial Number:     XXXXXXXXXX ←シリアル番号
Asset Tag:         XXXXXXXXXX ←資産タグ番号
CPU:               AMD Opteron(TM) Processor 6238, x86_64 arch
CPU Topology:      2 cpu(s), 24 core(s), 24 thread(s)
Memory:            32.0 GB
Disk Space:        542.8 GB total, 509.0 GB free
```

177

第 7 章 OpenLMI

```
OS:              CentOS Linux release 7.0.1406 (Core)  ←OSバージョン
Kernel:          3.10.0-123.13.2.el7.x86_64  ←カーネルバージョン
...
Firewall:        on (firewalld)  ←ファイヤウォール
Logging:         on (journald)  ←ログの取得

Networking:
  NIC 1
    Name:        br0
    Status:      In Service
    IPv4 Address: 172.16.3.82
    IPv6 Address: fe80::2e76:8aff:fe5d:f36c
    MAC Address:  2C:76:8A:5D:F3:6C
  NIC 2
    Name:        eth0
    Status:      In Service
    MAC Address:  2C:76:8A:5D:F3:6C
... ...
```

CPU、メモリ、NIC以外にも、OSで稼働中のカーネルのバージョン、ファイヤウォール、ロギングの有無の情報が取得できていることがわかります。

7-4-4 ストレージ管理

管理対象サーバーに接続されているローカルのストレージについても、さまざまな形式で情報を取得できます。

■ストレージのツリー表示

図7-3に示したのは、ストレージのツリー表示の例ですが、ローカルに接続されたストレージデバイスとして、MS-DOSパーティションテーブルを含む/dev/sdaの配下に、/dev/sda1から/dev/sda5までの5つのパーティションが存在することがわかります。

● 7-4 OpenLMI のコマンド操作

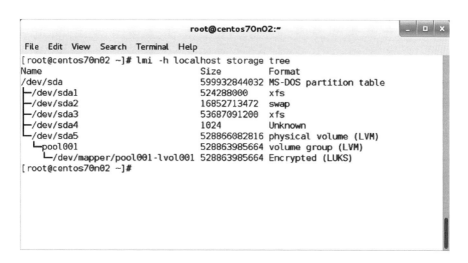

図7-3 lmi コマンドを使ったストレージデバイスの表示。デバイス/dev/sda 上に作成された各パーティション、サイズ、フォーマットをわかりやすく一覧表示できる。

■ストレージの一覧

次のように、storage に「list」オプションを付けると、ローカルに接続されているストレージの一覧を取得することもできます。

```
# lmi -h localhost storage list
Name                                                  Size           Format
/dev/sda1                                             524288000      xfs
/dev/sda2                                             16852713472    swap
/dev/sda3                                             53687091200    xfs
/dev/sda4                                             1024           Unknown
/dev/sda5                                             528866082816   xfs
/var/lib/docker/devicemapper/devicemapper/data        107374182400   Unknown
/var/lib/docker/devicemapper/devicemapper/metadata    2147483648     Unknown
/dev/loop0                                            107374182400   ext4
/dev/loop1                                            2147483648     Unknown
/dev/sda                                              599932844032   MS-DOS partition table
/dev/sr0                                              599932844032   Unknown
```

ただし、2015年1月下旬時点でのCentOS 7 に対応した最新の OpenLMI では、RAID コントローラーの種類や光学デバイス（/dev/sr0）の機種などの詳細な情報を取得できないといった制約もあり、こうした点には留意する必要があります。

第 7 章 OpenLMI

■ RAID コントローラー／光学デバイスの情報取得

CentOS 7 において、RAID コントローラーや光学デバイスの機種の情報を取得するには、現時点では、OpenLMI ではなく、次に示すように lsscsi パッケージに含まれる lsscsi コマンドを使用する必要があります。

```
# lsscsi
[0:0:0:0]    disk    HP     LOGICAL VOLUME    4.68   /dev/sda
[0:3:0:0]    storage HP     P420i             4.68   -    ← HP SmartArray P420i RAID
[3:0:0:0]    cd/dvd  HP     DV-W28S-W         G.W3   /dev/sr0  ← DVD ドライブの機種
```

7-4-5　ソフトウェア RAID の管理

OpenLMI では、ソフトウェア RAID の構成や管理が可能です。ここでは、物理ディスク/dev/sdb、/dev/sdc、/dev/sdd を使ってソフトウェア RAID5 を構成する例を紹介します。

■ RAID セットの作成

最初に、CentOS 7 上から認識されているストレージデバイス/dev/sdb、/dev/sdc、/dev/sdd を使って RAID5 を構成する RAID セット「myraid001」を作成します。

```
# lmi storage raid create --name myraid001 5 sdb sdc sdd
```

■ ボリュームグループの作成

RAID セット「myraid001」からボリュームグループ「myvg001」を作成します。

```
# lmi storage vg create myvg001 myraid001
```

■ 論理ボリュームの作成

ボリュームグループ「myvol001」から論理ボリューム「myvol001」を作成します。ここでは、論理ボリュームのサイズは 400GB とします。論理ボリュームは、/dev/mapper ディレクトリ配下に作成されます。

```
# lmi storage lv create myvg001 myvol001 400G
# ls -l /dev/mapper/myvg001-myvol001
lrwxrwxrwx 1 root root 7 11月 17 15:36 /dev/mapper/myvg001-myvol001 -> ../dm-2
```

■ファイルシステムの作成

論理ボリューム「myvol001」からファイルシステムを作成します。ファイルシステムは、XFS
でフォーマットします。

```
# lmi storage fs create xfs myvol001
```

■マウントポイントの作成とマウント

マウントポイント/myvol001 ディレクトリを作成し、フォーマットした論理ボリュームをマウ
ントします。

```
# mkdir /myvol001
# lmi storage mount create /dev/mapper/myvg001-myvol001 /myvol001/
```

■ RAID ボリュームの情報確認

作成した RAID ボリューム「myraid001」の情報を確認します。デバイス名や RAID レベル、構
成する物理デバイスなどを確認することが可能です。

```
# lmi storage raid show
/dev/disk/by-id/md-name-centos70n02:myraid001:
Name          Value
Type          MD RAID
DeviceID      /dev/disk/by-id/md-name-centos70n02:myraid001
Name          /dev/md/myraid001
ElementName   myraid001
Total Size    1717043200000
Block Size    512
RAID Level    5
RAID Members  /dev/sdb /dev/sdc /dev/sdd
Data Format   software RAID
```

最後に、論理ボリュームが指定したファイルシステムで正常にマウントされているかを df コマ

第 7 章 OpenLMI

ンドで確認後、データの読み書きができるかを確認してください。

7-4-6 ネットワークデバイス管理

lmi コマンドを使って、オンボード NIC、追加 NIC に関係なく、管理対象サーバーに装着され
ている NIC や仮想的なインタフェースを表示できます。NIC の情報としては、インタフェース名、
現在の状態、MAC アドレスの一覧を取得できます。また、コンテナで作成した仮想的なインタ
フェースである「docker0」やブリッジインタフェースの「br0」、KVM で利用される仮想的なイ
ンタフェース「virbr0」についての情報もわかりやすい形で表示できます。

```
# lmi -h localhost net device list
ElementName OperatingStatus MAC Address
br0         In Service      2C:76:8A:5D:F3:6C
docker0     Starting        56:84:7A:FE:97:99
eth0        In Service      2C:76:8A:5D:F3:6C
eth1        In Service      2C:76:8A:5D:F3:6D
eth2        Starting        2C:76:8A:5D:F3:6E
eth3        Starting        2C:76:8A:5D:F3:6F
lo          Not Available   00:00:00:00:00:00
virbr0      Starting        16:54:77:BE:DA:2D
```

7-4-7 パッケージ管理

一般に、CentOS 7 におけるパッケージ管理は、rpm や yum コマンドを使いますが、OpenLMI の
lmi コマンドを使ってパッケージ管理も行うことができます。次の例は、Apache Web サーバーの
サービスである httpd パッケージをローカルの管理対象サーバー上にインストールする例です。

■ httpd のインストール

パッケージのインストールには、lmi コマンド「sw install」と「パッケージ名」を付与します。

```
# lmi -h localhost sw install httpd
```

182

● 7-4 OpenLMI のコマンド操作

■ httpd の情報表示

管理対象サーバーにインストールされた httpd パッケージの情報を表示してみます。パッケージ情報の表示は、lmi コマンドに、「sw show pkg」を付与します。

```
# lmi -h localhost sw show pkg httpd
Name=httpd
Arch=x86_64
Version=2.4.6
Release=18.el7.centos
Summary=Apache HTTP Server
Installed=Sat Sep 13/2014  05:52
Description=The Apache HTTP Server is a powerful, efficient, and extensible we
b server.
```

この例のように、lmi コマンドによるパッケージ情報の表示では、パッケージ名、アーキテクチャ、パッケージのバージョン、リリースバージョン、概要、インストール日時、説明が表示されます。

7-4-8　サービス管理

OpenLMI は、管理対象サーバーの各種サービスの起動、停止、状態確認などの管理が可能です。

■サービスの情報表示

次の例は、管理対象サーバーにインストールされた NGINX の状態を確認する例です。

```
# lmi service show nginx
Name=nginx
Caption=nginx - high performance web server
Enabled=Yes
Status=Stopped - OK
```

「Status=Stopped - OK」の出力結果から、NGINX サービスは、停止していることがわかります。

183

第 7 章 OpenLMI

■サービスの起動

NGINX サービスを起動し、状態を確認してみます。

```
# lmi service start nginx
# lmi service show nginx
Name=nginx
Caption=nginx - high performance web server
Enabled=Yes
Status=Running
```

コマンドの出力結果から、NGINX サービスが稼働していることがわかります。

7-5 　まとめ

　本章では、OpenLMI による CentOS 7 のシステム管理・監視について紹介しました。OpenLMI は、管理・監視の仕組みを標準化することで効率化を追求していますが、ハードウェア面も含めた管理機能の成熟度は、まだ発展途上であることは否めません。しかし、今後、ハードウェアレベルも含め、このようなシステム全体にかかわる管理コマンドの標準化が進めば、Linux システムの管理・監視の仕組みが大幅に簡素化され、Linux のスキル習得にかかわるコストの大幅な削減が期待できます。OpenLMI の取り組みは、まだ始まったばかりですが、今後の発展におおいに期待したいものです。

第8章 セキュリティ機能

Linuxにおけるセキュリティ機能は非常に多彩ですが、その中でも広く知られているものに「ファイヤウォール」があります。これまで、CentOS 5やCentOS 6では長年iptablesが利用されてきましたが、CentOS 7ではまったく新しいファイヤウォールの仕組みとして、firewalldが搭載されています。本章では、firewalldによるサービス拒否の設定のほか、IPマスカレード（NAT）の設定も紹介します。さらに、ファイヤウォール以外に、GRUB2ブートローダーにおける基本的なセキュリティ設定、ファイルシステムの暗号化手順など、CentOS 7で新しく搭載されたセキュリティ機能も併せて紹介します。

8-1 複雑化するセキュリティ

エンタープライズ向けのサーバーシステムでは、セキュリティの設計、構築が複雑になることも多く、セキュリティに詳しい技術者でも、ファイヤウォールの設計に苦労することが少なくありません。また、近年のクラウド環境におけるソフトウェア定義ネットワークにおいては、仮想スイッチや仮想ブリッジの設定が必要になっており、ネットワークの構造がさらに複雑になっていることから、ファイヤウォールの設計もより複雑さを増しているといってもよいでしょう。CentOS 7では、こうしたセキュリティ設計の複雑さへの対応が図られており、従来のiptablesよりもファイヤウォールの設定が比較的簡単に行えるようになっています。

第 8 章 セキュリティ機能

8-2　firewalld のセキュリティ機能

　CentOS 7 のセキュリティ機能に関するコンポーネントの一つとして、firewalld があります。firewalld は、CentOS 7 から新しく搭載されたファイヤウォール機能であり、従来の iptables に比べ、機能強化が図られています。firewalld の主な特徴としては、次のような点が挙げます。

● ゾーンという概念を持つ
● D-BUS インタフェースを持つ
● 動的にルールを変更することが可能
● 永続的な設定が可能
● GUI が用意されている

　firewalld には、ゾーンという概念が存在します。firewalld で管理するゾーンを定義し、そのゾーンに対して許可・拒否などの制御を施したい各種サービスを割り当てます。その管理者が定義したゾーンとサービスに対して、ネットワークインタフェースを紐付けます。CentOS 7 の firewalld のデフォルトのゾーン情報には、表 8-1 に示すものがあります[1]。

　また、CentOS 7 に搭載されている firewalld は、D-BUS インタフェースを持っていることから、D-BUS の API を利用できるアプリケーションから、firewalld の設定を行うことができます。具体的な例としては、アプリケーション側から、firewalld が提供するプロトコルとポート番号を組み合わせたパケットの転送や、特定プロトコルの遮断などの機能を利用できます。現在、さまざまなアプリケーションで、firewalld への対応が進められています。

ゾーン	説明
block	内部に入ってくるパケットは拒否される。標準で許可されているサービスはない
dmz	内部ネットワークへ流れようとするパケットは制限される。デフォルトで ssh サービスのみ許可されている
drop	内部に入ってくるすべてのパケット破棄し、応答もない。外部へ出て行くパケットのみ許可する
external	IP マスカレード接続を伴う外部ネットワークで利用される。デフォルトで ssh サービスのみ許可されている

＊1　firewalld のデフォルトのゾーン情報の詳細は、「man firewalld.zones」で参照可能です。

186

● 8-2 firewalld のセキュリティ機能

home	家庭用ネットワークで利用される。ネットワーク上にあるその他のマシンを信頼する前提で利用する。デフォルトで dhcpv6-client、ipp-client、mdns、samba-client、ssh サービスが許可されている
internal	内部ネットワークで利用される。内部に入ってくるパケットのうち、明示的に指定したものだけを許可する。デフォルトで dhcpv6-client、ipp-client、mdns、samba-client、ssh サービスが許可されている
public	デフォルトのゾーン。一般的にパブリック LAN で利用される。ネットワーク上にある他のマシンは信頼できない前提で利用する。内部に入ってくるパケットのみ許可される。デフォルトで ssh と dhcpv6-client サービスのみが許可されている
trusted	すべてのパケットが許可される
work	ワークエリアで使われる。ネットワーク上にある他のマシンは信頼できる前提で利用する。内部に入ってくるパケットのみ許可される。デフォルトで dhcpv6-client、ipp-client、ssh サービスが許可されている

表 8-1　firewalld のゾーン情報

表 8-1 に示したゾーンごとの設定状況は、firewall-cmd コマンドに「--list-all-zones」オプションを付与することで表示できます。firewalld 関連のコマンドを利用する場合は、事前にfirewalld サービスを起動させておきます。

```
# systemctl start firewalld   ←サービスの開始
# systemctl enable firewalld   ←サービスの有効化
# firewall-cmd --list-all-zones   ←ゾーンの設定状況を表示
...
public (default, active)
  interfaces: br0 enp0s25   ←public ゾーンに所属する NIC デバイス名
  sources:
  services: dhcpv6-client ssh   ←紐付けられたサービス
  ports:
  masquerade: no   ←IP マスカレード設定の有無
  forward-ports:   ←フォワードされるポート番号
  icmp-blocks:
  rich rules:
...
```

firewalld は systemd によって管理されているため、systemctl コマンドで状態を確認できますが、次に示すように、firewall-cmd コマンドに「--state」オプションを付与することで、firewalld サービスが起動しているかを確認することも可能です。

```
# firewall-cmd --state
```

187

第 8 章 セキュリティ機能

```
running
```

firewalld で現在管理対象とするすべてのゾーン名を表示するには、「--get-zones」オプショ
ンを指定します。

```
# firewall-cmd --get-zones
block dmz drop external home internal public trusted work
```

firewalld が管理するゾーンにおいて、その中でアクティブになっているゾーンを表示するに
は、「--get-active-zones」オプションを付与します。

```
# firewall-cmd --get-active-zones
public
  interfaces: ens7 eth0
```

このコマンドの実行結果から、NIC のインタフェース名「ens7」と「eth0」が所属する public
ゾーンがアクティブであることがわかります。

8-3 firewalld を使ったサービスの設定

近年、クラウドコンピューティングの導入が進むにつれ、単一の物理サーバー上にマルチテナン
トのシステムを稼働させることが徐々に増えてきました。マルチテナントを意識したシステムで
サービスを稼働させる場合、情報セキュリティの設定を厳密に行う必要があります。とくにサー
ビスをマルチテナント化したシステムにおいて、パブリッククラウド環境を構築し、外部ネット
ワークにサービスを提供する場合は、ファイヤウォールの設定は避けて通れません。ここでは、
CentOS 7 において、サービスを公開するうえで、必要となるファイヤウォールの基本的な設定に
ついて紹介します。

8-3-1 NFS サーバーのファイヤウォール

firewalld を使用したサービスの設定例として、NFS サーバーを構築し、NFS サービスを許可
するファイヤウォールの設定手順を述べます。

188

● 8-3 firewalld を使ったサービスの設定

■ NFS の設定

最初に、NFS サービスをインストール、起動し、クライアントに提供するディレクトリを設定します。

```
# yum install -y nfs-utils
... ...
# systemctl start nfs-server
# systemctl status nfs-server
```

次に、NFS サービスで提供するディレクトリを指定するための/etc/exports ファイルを記述します。例として、/home ディレクトリを NFS クライアントに提供するように設定します。

```
# vi /etc/exports
/home *(rw,no_root_squash)

# systemctl reload nfs-server
# exportfs -av
exporting *:/home
```

/home が NFS クライアントに提供されているかどうかを確認します。

```
# showmount -e localhost
Export list for localhost:
/home *
```

NFS サービスが OS 起動時に自動的に起動するように設定します。

```
# systemctl enable nfs-server
ln -s '/usr/lib/systemd/system/nfs-server.service' '/etc/systemd/system/nfs.tar
get.wants/nfs-server.service'
```

■ firewalld の設定

firewalld で NFS サービスを管理する場合のサービス名は、「nfs」になります。firewalld が管理するインタフェースのゾーンを「--zone」で明示的に指定し、次に示すようにゾーンとサービスを紐付けます。

```
# firewall-cmd --permanent --zone=public --add-service=nfs
success
```

189

第8章 セキュリティ機能

firewall-cmd コマンドに「--reload」オプションを付与し、設定を反映します。

```
# firewall-cmd --reload
success
```

「--list-services」オプションを付けて、ゾーンと NFS サービスの紐付けを確認します。

```
# firewall-cmd --zone=public --list-services
dhcpv6-client http nfs ssh
```

この例では、public ゾーンのサービスとして、dhcpv6-client、nfs、ssh サービスが登録されていることがわかります。ファイヤウォールの設定状況を確認します。

```
# firewall-cmd --list-all
public (default, active)
  interfaces: eth0
  sources:
  services: dhcpv6-client nfs ssh
  ports:
  masquerade: no
  forward-ports:
  icmp-blocks:
  rich rules:
```

■ファイヤウォールの確認

念のため、NFS サーバー側のファイヤウォールの設定ファイルを確認します。設定ファイルは、/etc/firewalld/zones ディレクトリに XML ファイルとして保存されています。public ゾーンの場合は、public.xml ファイルになります。

```
# cat /etc/firewalld/zones/public.xml
<?xml version="1.0" encoding="utf-8"?>
<zone>
  <short>Public</short>
  <description>For use in public areas. You do not trust the other computers on
 networks to not harm your computer. Only selected incoming connections are acc
epted.</description>
  <service name="dhcpv6-client"/>
  <service name="nfs"/>   ←NFS サービスが登録されていることがわかる
  <service name="ssh"/>
</zone>
```

190

● 8-3 firewalld を使ったサービスの設定

■ NFS マウントの確認

　NFS クライアント側から、CentOS 7 の NFS サーバーに NFS マウントができるかどうかを確認します。

```
[client]# mount -t nfs 172.16.70.1:/home/ /mnt/
[client]# df -HT | grep nfs
172.16.70.1:/home nfs4        16G  9.6G  6.1G  62% /mnt
```

■ NFS サービスの削除

　逆に、NFS サーバー側でゾーン public に追加した nfs サービスを削除し、クライアントマシンから NFS マウントできないことも試しておくとよいでしょう。public ゾーンに紐付けた NFS サービスを削除するには、firewall-cmd コマンドに、「--remove-service」オプションにサービス「nfs」を指定して実行します。

```
# firewall-cmd --permanent --zone=public --remove-service=nfs
success

# firewall-cmd --reload
success
```

8-3-2　firewalld における IP マスカレードの設定

　プライベート IP アドレスを持つ LAN に所属する複数のマシンから、グローバル IP アドレスを持つインターネットに接続する場合などに、しばしば IP マスカレードが利用されます。IP マスカレードは、従来の CentOS 6 において、iptables を用いて実現していましたが、CentOS 7 においては、firewalld で IP マスカレードを実現できます（図 8-1）。

　IP マスカレードを設定するマシンには、最低 2 つのネットワークポートが必要です、2 つのネットワークポートのうち、1 つは、グローバル IP アドレスを持ち、もう 1 つは、プライベート IP アドレスを持つように設定します。ここでは、ネットワークデバイスのインタフェース ens7 と eth0 を持つマシンにおいて、eth0 がグローバル IP アドレスを持ち、ens7 がプライベート IP アドレスを持つと仮定します。

　以降の実行例では、CentOS 7 の firewalld を使って IP マスカレードの設定手順を紹介します。

191

第 8 章 セキュリティ機能

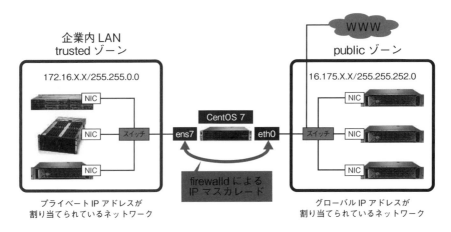

図 8-1　IP マスカレード ─ CentOS 7 において IP マスカレードは firewalld で実現できる。IP マスカレードを設定するマシンには、プライベート IP アドレスを持つ NIC とグローバル IP アドレスを持つ NIC が必要である。

■カーネルパラメーターの記述

　IP マスカレードの機能を提供するマシンでは、IPv4 のフォワーディングを有効にする必要があるため、次に示すようにカーネルパラメーターを明示的に記述します。

```
# vi /etc/sysctl.conf
...
net.ipv4.ip_forward = 1
...
```

　このように、CentOS 7 におけるカーネルパラメーターは、従来の CentOS 6 の場合と同様に/etc/sysctl.conf ファイルに記述できます。/etc/sysctl.conf ファイルにパラメーターを記述したら、カーネルパラメーターを有効にします。

```
# sysctl -p
net.ipv4.ip_forward = 1
```

● 8-3 firewalld を使ったサービスの設定

■ IPv4 フォワーディングとゾーンの確認

IPv4 のフォワーディングが有効になっているかどうかは、/proc/sys/net/ipv4/ip_forward の
値を確認します。

```
# cat /proc/sys/net/ipv4/ip_forward
1  ←有効
```

次に、IP マスカレードを設定するマシンに搭載されているネットワークデバイスのインタフェー
スが所属するゾーンを確認します。

```
# firewall-cmd --get-active-zones
public
  interfaces: ens7 eth0
```

この例の場合、ens7 および eth0 の両方が public ゾーンに所属しているので、プライベート
IP アドレスが割り当てられる LAN に所属する ens7 のゾーンを「trusted」に変更します。

```
# firewall-cmd --permanent --zone=trusted --change-interface=ens7
success
# systemctl restart firewalld
```

アクティブなゾーンを確認します。グローバル IP アドレスを持つ eth0 が public ゾーンに所
属し、プライベート IP アドレスを持つ ens7 が trusted ゾーンに所属していることを確認します。

```
# firewall-cmd --get-active-zones
public
  interfaces: eth0
trusted
  interfaces: ens7
```

■ IP マスカレードの有効化

グローバル IP アドレスを持つ public ゾーンに対して IP マスカレードを有効にします。IP マ
スカレードを有効にするには、firewall-cmd コマンドに「--add-masquerade」オプションを付
与します。

```
# firewall-cmd --permanent --zone=public --add-masquerade
success
```

193

第8章 セキュリティ機能

IP マスカレードの設定の追加を再読み込みします。

```
# firewall-cmd --reload
success
```

以上で IP マスカレードの設定は完了です。trusted ゾーンに所属しているマシンは、IP マスカレードを設定したマシンを経由して、グローバル IP アドレスのマシンと通信できるようになります。

■ゾーンの設定状況の確認

最後に、念のため public ゾーンと trusted ゾーンの設定を確認しておきます。

```
# firewall-cmd --list-all --zone=public
public (default, active)
  interfaces: eth0
  sources:
  services: dhcpv6-client http ssh
  ports: 514/udp 5989/tcp
  masquerade: yes    ←IP マスカレードが有効になっていることを確認する
  forward-ports:
  icmp-blocks:
  rich rules:

# firewall-cmd --list-all --zone=trusted
trusted (active)
  interfaces: ens7
  sources:
  services: http
  ports:
  masquerade: no
  forward-ports:
  icmp-blocks:
  rich rules:
```

■設定ファイルの確認

public、trusted ゾーンのそれぞれの設定ファイルの内容も確認しておきます。eth0 は、public ゾーンに所属していますので、public.xml ファイル、ens7 は、trusted.xml ファイルの内容を確認します。

194

● 8-3 firewalld を使ったサービスの設定

```
# cd /etc/firewalld/zones/
# cat public.xml
<?xml version="1.0" encoding="utf-8"?>
<zone>
  <short>Public</short>
...
  <interface name="eth0"/>
  <service name="dhcpv6-client"/>
  <service name="http"/>
  <service name="ssh"/>
  <port protocol="udp" port="514"/>
  <port protocol="tcp" port="5989"/>
  <masquerade/>
</zone>

# cat trusted.xml
<?xml version="1.0" encoding="utf-8"?>
<zone target="ACCEPT">
  <short>Trusted</short>
  <description>All network connections are accepted.</description>
  <interface name="ens7"/>
  <service name="http"/>
</zone>
```

■注意■ IP マスカレードの設定上の注意

　　IP マスカレードにおいては、trusted ゾーンに所属しているマシンから、public ゾーンに
所属するそのほかのマシンへの通信が正常に行われるかどうかを確認してください。とくに、
trusted ゾーンに所属するマシンにおいて、デフォルトゲートウェイの IP アドレスや名前解決
の設定が正しいかどうか、public ゾーンのマシンと直接通信できるネットワークインタフェー
スが存在しないかなどを十分に確認してください。また、本節の設定例は、あくまで IP マスカ
レードの設定に絞った内容であり、特定サービスの遮断やポートフォワーディングの設定は含
まれていません。したがって、本番環境では、実際のセキュリティ要件に沿って設定を行うよ
うにしてください。

195

第 8 章　セキュリティ機能

■ Column ■■■ firewall-config

CentOS 7 では、ファイヤウォール設定用の GUI ツール「firewall-config」が用意されています（図 8-2）。ゾーンとサービスの紐付けや、IP マスカレードの設定、ポートフォワーディング、ゾーンとインタフェースの紐付けなどをマウスによる直観的な操作で設定を行うことが可能です。firewall-cmd に不慣れな場合は、この GUI ツールを使うとよいでしょう。

図 8-2　firewall-config の GUI － ファイヤウォールの GUI 設定ツール firewall-config を使って public ゾーンに所属するインタフェース一覧を表示している様子。ゾーンとインタフェースの紐付けや IP マスカレードなどのファイヤウォールに関する基本的な設定を一通り行うことができる。

8-4　GRUB 2 のセキュリティ対策

CentOS 7 で採用された GRUB 2 は、OS の起動に関するセキュリティ設定が行えます。GRUB 2 における主なセキュリティ対策としては、ブートパラメーターの編集を行うためのユーザーの認証と OS の起動を行うためのユーザー認証があります。どちらも、ユーザー名とパスワードを入力することによるセキュリティ対策になります。

ブートパラメーターの編集を行うユーザーと OS の起動を行うユーザーは、別々に設定することが可能です。本節では、実際の設定例を示しながら、GRUB 2 で実装されている認証の仕組みを解説します。

8-4-1　ユーザーの権限を定義する

CentOS 7 のブート時に表示される GRUB 2 のメニュー画面では、キーボードから [E] キーを押すことでブートパラメーターなどを編集できますが、セキュリティの観点から、GRUB 2 の編集モードに遷移するユーザーを限定し、パスワードを設定したい場合があります。ここでは、ブートパラメーターの編集と OS の起動の両方の権限を持つユーザーを定義する例を示します。

■編集モードへのパスワード設定

CentOS 7 における GRUB 2 の編集モードに対してパスワードを設定するには、/etc/grub.d/40_custom ファイルに、ブートパラメーターを編集する管理者となるユーザー名とパスワードを記述します。

```
# vi /etc/grub.d/40_custom
...
set superusers="koga"
password koga abcd1234
```

「set superusers="koga"」というパラメーターを記述しているため、GRUB 2 のカーネル選択後にユーザー名「koga」、パスワード「abcd1234」を入力すれば、指定したカーネルを起動できます。

GRUB 2 の設定ファイルを編集した場合は、変更を GRUB 2 に反映させる必要があります。

```
# grub2-mkconfig -o /boot/grub2/grub.cfg
```

これにより、CentOS 7 の起動時のブートパラメーターの編集を行うことができるユーザー koga を作成できました。OS を再起動し、ブートパラメーターを変更する際にユーザー名とパスワードが問われるかを確認してください。

```
# reboot
```

8-4-2　OS の起動時にパスワード入力を促す

前に示した 40_custom ファイルの設定で見たように、CentOS 7 では OS の起動時に、GRUB 2 のメニューから起動するカーネルを選択し、その際に、ユーザー名とパスワードを入力するよう

第 8 章 セキュリティ機能

に設定できますが、管理者「koga」以外に、個別に作成したメニューエントリごとに、OS 起動
用の別のユーザーで認証させたい場合があります。この場合は、新たにメニューエントリを作成
し、ブートパラメーターに「--users "ユーザー名"」を指定します。次に示す例は、カスタムの
メニューエントリを作成し、ユーザー「tanaka」でカーネルを起動させる場合の例です。

■設定ファイルの編集

まず、GRUB 2 の設定ファイル「40_custom」にユーザー名「tanaka」のパスワードとブートエ
ントリを作成します。ここでは、ユーザー「tanaka」のパスワードは「wxyz9876」にしました。

```
# vi /etc/grub.d/40_custom
...
set superusers="koga"
password koga abcd1234
password tanaka wxyz9876    ←ユーザー名「tanaka」でパスワードが「wxyz9876」を設定

menuentry 'TANAKA - CentOS Linux, with Linux 3.10.0-123.9.3.el7.x86_64' --class
 centos --class gnu-linux --class gnu --class os --users "tanaka" $menuentry_id
_option 'gnulinux-3.10.0-123.9.3.el7.x86_64-advanced-53e2eb8b-d0cd-46aa-b65c-8d
8d0a4078ef' {
        load_video
        set gfxpayload=keep
        insmod gzio
        insmod part_msdos
        insmod xfs
        set root='hd0,msdos1'
        if [ x$feature_platform_search_hint = xy ]; then
          search --no-floppy --fs-uuid --set=root --hint='hd0,msdos1'  a2503b3a
-b49e-45ac-acf7-3acc3d323c06
        else
          search --no-floppy --fs-uuid --set=root a2503b3a-b49e-45ac-acf7-3acc3
d323c06
        fi
        linux16 /vmlinuz-3.10.0-123.9.3.el7.x86_64 root=UUID=53e2eb8b-d0cd-46aa
-b65c-8d8d0a4078ef ro rd.lvm.lv=centos/swap vconsole.font=latarcyrheb-sun16 vco
nsole.keymap=jp106 rd.lvm.lv=centos/root crashkernel=autoinitrd16 /initramfs-3.
10.0-123.9.3.el7.x86_64.img
}
```

個別にカスタマイズするメニューエントリは、/boot/grub2/grub.cfg ファイルに記述されてい
るメニューエントリを参考にして作成できます。「menuentry」で始まる行に「--users "tanaka"」
を記述することで、OS を起動するユーザーを指定できます。編集を終えたら、ファイルの変更を

GRUB 2 に反映させ、OS を再起動します。

```
# grub2-mkconfig -o /boot/grub2/grub.cfg
# reboot
```

図 8-3 は、上記のカスタムエントリを含む CentOS 7 の GRUB 2 メニューの表示例です。図 8-3 において、ユーザー「tanaka」は、ブートパラメーターを変更することはできませんが、当該ブートエントリでユーザー名「tanaka」、パスワード「wxyz9876」を入力することで、OS を起動できます。この設定例では、すでに管理者として、「koga」も存在していますので、当該メニューエントリは、ユーザー「koga」と「tanaka」がカーネルを起動できます。この例では、理解しやすいように、メニューエントリの名前を「'TANAKA - CentOS Linux, with Linux 3.10.0-123.9.3.el7.x86_64'」としていますが、任意の文字列を指定できますので、実際の本番環境では、セキュリティ要件に合うように、適宜表示の内容を変更してください。

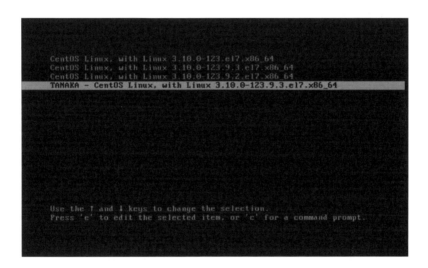

図 8-3　GRUB 2 メニューの表示例 — 追加したカスタムのメニューエントリでは、ユーザー「tanaka」でカーネルを起動できる。

8-4-3　すべてのメニューエントリで OS 起動時のパスワード入力を促す

先述の個別に作成したメニューエントリでは、ユーザー「tanaka」と管理者の「koga」がパスワード入力を行うことで、指定したカーネルを起動できますが、それ以外のデフォルトのメニューエントリについては、パスワード入力を行うことなくカーネルを起動できてしまいます。CentOS

第 8 章 セキュリティ機能

7 の GRUB 2 では、デフォルトのメニューエントリすべてに対してもカーネル選択時にパスワード入力を行うように設定することが可能です。GRUB 2 のメニューエントリすべてに対してカーネル起動時にパスワード入力を促すには、GRUB 2 の設定ファイル「10_linux」を編集します。

■ユーザー名とパスワードの確認

GRUB 2 のすべてのメニューエントリに対して、カーネル起動時にパスワード入力を行うには、ユーザーとパスワードは、事前に GRUB 2 の設定ファイル「40_custom」に記述していることが前提です。

```
# cat /etc/grub.d/40_custom
...
set superusers="koga"
password koga abcd1234
...
```

■パラメーターの確認

次に、デフォルトのメニューエントリに付与されているパラメーター「CLASS」の値を確認します。

```
# grep ^CLASS= /etc/grub.d/10_linux
CLASS="--class gnu-linux --class gnu --class os --unrestricted"
```

このように、デフォルトでは、「--unrestricted」が付与されていることがわかります。このオプションは、GRUB 2 のメニューエントリにおいてユーザー名が指定されていない場合は、パスワード入力なしでカーネルが起動することを意味します。そこで、この「--unrestricted」を削除します。

```
# cp /etc/grub.d/10_linux /root/10_linux.org
# vi /etc/grub.d/10_linux
...
CLASS="--class gnu-linux --class gnu --class os"
...
```

200

● 8-4 GRUB 2 のセキュリティ対策

■ OS の再起動

編集を終えたら、ファイルの変更を GRUB 2 に反映させ、OS を再起動します。

```
# grub2-mkconfig -o /boot/grub2/grub.cfg
# reboot
```

GRUB 2 のメニューエントリが表示され、デフォルトのメニューエントリを選択し、ユーザー
名「koga」、パスワード「abcd1234」でカーネルが起動するかを確認してください。

8-4-4　カーネル起動時のパスワード入力を行わないメニューエントリを作成する

設定ファイル「/etc/grub.d/10_linux」に記述されている「--unrestricted」を削除した場
合は、デフォルトのエントリでもカーネル選択時のパスワード入力を行うようになりますが、追
加したカスタムのメニューエントリのみは、パスワード入力なしで OS を起動させたい場合があ
ります。そのような場合は、GRUB 2 の設定ファイル「/etc/grub.d/40_custom」に記述したカ
スタムのメニューエントリの「menuentry」行に、「--unrestricted」を記述することで実現でき
ます。

■パスワードなしのメニューエントリの作成

パスワードなしで OS を起動させる場合の、設定ファイルの例を次に示します。

```
# cat /etc/grub.d/40_custom
...
set superusers="koga"
password koga abcd1234
password tanaka wxyz9876

menuentry 'TANAKA - CentOS Linux, with Linux 3.10.0-123.9.3.el7.x86_64' --class
 centos --class gnu-linux --class gnu --class os --users "tanaka" $menuentry_id
_option 'gnulinux-3.10.0-123.9.3.el7.x86_64-advanced-53e2eb8b-d0cd-46aa-b65c-8d
8d0a4078ef' {
        load_video
        set gfxpayload=keep
        insmod gzio
        insmod part_msdos
        insmod xfs
        set root='hd0,msdos1'
```

201

第 8 章 セキュリティ機能

```
        if [ x$feature_platform_search_hint = xy ]; then
          search --no-floppy --fs-uuid --set=root --hint='hd0,msdos1'  a2503b3a
-b49e-45ac-acf7-3acc3d323c06
        else
          search --no-floppy --fs-uuid --set=root a2503b3a-b49e-45ac-acf7-3acc3
d323c06
        fi
        linux16 /vmlinuz-3.10.0-123.9.3.el7.x86_64 root=UUID=53e2eb8b-d0cd-46aa
-b65c-8d8d0a4078ef ro rd.lvm.lv=centos/swap vconsole.font=latarcyrheb-sun16 vco
nsole.keymap=jp106 rd.lvm.lv=centos/root crashkernel=auto
        initrd16 /initramfs-3.10.0-123.9.3.el7.x86_64.img
}

menuentry 'CUSTOM-NOPASS - CentOS Linux, with Linux 3.10.0-123.9.3.el7.x86_64'
--class centos --class gnu-linux --class gnu --class os --unrestricted $menuent
ry_id_option 'gnulinux-3.10.0-123.9.3.el7.x86_64-advanced-53e2eb8b-d0cd-46aa-b6
5c-8d8d0a4078ef' {
        load_video
        set gfxpayload=keep
        insmod gzio
        insmod part_msdos
        insmod xfs
        set root='hd0,msdos1'
        if [ x$feature_platform_search_hint = xy ]; then
          search --no-floppy --fs-uuid --set=root --hint='hd0,msdos1'  a2503b3a
-b49e-45ac-acf7-3acc3d323c06
        else
          search --no-floppy --fs-uuid --set=root a2503b3a-b49e-45ac-acf7-3acc3
d323c06
        fi
        linux16 /vmlinuz-3.10.0-123.9.3.el7.x86_64 root=UUID=53e2eb8b-d0cd-46aa
-b65c-8d8d0a4078ef ro rd.lvm.lv=centos/swap vconsole.font=latarcyrheb-sun16 vco
nsole.keymap=jp106 rd.lvm.lv=centos/root crashkernel=auto
        initrd16 /initramfs-3.10.0-123.9.3.el7.x86_64.img
}
```

　この設定ファイルで、起動したときの様子を図 8-4 に示します。「CUSTOM-NOPASS」と表示され
ているメニューエントリのみは、パスワードなしでカーネルを起動できます。

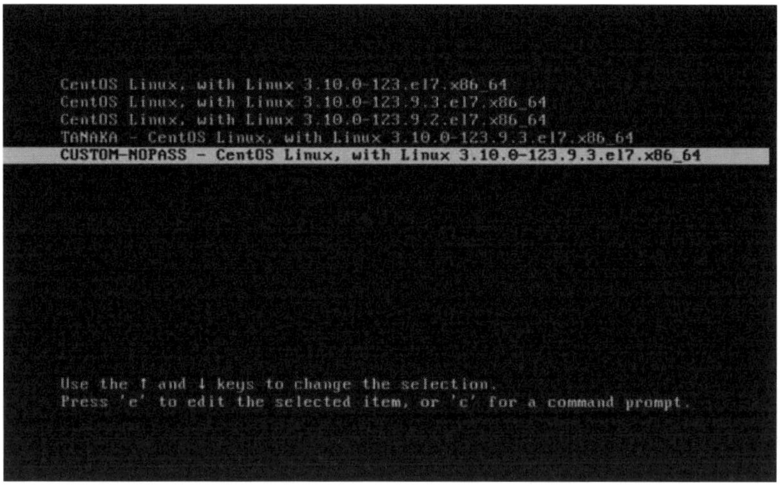

● 8-4 GRUB 2 のセキュリティ対策

図 8-4　GRUB 2 の起動画面 － パスワード入力なしでカーネルを起動できるカ
スタムのメニューエントリを選択している様子。そのほかのメニュー
エントリは、カーネル起動時にパスワード入力を促す設定になってい
る。GRUB 2 では、メニューエントリごとにカーネル起動時のパスワー
ドの入力の有無を設定できる。

8-4-5　GRUB 2 のパスワードを暗号化する

　今までの設定では、GRUB 2 のパスワードを設定ファイルの「40_custom」に平文で記述してい
ましたが、平文のパスワードを設定ファイルに記述する方法は、セキュリティの観点から推奨さ
れません。CentOS 7 の GRUB 2 では、OS 起動時のパスワード設定の記述を暗号化することが可
能です。記述する設定ファイルは、先ほどと同じ「40_custom」ですが、パスワードが暗号化さ
れているため、セキュリティの強度が向上します。

　パスワードの暗号化には、grub2-mkpasswd-pbkdf2 コマンドを使用します。次に示す例では、
grub2-mkpasswd-pbkdf2 コマンドを使った暗号化パスワードの設定方法を述べます。

■ GRUB 2 設定ファイルのバックアップ

　最初に、GRUB 2 の設定ファイル「40_custom」のバックアップをとっておきます。

```
# cp /etc/grub.d/40_custom /root/40_custom.org
```

　grub2-mkpasswd-pbkdf2 コマンドを使って、GRUB 2 におけるカーネル起動時のパスワードを
決めます。

第8章 セキュリティ機能

```
# grub2-mkpasswd-pbkdf2
パスワードを入力してください:
Reenter password:
PBKDF2 hash of your password is grub.pbkdf2.sha512.10000.7DE298421C6B871BC93866
FE1FF004AC1588E43C568D2A95D7F44CB080E2207F9BB22092F65C0C1061E233F341E874D8FBB43
B7196B0D2F504669FB0DF94E6D8.CD8644B140EC0B40CC9473F738B3CFA0A535B43A41403C23B6C
597AC7F5C4D80AEBC6A2CCC89848AC9ED4440B0213F5107992B2A73847C475223D3ADE317090D
```

「PBKDF2 hash of your password is 」以降の文字列が暗号化されたパスワードになります。設定ファイル「40_custom」を開いて、次に示すようにユーザー名のあとに半角スペースを空け、その後に暗号化されたパスワードの文字列を貼り付けます。改行を入れずに1行で記述している点に注意してください。また、暗号化パスワードの場合は、ユーザー名の前に「password_pbkdf2」と指定します。平文の場合と記述が異なりますので、注意してください。

```
# vi /etc/grub.d/40_custom
...
password_pbkdf2 tanaka  grub.pbkdf2.sha512.10000.7DE298421C6B871BC93866FE1FF004
AC1588E43C568D2A95D7F44CB080E2207F9BB22092F65C0C1061E233F341E874D8FBB43B7196B0D
2F504669FB0DF94E6D8.CD8644B140EC0B40CC9473F738B3CFA0A535B43A41403C23B6C597AC7F5
C4D80AEBC6A2CCC89848AC9ED4440B0213F5107992B2A73847C475223D3ADE317090D
...
```

■設定の有効化

編集を終えたら、ファイルの変更を GRUB 2 に反映させ、OS を再起動します。

```
# grub2-mkconfig -o /boot/grub2/grub.cfg
# reboot
```

　ここで紹介した例では、GRUB 2 のユーザー「koga」のパスワードは暗号化せず、ユーザー「tanaka」のパスワードを暗号化しましたが、複数のユーザーで暗号化パスワードの指定が可能です。平文パスワードはセキュリティ上の観点から推奨されないので、暗号化パスワードの設定を行ってください。また、設定した暗号化パスワードは、あくまで GRUB 2 のメニューエントリに対するユーザーのパスワードの暗号化であるため、OS が持つ/etc/passwd や/etc/shadow によるユーザーおよびパスワード暗号化の管理とは無関係ですので、混同しないようにしてください。

● 8-5 ファイルシステムのセキュリティ向上

8-5 ファイルシステムのセキュリティ向上

　Linux におけるセキュリティ向上対策として近年注目を浴びているのが、ファイルシステムの暗号化です。ファイルシステムのセキュリティに関心が集まる背景としては、クラウドコンピューティングにおけるマルチテナント化やビッグデータ基盤の分析結果の機密性向上のニーズが挙げられます。CentOS 7 では、XFS が標準的なファイルシステムとして利用されますが、LVM の暗号化を組み合わせることで、ファイルシステムにおける暗号化を実現できます。最近注目を浴びる Red Hat Storage などの分散ストレージ基盤ソフトウェアにおいても、ファイルシステムの暗号化機能が利用可能となっており、ビッグデータ基盤においては、ファイルサイズだけでなくデータの機密性にも注目が集まっています。本節では、CentOS 7 における非常に基本的なファイルシステムの暗号化の手順を紹介します。

8-5-1 System Storage Manager を使った LVM 論理ボリュームの暗号化

　CentOS 7 では、LVM 論理ボリュームの暗号化を簡単に管理できる System Storage Manager（以下 SSM）を利用できます。SSM は、LVM やファイルシステムの管理を簡素化することを目的に開発されたもので、暗号化に限らずストレージ管理者の負担を大幅に軽減できます。

■ SSM のインストール

　SSM は、system-storage-manager RPM パッケージで提供されており、管理対象サーバー上にて yum コマンドでインストールしてください。

```
# yum install -y system-storage-manager
```

　SSM は、ssm コマンドを使ってボリュームやファイルシステムを管理します。現在のストレージデバイスの設定状況を確認する場合は、ssm コマンドに list サブコマンドを付与します。

```
# ssm list
---------------------------------
Device          Total  Mount point
---------------------------------
/dev/loop0  100.00 GB
/dev/loop1    2.00 GB
/dev/sda    558.73 GB  PARTITIONED
```

205

第 8 章 セキュリティ機能

```
/dev/sda1     500.00 MB   /boot
/dev/sda2      15.70 GB   SWAP
/dev/sda3      50.00 GB   /
/dev/sda4       1.00 KB
/dev/sda5     492.54 GB
---------------------------------
---------------------------------------------------------------
Volume      Volume size   FS       FS size      Free  Mount point
---------------------------------------------------------------
/dev/loop0    100.00 GB   ext4     10.00 GB    9.18 GB
/dev/sda1     500.00 MB   xfs     491.25 MB  326.30 MB  part/boot
/dev/sda3      50.00 GB   xfs      49.97 GB   39.09 GB  part/
/dev/sda5     492.54 GB   xfs     492.30 GB  492.30 GB  part
---------------------------------------------------------------
```

■LVM 論理ボリュームの暗号化

　ssm コマンドでは、create オプションを付与することでボリュームを作成し、--fstype オプ
ションに指定したファイルシステムでマウントします。ここで、「-e luks」オプションを付与す
ると、暗号化された LVM 論理ボリュームを作成します。暗号化する場合は、パスフレーズの入
力が促されますので、推測されにくいパスフレーズを適切に入力します。SSM では、ボリューム
作成時に、ストレージプールの名前を-p オプションで指定します。この例では、ストレージプー
ル名を「pool001」とし、マウントポイントは、/mnt ディレクトリとしました。

```
# ssm create --fstype xfs -p pool001 -e luks /dev/sda5 /mnt
  Volume group "pool001" successfully created
  Logical volume "lvol001" created
Enter passphrase:        ←パスフレーズの入力
Verify passphrase:       ←再度、パスフレーズの入力
Enter passphrase for /dev/pool001/lvol001:
meta-data=/dev/mapper/encrypted001 isize=256       agcount=16, agsize=8069824 blks
        =                          sectsz=512   attr=2, projid32bit=1
        =                          crc=0
data    =                          bsize=4096   blocks=129116672, imaxpct=25
        =                          sunit=64     swidth=128 blks
naming  =version 2                 bsize=4096   ascii-ci=0 ftype=0
log     =internal log              bsize=4096   blocks=63104, version=2
        =                          sectsz=512   sunit=64 blks, lazy-count=1
realtime =none                     extsz=4096   blocks=0, rtextents=0
```

　暗号化のためのパスフレーズは、辞書にある推測されやすい単語や単純なものを指定すると、
正常にボリュームを作成できません。もしパスフレーズの入力に失敗した場合は、ssm remove で

206

● 8-5 ファイルシステムのセキュリティ向上

ボリュームをいったん削除し、再度作成し直してください。パスフレーズを正しく入力できたら、暗号化された LVM 論理ボリュームが正常に/mnt ディレクトリにマウントされているかを確認します。

```
# ssm list
------------------------------------------------------------------------
Device        Free      Used       Total     Pool          Mount point
------------------------------------------------------------------------
/dev/dm-1     0.00 KB   492.54 GB  492.54 GB crypt_pool
/dev/loop0              100.00 GB
/dev/loop1               2.00 GB
/dev/sda               558.73 GB                            PARTITIONED
/dev/sda1              500.00 MB                            /boot
/dev/sda2              15.70 GB                             SWAP
/dev/sda3              50.00 GB                             /
/dev/sda4               1.00 KB
/dev/sda5     0.00 KB   492.54 GB  492.54 GB pool001
------------------------------------------------------------------------

------------------------------------------------------------------------
Pool      Type Devices   Free       Used       Total
------------------------------------------------------------------------
pool001   lvm  1         0.00 KB    492.54 GB  492.54 GB
------------------------------------------------------------------------

--------------------------------------------------------------------------------
Volume                   Pool         Volume size  FS    ... Type    Mount point
--------------------------------------------------------------------------------
/dev/pool001/lvol001     pool001      492.54 GB          ... linear
/dev/mapper/encrypted001 crypt_pool   492.54 GB    xfs   ... crypt   /mnt
/dev/loop0                            100.00 GB    ext4  ...
/dev/sda1                             500.00 MB    xfs       part    /boot
/dev/sda3                             50.00 GB     xfs       part    /
--------------------------------------------------------------------------------
```

　SSM により、LVM の論理ボリューム/dev/pool001/lvol001 が作成されていますが、暗号化されているため、ユーザーが直接マウントしてアクセスできないようになっています。暗号化された LVM ボリュームは、上記の出力において、Type が「crypt」になっている/dev/mapper/encrypted001 が/mnt にマウントされています。df コマンドでもファイルシステムのマウントの状況を確認しておきます。

```
# df -HT
ファイルシス           タイプ       サイズ  使用   残り  使用% マウント位置
/dev/sda3            xfs          54G     12G    42G   22%   /
devtmpfs            devtmpfs     17G     0      17G   0%    /dev
tmpfs               tmpfs        17G     144k   17G   1%    /dev/shm
```

207

第 8 章 セキュリティ機能

```
tmpfs                  tmpfs       17G   963k   17G    1% /run
tmpfs                  tmpfs       17G     0    17G    0% /sys/fs/cgroup
/dev/sda1              xfs        516M   200M  316M   39% /boot
/dev/mapper/encrypted001 xfs      529G    35M  529G    1% /mnt
```

試しに、暗号化されている LVM ボリュームにファイルを格納しておきます。

```
# echo "Hello encrypted LVM" > /mnt/testfile
```

8-5-2　暗号化された LVM 論理ボリュームの管理

　先述の方法で、SSM により作成した LVM 論理ボリュームは、パスフレーズが付与されていますので、パスフレーズを知っている管理者だけがマウントして中身のファイルを見ることができます。たとえると、論理ボリュームという金庫に鍵をかけるような管理が可能となります。それでは、先ほど作成したばかりの LVM 論理ボリュームに“鍵をかけて”みましょう。

■ LVM 論理ボリュームのロック

　まず、LVM 論理ボリュームである/dev/mapper/encrypted001 が割り当てられているファイルシステムのマウントポイント/mnt をアンマウントします。

```
# umount /mnt
```

　次に、LVM 論理ボリュームの“金庫に鍵をかける”操作を施します。これは cryptsetup コマンドを使います。cryptsetup コマンドに luksClose オプションを指定します。

```
# cryptsetup luksClose /dev/mapper/encrypted001
```

　“金庫の扉を再び開く操作”、すなわち、暗号化された LVM 論理ボリュームを再びマウントするには、パスフレーズの入力が必要になりますので、パスフレーズを知らない他人が勝手にマウントして中にあるファイルを取り出すことはできません。

208

● 8-5 ファイルシステムのセキュリティ向上

■ボリュームの状態を確認

この状態で、ボリュームの一覧を ssm コマンドで確認してみます。

```
# ssm list volumes
-----------------------------------------------------------------------
Volume                Pool       Volume size  FS    ... Type    Mount point
-----------------------------------------------------------------------
/dev/pool001/lvol001  pool001      492.54 GB        ... linear
/dev/loop0                         100.00 GB  ext4 ...
/dev/sda1                          500.00 MB  xfs  ... part    /boot
/dev/sda3                           50.00 GB  xfs  ... part    /
-----------------------------------------------------------------------
```

論理ボリューム/dev/mapper/encrypted001 が表示されていないことがわかります。LVM 論理
ボリュームの"鍵を開ける"操作は、次に示すように cryptsetup コマンドに luksOpen オプショ
ンを付与し、対象となる LVM 論理ボリューム/dev/mapper/pool001-lvol001 を指定します。マ
ウントに利用するデバイス名を/dev/mapper/encrypted001 にするには、/dev/mapper を除いた
「encrypted001」を続けて指定します。

```
# cryptsetup luksOpen /dev/mapper/pool001-lvol001 encrypted001
Enter passphrase for /dev/mapper/pool001-lvol001:
```

パスフレーズが正しい場合は、/dev/mapper/encrypted001 が生成されますので、SSM でボ
リュームを確認します。

```
# ssm list volumes
-----------------------------------------------------------------------
Volume                    Pool        Volume size  FS    ... Type    Mount point
-----------------------------------------------------------------------
/dev/pool001/lvol001      pool001       492.54 GB        ... linear
/dev/mapper/encrypted001  crypt_pool    492.54 GB  xfs  ... crypt
/dev/loop0                              100.00 GB  ext4 ...
/dev/sda1                               500.00 MB  xfs  ... part    /boot
/dev/sda3                                50.00 GB  xfs  ... part    /
-----------------------------------------------------------------------
```

LVM 論理ボリュームをマウントできるかどうかを確認します。

```
# mount /dev/mapper/encrypted001 /mnt
```

第 8 章 セキュリティ機能

8-6　まとめ

　本章では、CentOS 7 におけるセキュリティについていくつか紹介しました。セキュリティは、ここで取り上げた firewalld、GRUB 2、LVM の暗号化以外にも、ホストベースのアクセス制限や PAM、SELinux などさまざまなものが存在します。本書では、CentOS 7 のすべてのセキュリティ機能を紹介することはできませんが、とくに近年のクラウド基盤や分散ストレージでニーズとして挙がっている主なものを取り上げました。これらは、マルチテナントのパブリッククラウドと分散 NAS を組み合わせたスケールアウト基盤で必要とされる基礎知識です。ぜひセキュアな情報基盤を CentOS 7 で実現してみてください。

第9章 パフォーマンスチューニング

近年は、ハードウェアの著しい性能向上に加え、ソフトウェア定義サーバー、ソフトウェア定義ストレージなどのいわゆるスケールアウト型ハードウェア基盤の登場により、ハードウェアのチューニングに関連するノウハウの習得も、ハードルが徐々に下がる傾向にあります。しかし、Linux やミドルウェアのチューニングポイントについては、Linux が使われ始めた 1990 年代から現在に至るまで、依然として存在し続けており、データベースシステムやスーパーコンピュータ、科学技術計算向けの HPC クラスタ、Hadoop クラスタやソフトウェア定義型の分散ストレージ基盤などでは、パラメーターのチューニングがそのシステムの性能を大きく左右しているという現実があります。本章では、CentOS 7 で最低限知っておくべきチューニングの初歩的なノウハウやツールの基本的な使い方を紹介します。

9-1　CentOS 7 のチューニング機能

　古くから、IT システムのチューニングは、大きな議論の対象になっていました。2000 年代初頭、UNIX ベースのスーパーコンピュータやデータベースサーバーを使っていた一部のユーザーが試験的に Linux サーバーを使い始めた頃、OS レベルのチューニングの話題が頻繁に行われていました。しかし、議論を重ねると、Linux だけでなく、導入したハードウェア機器のチューニング不足に起因する問題も多数存在することがわかり、結局のところ、ハードウェアと OS の両方に

第 9 章　パフォーマンスチューニング

秀でた熟練技術者の勘と経験が必要とされていました。たとえば、データベースシステムでは、Linux のカーネルパラメーターの変更だけでなく、共有ストレージのハードディスクドライブの適切な配置が性能に影響している場合も見られ、ハードウェアベンダーの技術者のノウハウが必要とされていたのです。

　Linux におけるチューニング項目の代表的なものとしては、CPU の動作周波数や省電力モードの設定、プロセスやスレッドの CPU への割り当て、メモリの有効利用、ディスク I/O の性能向上、ネットワークの送受信に関する調整などが挙げられます。これらのチューニング項目は、通常、カーネルパラメーターの値を微調整することで行われます。しかし、Linux で用意されているカーネルパラメーターの数は膨大であり、すべてを理解することは非現実的です。そのため CentOS 7 では、代表的なパラメーターに関してチューニングを行う tuned が用意されています。

　また、サーバーのマルチコア・メニーコア化の進展とともに、NUMA アーキテクチャの CPU をユーザーアプリケーションがいかに有効利用できるかが課題になってきています。このようなメニーコアの CPU で実行するプロセスの最適な配置などを設定するツールとして、本章では numactl や tuna を紹介します。

9-2　tuned を使ったチューニング

　CentOS 7 には、システムのパラメーターチューニングを比較的簡単に行える「tuned」が搭載されています。tuned は、OS を稼働したままチューニングが可能なため、パラメーターを動的に変化させることで、単一のシステムを時間帯ごとに異なる用途で利用する場合にも有用です。tuned は、設定ファイル tuned.conf にパラメーターを記述します。状況に応じたプロファイルをディレクトリ名に持ち、そのプロファイルに応じた tuned.conf ファイルをロードすることで、チューニングの手間を低減します。まずは、tuned のグローバル設定ファイル/etc/tuned/tuned-main.conf のパラメーターを表示してみます。

```
# grep -v "^#"  /etc/tuned/tuned-main.conf

dynamic_tuning = 0

update_interval = 10
```

　このコマンドの実行結果からわかるように、CentOS 7 では、デフォルトで「dynamic_tuning = 0」となっており、動的にチューニングを行わないようになっています。次に、tuned のプロファイル一覧を見てみます。

212

● 9-2 tuned を使ったチューニング

```
# tuned-adm list
Available profiles:
- balanced
- desktop
- latency-performance
- network-latency
- network-throughput
- powersave
- sap
- throughput-performance
- virtual-guest
- virtual-host
Current active profile: virtual-guest
```

10 個のプロファイルが用意されており、現在適用されているプロファイルは、「Current active profile」に表示されています。

9-2-1 tuned プロファイルの特徴

システムの利用目的に応じて、選択すべき tuned プロファイルはおおむね決まっています。一般に、デスクトップやワークステーション用途では、「balanced」を設定し、サーバー用途やスーパーコンピュータや科学技術計算クラスタなどの HPC（High Performance Computing）用途では、throughput-performance がよいとされています。各プロファイルのパラメーターのデフォルト値については、Red Hat Summit 2014 のプレゼンテーション資料が参考になります[*1]。簡単に、各プロファイルの特徴をまとめると**表9-1**のようになります。

プロファイル	特徴
balanced	・デフォルトのプロファイル ・省電力と性能のバランスを取る ・tuned が提供する CPU とディスクのプラグインが有効になる
desktop	・デスクトップ用途向け ・balance プロファイルを含む ・インタラクティブなデスクトップ向けアプリケーションの応答を改善
latency-performance	・低遅延が要求されるシステム

＊1　Red Hat Summit 2014 のプレゼンテーション資料 『Tuning Red Hat Enterprise Linux for Databases』：http://rhsummit.files.wordpress.com/2014/04/rao_w_0230_tuning_rhel_for_databases.pdf

213

第9章 パフォーマンスチューニング

	・省電力のメカニズムは無効になる
network-latency	・低遅延なネットワーク通信が要求されるシステム
	・latency-performance プロファイルを含む
	・Transparent Hugepage、NUMA バランシングなどは無効に設定される
network-throughput	・throughput-performance がベースとなる
	・カーネルにおけるネットワークバッファが増加する
powersave	・積極的に省電力機能を利用する
	・USB の自動サスペンド機能が有効になる
	・SATA ホストアダプタ搭載機において ALPM（Aggressive Link Power Management）による省電力モードが有効になる
	・Wi-Fi においても省電力設定になる
sap	・SAP ソフトウェア向け
	・throughput-performance プロファイルを含む
	・共有メモリ、セマフォ、メモリマップの最大値に関するパラメーターが追加で設定される
throughput-performance	・一般的なサーバーや HPC クラスタ向け
	・省電力に関する機能は OFF に設定される
virtual-guest	・KVM の仮想マシンでの設定
	・throughput-performance プロファイルを含む
	・仮想メモリの swappiness を低減させ、dirty_ratio を増加するように設定される
virtual-host	・KVM ホストマシンまたは、OpenStack のホストマシン向け
	・throughput-performance プロファイルを含む
	・ダーティページのアグレッシブなライトバックが有効に設定される

表 9-1　tuned のプロファイルの特徴

9-2-2　チューニングの実際

それでは、プロファイルの内容を確認し、実際に powersave プロファイルを適用してみます。

■ tuned サービスの起動とプロファイルの適用

最初に、tuned サービスが稼働していない場合は、サービスを起動します。

● 9-2 tuned を使ったチューニング

```
# systemctl start tuned
```

tuned-adm コマンドに「profile」を指定し、プロファイルを適用します。

```
# tuned-adm profile powersave
```

設定したプロファイルを確認します。

```
# tuned-adm active
Current active profile: powersave
```

■プロファイル設定ファイルの内容

tuned で管理されるプロファイルは、/usr/lib/tuned 配下に保管されています。

```
# cd /usr/lib/tuned
# ls -F
balanced/    latency-performance/    powersave/       throughput-performance/
desktop/     network-latency/        recommend.conf   virtual-guest/
functions    network-throughput/     sap/             virtual-host/
```

プロファイルの設定ファイルの内容を見てみます。例として、低遅延を実現する「latency-performance」プロファイルを確認してみます。

```
# cd /usr/lib/tuned/latency-performance
# cat ./tuned.conf | grep -v "^#" | grep -v "^$"
[cpu]    ←CPU ガバナーに関する設定
force_latency=1    ←PM QoS の CPU-DMA レイテンシーを固定に設定する
governor=performance    ←周波数を最大に固定した状態で CPU を稼働させる
energy_perf_bias=performance    ←CPU を最大性能で稼働
min_perf_pct=100    ←P-State の最小値を制限
[sysctl]    ←sysctl で設定可能なカーネルパラメーター
kernel.sched_min_granularity_ns=10000000
↑CPU バウンドなタスクに対するプリエンプションの最小粒度。単位はナノ秒
vm.dirty_ratio=10    ←ページをディスクにフラッシュアウトする前段階で、ダーティページが占有できるメモリの割合
vm.dirty_background_ratio=3
↑バックグラウンドでページをディスクにフラッシュアウトする前段階で、ダーティページによって占有できるメモリの割合
vm.swappiness=10    ←カーネルがスワップ処理を行う度合い。値を高くすると、積極的にスワップアウトを行う
kernel.sched_migration_cost_ns=5000000
↑タスクの移行を判断する時に、タスクが「キャッシュホット」であると判断されるまでの時間間隔
```

tuned.conf ファイルには、[cpu] タグ以外にも、[sysctl] タグにいくつかのカーネルパラメー

215

第 9 章 パフォーマンスチューニング

ターが設定されていることがわかります。tuned は、これらのパラメーターを読み込むことで利用目的に応じた設定を行っています（各パラメーターの情報源は、章末を参照）。

9-2-3　カスタムプロファイルの作成

tuned は、自分のシステムに適したプロファイルを作成し、ロードすることができます。ここでは、Hadoop クラスタに適したパラメーターを含むプロファイルを作ってみましょう。プロファイル名を「myhadoop001」とします。

```
# mkdir -p /etc/tuned/myhadoop001
```

次の実行例は、性能を重視する「throughput-performance」を含む形で、独自のパラメーターを記述したものです。各パラメーターの情報源については、章末にまとめてあります。

```
# vi /etc/tuned/myhadoop001/tuned.conf
[main]
include=throughput-performance　←「throughput-performance」のパラメーターを引き継ぐ
[sysfs]　←sysfs で提供されるパラメーターを設定
/sys/block/sda/queue/scheduler=deadline　←デッドラインスケジューラをブロックデバイスに設定
/sys/kernel/mm/transparent_hugepage/defrag=never　←透過的な hugepage のメモリコンパクション
[sysctl]
vm.swappiness=0　←カーネルがスワップ処理を行う度合い
net.ipv4.tcp_rmem="4096 87380 16777216"
　↑ IPv4 における TCP 受信バッファのサイズ。左から最小値、デフォルト値、最大値
net.ipv4.tcp_wmem="4096 16384 16777216"
　↑ IPv4 における TCP 送信バッファのサイズ。左から最小値、デフォルト値、最大値
net.ipv4.udp_mem="3145728 4194304 16777216"
　↑ IPv4 における UDP ソケットのキューで使用可能なページ数。左から最小値、デフォルト値、最大値
```

プロファイルを作成したら、設定を読み込ませてみましょう。

```
# tuned-adm profile myhadoop001　←プロファイルを読み込む
# tuned-adm list
Available profiles:
- balanced
- desktop
- latency-performance
- myhadoop001
- network-latency
- network-throughput
- powersave
```

● 9-3 メモリチューニング

```
  - sap
  - throughput-performance
  - tuna
  - virtual-guest
  - virtual-host
Current active profile: myhadoop001

# tuned-adm active
Current active profile: myhadoop001
```

　この例では、あくまで、Hadoop クラスタのためのカーネルパラメーターの一部を tuned のカスタムプロファイルとして設定したにすぎませんが、プロファイルによってシステムの特性を簡単に切り替えられるため、単一のシステムを時間や時期ごとに複数の用途に切り替えて利用する場合に便利です。

　なお、tuned は、ロードしたプロファイルのログを /var/log/tuned ディレクトリに記録していますので、このログファイルを参照すれば、パラメーターの設定状況を確認できます。

```
# tail -f /var/log/tuned/tuned.log
```

9-3　メモリチューニング

　近年は、サーバーシステムのメモリの低価格化と容量の増大に伴い、SAP 社の HANA に代表されるようなインメモリデータベースが注目を浴びています。インメモリデータベースは、検索対象のデータをディスクではなく、物理メモリ上に保持します。そのため、物理メモリ上のデータを OS が効率よく取り扱うために、カーネルパラメーターのチューニングを行う必要があります[2]。また、インメモリデータベースだけでなく、外部ストレージを使用する通常のデータベースシステムでもページサイズでのメモリチューニングが行われます。そのほか、メモリの使用率が高いシステムや、ページアウトおよびスワップがかなりの頻度で発生しているシステムにおいて、メモリチューニングを検討する必要があります。メモリチューニングを実際に行うとなると、システムの状態やアプリケーションの種類によって複数の要因がからむため、単純ではありません

＊2　SAP 社が公開しているインメモリデータベース SAP HANA を RHEL で稼働させるための設定ガイドの第 2 章に、メモリチューニングを含むカーネルパラメーターが掲載されています。

　　http://help.sap.com/hana/Red_Hat_Enterprise_Linux_RHEL_6_5_Configuration_Guide_for_SAP_HANA_en.pdf

第 9 章 パフォーマンスチューニング

が、ここでは、基本的な設定方法のみを簡単に紹介します。

9-3-1　Huge Page の設定

データベースシステムでは、ディスクの性能以外にも、メモリチューニングが欠かせません。メモリは、OS からページと呼ばれる単位で管理されますが、そのページのサイズによって性能が異なります。データベースシステムでは、比較的サイズが大きい Huge Page を使うのが一般的です。

Huge Page の設定は、カーネルパラメーターで行います。sysctl.conf ファイル内に、vm.nr_hugepages で設定します[3]。

```
# vi /etc/sysctl.conf
...
vm.nr_hugepages=8192
...
```

パラメーターを記述したら、設定を有効にします。

```
# sysctl -p
vm.nr_hugepages = 8192
```

パラメーターが設定されているかを確認します。

```
# cat /proc/sys/vm/nr_hugepages
8192
```

9-3-2　キャッシュの設定

Linux ではメモリチューニング以外にも、メモリおよびディスク性能検証の事前準備として、未使用のキャッシュをクリアする場合があります。Linux のメモリにかかわるキャッシュには、ページキャッシュとスラブキャッシュがあります。

ページキャッシュは、ストレージシステム上に保持しているデータをメモリ上にページ単位でロードする機構で、ファイルの読み込みの高速化を担っています。

スラブキャッシュは、Linux カーネルの内部的なメモリ資源ごとのキャッシュで、Linux システム全体のメモリの利用効率を高める役目を担っています。性能試験の際、事前にページキャッシュ

＊3　ハードウェア環境やアプリケーションの種類によって最適値は異なります。

218

●9-3 メモリチューニング

やスラブキャッシュをクリアするのが一般的です。ページキャッシュのクリアは、カーネルパラメーター vm.drop_caches に1をセットします。

```
# vi /etc/sysctl.conf
...
vm.drop_caches=1
...

# sysctl -p
vm.drop_caches = 1
# cat /proc/sys/vm/drop_caches
1
```

　スラブキャッシュのクリアは、カーネルパラメーター vm.drop_caches に2をセットします。ページキャッシュとスラブキャッシュの両方をクリアする場合は、カーネルパラメーター vm.drop_caches に3をセットします。

9-3-3　swappiness の調整

　Linux では、スワップの頻度を調整できます。通常、スワップは、メモリのページをディスクに書き出す処理を指しますが、その書き出す頻度を調整します。Hadoop クラスタやスーパーコンピュータなどでは、性能向上の観点から、頻度を調整する値を変更するのが一般的です。値は、0から100までの間で設定が可能で、値が小さくなるほど、スワップを消極的に行います。CentOS 7 では、デフォルト値として60が設定されています。Hadoop クラスタでは、スワップを積極的に行わないようにするため、値として0が推奨されています。

```
# vi /etc/sysctl.conf
...
vm.swappiness=0
...

# sysctl -p
vm.swappiness = 0
# cat /proc/sys/vm/swappiness
0
```

219

第 9 章 パフォーマンスチューニング

9-4　ディスク I/O のチューニング

ハードディスクドライブの性能向上に関するパラメーターの代表的なものの一つとして、I/O ス
ケジューラがあります。I/O スケジューラは、ブロックベースの I/O 処理の効率化を目指したもの
で、I/O の処理要求の優先順位の決定などを行うことで、ディスク I/O 性能の向上を図ります。

9-4-1　I/O エレベータ

ストレージデバイスに対して、I/O 操作を送信する方法には、いくつかのアルゴリズムがあり、
このアルゴリズムは、一般に I/O エレベータと呼ばれます。CentOS 7 で利用可能な I/O エレベー
タとしては、Noop、Deadline、CFQ（Completely Fair Queuing）があり、それぞれ次に示すような
特徴があります。

- ●Noop：FIFO のスケジューリングアルゴリズムを持ち、スケジューラに到着した I/O を FIFO
  でストレージデバイスに流す。CPU コストが低いスケジューラとされている。低遅延の SSD
  や高速半導体ディスクなどで利用される。
- ●Deadline：CentOS 7 におけるデフォルトの I/O スケジューラ。デバイス当たり 2 つのキュー
  を持ち、1 つは、読み込みキュー、もう 1 つは書き込みキューである。一般に、遅延を回避
  したい場合に使われる。デフォルトでは、書き込みよりも読み込みが優先される。複数のプ
  ロセスが稼働するアプリケーションやエンタープライズ向けのストレージで利用される。
- ●CFQ：プロセスが 3 つの状態（リアルタイム、ベストエフォート、アイドル）にクラス分け
  される。デフォルトでは、ベストエフォートになる。リアルタイムプロセスの場合は、ベス
  トエフォートプロセスよりも前にスケジュールされる。ベストエフォートプロセスは、アイ
  ドルプロセスよりも前にスケジュールされる。ルートファイルシステムがマウントされるよ
  うな比較的低速の SATA ディスクなどに利用される。

I/O エレベータの設定は、次のように CentOS 7 のブートパラメーターとして指定できます。

- ●elevator=deadline
- ●elevator=cfq
- ●elevator=noop

また、/sys/block/sdX/queue/scheduler に、echo コマンドで直接パラメーターを流し込むこ
とで設定を変えることができます。次に示す例では、サーバーに装着されている内蔵ディスク

220

● 9-4 ディスク I/O のチューニング

の /dev/sda に設定されているデフォルトの deadline スケジューラを cfq スケジューラに変更しています。

```
# cat /sys/block/sda/queue/scheduler
noop [deadline] cfq
# echo cfq > /sys/block/sda/queue/scheduler   ←cfq を設定する
# cat /sys/block/sda/queue/scheduler
noop deadline [cfq]
```

このように、/sys/block/sdX/queue/scheduler に値を流し込んでも構いませんが、tuned でプロファイル化して管理することをお勧めします。

9-4-2　SSD の I/O 性能劣化問題への対処例

近年、SSD の低価格化に伴い、サーバーの内蔵ディスクに SSD を利用することが増えてきました。2015 年 1 月現在、Red Hat Storage や Ceph などのソフトウェア定義型の分散ストレージや Hadoop クラスタでは、まだ SAS や SATA ディスクを利用するのが一般的ですが、部門のファイルサーバーシステムや小規模な Hadoop システムを軸として、SSD の利用が増えつつあります。しかし、SSD のハードウェア性能を引き出すためには、I/O スケジューリングを適切に設定しなければならない場合があります。

Linux において、SSD の性能劣化問題の解決策がいくつか存在しますが、代表的な性能劣化の回避策が、I/O スケジューラの設定です。SSD の性能劣化の例としては、継続的なディスク I/O が発生する環境において、約数百秒の間に 1 回から数回程度の割合で I/O 性能の低下が発生するというものです。SSD における性能劣化については、いくつかの原因が考えられますが、CentOS 上でのディスクのキューイングに関する OS パラメーターの設定が原因の場合があります。SSD の環境において、I/O スケジューラに CFQ を設定し、そのような性能劣化が見られる場合は、対処方法として、noop に変更することにより改善される場合があります。

```
# echo noop > /sys/block/sda/queue/scheduler
# cat /sys/block/sda/queue/scheduler
[noop] deadline cfq
```

I/O スケジューラの変更だけですべてのディスクの性能劣化を回避できるわけではありませんが、ストレージデバイスの特性と I/O スケジューラには密接な関係があります。noop に変更するのは、内蔵の SSD に対しての回避方法ですが、外部ストレージでは、別のチューニング方法が

221

第9章 パフォーマンスチューニング

存在しますし、アプリケーションによってもカーネルパラメーターの設定はさまざまです。ストレージに対して高いスループットを要求するシステムでは、このようなカーネルパラメーターのチューニングが必要になりますので、事前の性能試験を怠らないようにしてください。

9-5 自動 NUMA バランシングと仮想化

最近の SMP 型サーバーの CPU は、NUMA アーキテクチャを採用しています。NUMA アーキテクチャの特徴は、各 CPU コアにメモリが接続され、CPU コアと直接データのやりとりができるメモリ（ローカルメモリ）の処理速度は高速ですが、ほかの CPU コアに接続されたメモリ（リモートメモリ）のデータの読み書きは、ローカルメモリに比べ高遅延になる特徴があります。

CPU コアとローカルメモリをまとめたものを「ノード」といいます。Linux における NUMA アーキテクチャの CPU の管理では、このノードを単位として管理します。複数の CPU コアを接続しているインターコネクトは、バスと呼ばれますが、このバスは、1 つのノード（物理 CPU コアとローカルメモリ）のバンド幅よりも大きい設計になっているのが一般的です。しかし、複数の CPU とメモリが、バスに接続されているため、バスの競合が発生します（図 9-1）。

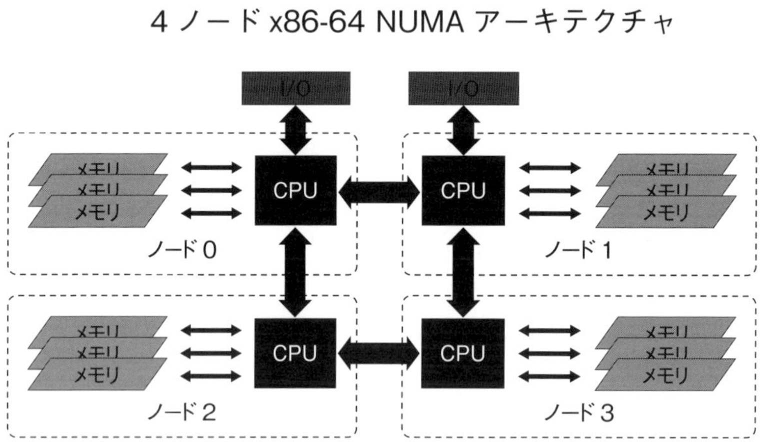

4 ノード x86-64 NUMA アーキテクチャ

図 9-1　NUMA の概念図

● 9-5 自動 NUMA バランシングと仮想化

9-5-1　NUMA 型アーキテクチャのバランシング

　NUMA 型アーキテクチャのサーバーでは、複数の CPU とメモリの利用方法によって性能を引き出せるかどうかが決まります。とくに仮想化基盤のような CPU とメモリの消費が比較的多いシステムやスーパーコンピュータのような科学技術計算システムでは、NUMA アーキテクチャに特有の考慮が必要になる場合があります。たとえば、マルチスレッド型のプログラムにおける各スレッドの CPU コアの割り当てや、できるだけメモリにロードされているデータを CPU が再利用することで、ディスクアクセスの頻度を減らし、高速化を図るといったことが挙げられます。

　NUMA のバランシングには、自動的に CPU コアを割り当てる方法と、手動で CPU コアを固定的に割り当てる方法があります。手動によるバランシングは、アプリケーションの特性を考慮しながら、できるだけ利用効率が良くなるように、CPU コアを割り当てる方法を人間が見い出す必要があるため、非常に工数のかかる作業になりますが、特定用途のシステムにおいては、手動でCPU コアを割り当てることが必須となっている場合もあります。逆に、自動バランシングは、次に示すような処理を人間が意識することなく行えるため、とくに知識がなくても、システムの用途によっては、手間をかけずに性能を引き出すことができます。

- ●同一ノード（CPU とメモリのセット）上の複数の CPU のタスクを、メモリに再スケジューリングする。
- ●メモリ上の複数のページをタスクやスレッドとして同一ノード上の CPU に割り当てる。

　仮想化を採用しない物理サーバー上でデータベースを稼働させる場合には、自動 NUMA バランシングによって、ある程度性能向上が期待できるとされていますし、仮想化基盤のシステムでも、手動による CPU の固定利用設定と自動 NUMA バランシングとの性能差はわずかであるという報告もあります。仮想化基盤で稼働させるアプリケーションの種類により、その特性は異なりますが、自動 NUMA バランシングを使えば、簡単な設定を行うだけで、性能をある程度確保することができるようになります。

■ NUMA バランシングの設定

　CentOS 7 は、自動 NUMA バランシングの機能を備えており、標準で有効になっています。ここでは、手動で有効・無効を切り替える手順を述べます。

　CentOS 7 上で、自動 NUMA バランシングが有効になっているかどうかを確認するには、`/proc/sys/kernel/numa_balancing` の値を確認します。

第9章 パフォーマンスチューニング

```
# cat /proc/sys/kernel/numa_balancing
1
```

自動 NUMA バランシングが有効の場合は、「1」と表示されます。もし「0」となっている場合は、自動 NUMA バランシングが無効になっています。自動 NUMA バランシングを明示的に「1」に設定するには、sysctl.conf ファイルを設定します。

```
# vi /etc/sysctl.conf
kernel.numa_balancing=1
```

上記の設定を有効化します。

```
# sysctl -p
kernel.numa_balancing = 1
```

自動 NUMA バランシングが有効になっているかどうかを確認します。

```
# cat /proc/sys/kernel/numa_balancing
1
```

JavaVM や KVM の仮想マシンの場合は、比較的サイズの大きいマルチスレッド型のプログラムが稼働します。複数のタスクが同一のメモリにアクセスすることが多いため、関連するタスクをいかにグルーピングできるかが重要になります（図 9-2）。

NUMA 環境におけるタスクのグルーピング例

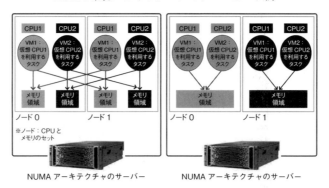

図 9-2　NUMA 環境におけるタスクのグルーピング例 ― NUMA アーキテクチャは、CPU とローカルメモリをセットにした「ノード」にいかに効率よくタスクを割り振るかがキーとなる。

9-5-2　NUMA バランシングの適性

　現在の仮想環境は、昔に比べると比較的低コストでハードウェア資源を潤沢に利用することができるようになったため、仮想マシンが利用するハードウェア資源が巨大化しています。小規模な仮想マシンで軽い業務を稼働させる場合は、あまり性能を意識する必要がありませんが、オーバーヘッドが無視できず、低遅延などの性能が要求される企業向けソフトウェアを仮想マシンで稼働させる場合は、事前の調査と十分な調整が必要となります。たとえば、NUMA アーキテクチャを活かせる資源の割り当て（一般には、Manual pinning と呼ばれ、手動での CPU 固定割り当てを意味します）や、libvirt、virsh を使った調整が必要になります。とくに、ハードウェアの更改によって、新システムのサーバーへのマイグレーションが発生する場合は、性能確保の理由から、以前の設定項目の見直しが迫られる場合もあります。しかし、これらの CPU を考慮した設定変更は、管理者にとって難解であり、いったん、その時点で妥当と思われる設定が固定化されると、なかなか変更できないというのが現実です。自動 NUMA バランシングは、これらのチューニングの手間を軽減する役目を担っているといえます（図 9-3）。

CPU 固定割り当てと自動 NUMA バランシング

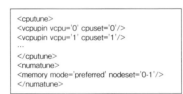

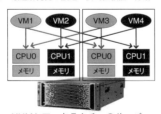

仮想マシンが利用する仮想 CPU の手動割り当ての最適解発見や設定の妥当性検証は難解

NUMA アーキテクチャのサーバー

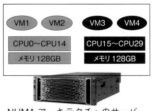

自動 NUMA バランシングの機能により、CPU の固定割り当て設計を省略

NUMA アーキテクチャのサーバー

図 9-3　CPU 固定割り当てと自動 NUMA バランシング ─ 手動での CPU 固定割り当ては、高い処理性能を発揮するが、仮想化基盤におけるチューニング、システム更改時の再設計を迫られる。

　ただし、現時点での自動 NUMA バランシングは、稼働させるアプリケーションの特性によっ

第 9 章 パフォーマンスチューニング

て、多少性能の善し悪しにばらつきがあります（図 9-4）。物理サーバーにおけるデータベースのベンチマークや、KVM 環境における SPECjbb2005 のベンチマークでは、自動 NUMA バランシングによる性能向上が見られますが、複数の JavaVM や異なるワークロードを KVM 環境で稼働させた場合には、自動 NUMA バランシングよりも、CPU 固定割り当て設定のほうが、良い結果が得られているという報告もあります。アプリケーションの特性によって性能の善し悪しが変わる傾向が見られますので、性能の追及と管理の手間（システムの更改時の簡便性等）を天秤にかけつつ、自動 NUMA バランシングの採用を決めるのがよいと考えられます。

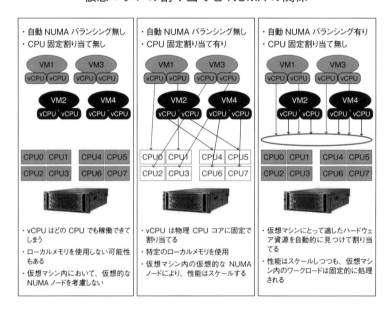

図 9-4　仮想マシンの割り当てと NUMA の関係 ― CentOS 7 は、自動 NUMA バランシング機能を備えており、仮想マシンに適したハードウェア資源を割り当てることが可能。ただし、CPU 固定割り当てに比べての性能向上の有無は、仮想環境のアプリケーションによって異なるという報告もあり、注意を要する。

9-5-3 NUMA アーキテクチャにおける KVM の利用

先に述べたように、NUMA アーキテクチャのサーバーシステムにおいて、仮想マシンの稼働の性能向上の一手段として、仮想マシンに割り当てるホストマシンの CPU と NUMA ノード（CPU コアとメモリのセット）を固定する方法があります。本節では、その方法について述べます。

■ NUMA ノードの固定

まず、ホストマシンに搭載されている物理 CPU を確認します。

```
# numactl -H
available: 4 nodes (0-3)
node 0 cpus: 0 2 4 6 8 10    ← node 0 に 6 つの CPU コアが搭載されいてる
node 0 size: 8157 MB
node 0 free: 6684 MB
node 1 cpus: 12 14 16 18 20 22    ← node 1 に 6 つの CPU コアが搭載されている
node 1 size: 8192 MB
node 1 free: 7786 MB
node 2 cpus: 1 3 5 7 9 11    ← node 2 に 6 つの CPU コアが搭載されている
node 2 size: 8192 MB
node 2 free: 6667 MB
node 3 cpus: 13 15 17 19 21 23    ← node 3 に 6 つの CPU コアが搭載されている
node 3 size: 8175 MB
node 3 free: 7729 MB
node distances:
node   0   1   2   3
  0:  10  16  16  16
  1:  16  10  16  16
  2:  16  16  10  16
  3:  16  16  16  10
```

「numactl -H」の実行結果は、AMD Opteron Processor 6238 を搭載した HP ProLiant DL385p Gen8 のものです。NUMA アーキテクチャの CPU を搭載しており、ノード（CPU とローカルメモリのセット）は 0 から 3 までの合計 4 つです。1 つのノードに CPU コアが 6 個搭載されていますので、「6 コア×4 ノード＝ 24 コア」のマシンであることがわかります。

■コアと NUMA ノードの所属

NUMA ノードにどのコアが所属しているかは、lscpu コマンドでも確認することができます。

第 9 章 パフォーマンスチューニング

```
# lscpu
Architecture:          x86_64
CPU op-mode(s):        32-bit, 64-bit
Byte Order:            Little Endian
CPU(s):                24
On-line CPU(s) list:   0-23
Thread(s) per core:    2
Core(s) per socket:    6
Socket(s):             2
NUMA node(s):          4
Vendor ID:             AuthenticAMD
CPU family:            21
Model:                 1
Model name:            AMD Opteron(TM) Processor 6238
Stepping:              2
CPU MHz:               2600.000
BogoMIPS:              5186.42
Virtualization:        AMD-V
L1d cache:             16K
L1i cache:             64K
L2 cache:              2048K
L3 cache:              6144K
NUMA node0 CPU(s):     0,2,4,6,8,10
NUMA node1 CPU(s):     12,14,16,18,20,22
NUMA node2 CPU(s):     1,3,5,7,9,11
NUMA node3 CPU(s):     13,15,17,19,21,23
```

CPU コア 24 個すべてが認識されているかどうかは、この numactl コマンドで確認できますが、/proc/cpuinfo でもわかります。

```
# cat /proc/cpuinfo | grep processor | wc -l
24
```

■仮想マシンの設定ファイルの確認

この CPU コア数 24 の NUMA アーキテクチャのサーバーには、CentOS 7 がインストールされており、その KVM 環境の仮想マシンに Linux をインストールします。この例では、仮想マシンの OS（ゲスト OS）は、CentOS 7 にします。仮想マシンに OS をインストール後、ホストマシン上で、仮想マシンの設定ファイル（KVM で利用される XML ファイル）を確認します。

```
# less /etc/libvirt/qemu/centos70vm01.xml
```

● 9-5 自動NUMAバランシングと仮想化

```
...
<vcpu placement='static'>1</vcpu>
...
```

デフォルトの仮想CPUのパラメーターは、「<vcpu placement='static'>1</vcpu>」のように
なっています。この状態では、割り当てるCPUとノードの対応関係が明示されていません。そこ
で、仮想マシンに割り当てるCPUとノードを記述してみます。先ほど実行した「numactl -H」の
出力において、「node 0 cpus: 0 2 4 6 8 10」の個所に着目します。ノード0は、CPUコアの
0、2、4、6、8、10からなりますので、割り当てるノードとCPUコアを仮想マシンの設定ファイ
ルに記述します。

■ CPU コアの固定割り当て

次の例では、node 0のCPUコア0番と2番の2コアを仮想マシンに固定的に割り当てます。

```
# virsh edit centos70vm01
...
<vcpu placement='static' cpuset='0,2'>2</vcpu>
...
```

設定後、仮想マシンを起動させ、node 0が割り当てられているかを確認します。

```
# virsh start centos70vm01
# virsh vcpuinfo centos70vm01
VCPU:          0          ←割り当てられた仮想CPU
CPU:           2          ←割り当てられたCPUコア番号
State:         running
CPU time:      74.4s
CPU Affinity:  y-y--------------------  ←CPUアフィニティでCPUコア0と2を固定割り当て

VCPU:          1          ←割り当てられた仮想CPU
CPU:           0          ←割り当てられたCPUコア番号
State:         running
CPU time:      66.3s
CPU Affinity:  y-y--------------------  ←CPUアフィニティでCPUコア0と2を固定割り当て
```

第 9 章 パフォーマンスチューニング

9-6 tuna コマンドを使ったチューニング

CentOS のような汎用サーバーで利用される一般的な Linux OS は、製造業や Web システム、官公庁などの幅広い用途で利用される一方で、インターネット経由でのオンライントレードなどを行う金融システムでは、リアルタイム OS が採用されています。リアルタイム OS を採用するこれらの金融システムでは、非常に素早い応答速度が求められており、応答の遅延がビジネスを大きく左右するといっても過言ではありません。そこで、この遅延を小さくするために、リアルタイム OS を導入し、割り込み要求（一般的には IRQ と呼ばれます）を行うプロセッサとアプリケーションのプロセスに割り当てるプロセッサを分離して、チューニングが施される場合があります。

CentOS 7 に標準で搭載されているカーネルは、リアルタイム OS のものではありませんが、スケジューリングポリシー、優先度などのスレッドの属性やプロセッサアフィニティ（アプリケーションを特定の CPU に紐付けること）を変更するための tuna と呼ばれるチューニングツールが搭載されています。tuna を使うことで、CentOS 7 が管理するアプリケーションを特定の CPU にリアルタイムに固定的に割り当てることができます。本節では、CentOS 7 における tuna コマンドの基本的な使い方を紹介します。

9-6-1 tuna コマンドによるアフィニティ設定

tuna コマンドでは、主に、OS が管理するさまざまなデバイスやプロセス（デーモンやアプリケーション）に対して、CPU アフィニティを設定することができます。また、CPU アフィニティを設定するうえで必要となる情報として、OS が管理するさまざまなデバイスに対する割り込み要求（IRQ）を確認することができます。

まずは、tuna を yum コマンドでインストールします。

```
# yum install -y tuna
```

これで、tuna コマンドを利用できるようになります。

■ IRQ リスト

IRQ のリストを確認するには、tuna コマンドに-Q オプションを付与します。

```
# tuna -Q
```

230

● 9-6 tuna コマンドを使ったチューニング

```
    # users           affinity
    0 timer           0xffffff
    1 i8042            0xaaaaaa
... ... ...
   80 eth0-tx-0                8   tg3
   81 eth0-rx-1               10   tg3
   82 eth0-rx-2               12   tg3
   83 eth0-rx-3               14   tg3
   84 eth0-rx-4               16   tg3
   85 eth1-tx-0               18   tg3
   86 eth1-rx-1               20   tg3
   87 eth1-rx-2               22   tg3
   88 eth1-rx-3                0   tg3
   89 eth1-rx-4                2   tg3
   90 eth2-tx-0                4   tg3
   91 eth2-rx-1                6   tg3
   92 eth2-rx-2                8   tg3
   93 eth2-rx-3               10   tg3
   94 eth2-rx-4               12   tg3
   95 eth3-tx-0               14   tg3
   96 eth3-rx-1                0   tg3
   97 eth3-rx-2                2   tg3
   98 eth3-rx-3                4   tg3
   99 eth3-rx-4                6   tg3
```

　上記は、オンボードに 4 ポートの NIC を搭載する HP ProLiant DL385 において、tuna コマンドにより、事前に CPU コアを固定割り当てした状態での実行結果です。4 ポート NIC のため、eth0 から eth3 までが OS から認識されています。割り当てられている CPU コアは、「affinity」列を見ます。affinity 列に示されている 0 から 22 までの数値は、CPU コアの番号であり、これが 4 ポート NIC にそれぞれ割り当てられています。

■ CPU コアの所属ソケット

　この 0 番から 22 番までの CPU コアがどのソケットに所属しているかを、numactl コマンドで確認します。

```
# numactl --hardware
available: 4 nodes (0-3)
node 0 cpus: 0 2 4 6 8 10
node 0 size: 8157 MB
node 0 free: 84 MB
```

第 9 章　パフォーマンスチューニング

```
node 1 cpus: 12 14 16 18 20 22
node 1 size: 8192 MB
node 1 free: 973 MB
node 2 cpus: 1 3 5 7 9 11
node 2 size: 8192 MB
node 2 free: 1016 MB
node 3 cpus: 13 15 17 19 21 23
...
```

　「numactl --hardware」の実行により、0番から22番までのCPUコアは、NUMAアーキテクチャのCPUノード0番とノード1番、すなわち、2ソケットCPUのうち、1つ目のCPU（ソケット番号は0）であることがわかります。

■ CPU コアの割り当て変更

　この状態で、tunaコマンドを使って、4ポートのNICの割り込みを担当するCPUを、2つ目のソケットに装着されているCPU（ソケット番号は1で、CPUノード2番とノード3番）に割り当ててみましょう。tunaコマンドに-Sオプションでソケット番号1を指定します。IRQリストからethXを指定するには、-qオプションを付与します。-xオプションによって、CPUのコアが割り当てられます。

```
# tuna -S 1 -q 'eth*' -x
# tuna -Q | grep eth
  80 eth0-tx-0              9    tg3
  81 eth0-rx-1             11    tg3
  82 eth0-rx-2             13    tg3
  83 eth0-rx-3             15    tg3
  84 eth0-rx-4             17    tg3
  85 eth1-tx-0             19    tg3
  86 eth1-rx-1             21    tg3
  87 eth1-rx-2             23    tg3
  88 eth1-rx-3              1    tg3
  89 eth1-rx-4              3    tg3
  90 eth2-tx-0              5    tg3
  91 eth2-rx-1              7    tg3
  ... ...
```

　すると、今度は、NUMAアーキテクチャのCPUノード2番とのノード3番に所属するCPUコアに割り当てられていることがわかります。

232

● 9-6 tuna コマンドを使ったチューニング

9-6-2　プロセスに対するアフィニティ設定

　前の例で見たように、tuna コマンドを使えば、現在稼働中の特定のプロセス（デーモンやア
プリケーション）に対して、指定した CPU を固定できます。次の例は、tuna コマンドを使って
CentOS 7 上で稼働中の rsyslogd デーモンを 12 番の CPU コアに割り当てる例です。-c オプショ
ンで CPU コア番号を指定し、-t オプションで、スレッドを指定します。また、-m オプションは、
CPU コアのリストから、指定したエンティティ（この場合は、rsyslogd）を-c で指定した CPU
コアに移動させる意味になります。

```
# tuna -c 12 -t rsyslogd -m
```

　12 番の CPU コアに rsyslogd が割り当てられているかを確認します。-P オプションでスレッ
ドのリストを表示します。

```
# tuna -t rsyslogd -P
                    thread         ctxt_switches
    pid SCHED_ rtpri affinity voluntary nonvoluntary           cmd
   1099  OTHER     0       12        29            3       rsyslogd
```

　実行結果の affinity 列を見ると、12 番の CPU コアに割り当てられていることがわかります。
念のため、/proc 配下の rsyslogd のプロセス番号から状況を確認しておきます。/proc 配下で、
プロセスに割り当てられた CPU コアを確認するには、/proc/プロセス ID/status の出力から
「Cpus_allowed_list」を grep コマンドで抜き出します。

```
# grep Cpus_allowed_list /proc/`pgrep rsyslogd`/status
Cpus_allowed_list:    12
```

　CPU コアは、複数あるいは、範囲を指定することも可能です。次に示したのは、rsyslogd デー
モンを CPU コア 0 番から 23 番までの範囲で割り当て可能に設定する例です。

```
# tuna -c 0-23 -t rsyslogd -m
# tuna -t rsyslogd -P
                    thread         ctxt_switches
    pid SCHED_ rtpri affinity voluntary nonvoluntary           cmd
   1099  OTHER     0 0xffffff        29            3       rsyslogd

# grep Cpus_allowed_list /proc/`pgrep rsyslogd`/status
Cpus_allowed_list:    0-23
```

第 9 章 パフォーマンスチューニング

CPU ソケットを指定することも可能です。0 番の CPU ソケットに割り当てる場合は、-S オプションを指定します。

```
# tuna -S 0 -t rsyslogd -m
# grep Cpus_allowed_list /proc/'pgrep rsyslogd'/status
Cpus_allowed_list:      0,2,4,6,8,10,12,14,16,18,20,22
```

プロセスに割り当てられた CPU コアの表示を見ると、割り当て可能な CPU コアのリストが「0,2,4,6,8,10,12,14,16,18,20,22」となっていますので、numactl の出力のとおり、CPU ノード 0 とノード 1、すなわちソケット番号 0 の CPU に rsyslogd が割り当てられていることがわかります。

9-6-3　tuna の GUI を起動する

これまでのチューニングの操作はコマンドラインで実行してきましたが、次のように tuna コマンドに-g オプションを付与すると、tuna の GUI が起動します。

```
# tuna -g
```

tuna の GUI で、アフィニティの設定だけでなく、さまざまなカーネルパラメーターをマウス操作で調整できます（図 9-5、図 9-6）。また、tuned のプロファイルを読み込むことも可能です。さらに、調整したパラメーターを tuned 用のプロファイルとして保存することもできます。tuna の GUI から作成した tuned 用のプロファイルは、デフォルトで/etc/tuna ディレクトリの下に保管されます。

```
# ls -l /etc/tuna
total 24
-rw-r--r--. 1 root root 2035 Sep 20 10:02 example-2014-09-20-10:02:23.conf
-rw-r--r--. 1 root root 1519 Jun 10  2014 example.conf
-rw-r--r--. 1 root root  188 Dec 11 06:31 tuned-2014-12-11-06:31:29-2014-12-11-
06:31:52.conf
-rw-r--r--. 1 root root  188 Dec 11 06:31 tuned-2014-12-11-06:31:29.conf
-rw-r--r--. 1 root root  182 Dec 11 06:10 tuned.conf
```

● 9-7 tuna コマンドを使ったチューニング

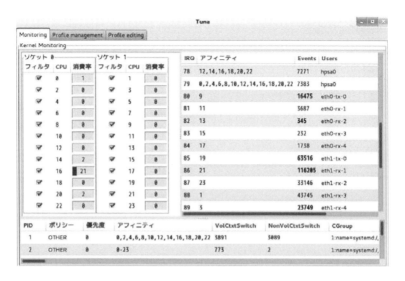

図 9-5 tuna の GUI ツール①― tuna の GUI 画面では、CPU のソケット番号に所属する CPU コア番号や、アフィニティの管理を容易に行える。

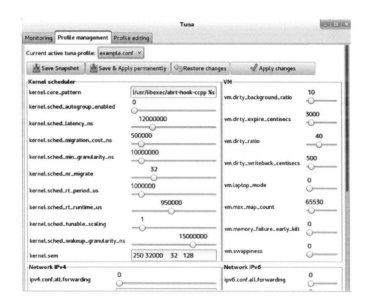

図 9-6 tuna の GUI ツール②― tuna の GUI では、カーネルパラメーターの調整もマウス操作で容易に行える。既存の tuned のプロファイルを読み込むことや、設定したパラメーターを含む tuned 用のプロファイルの生成もできる。

第 9 章 パフォーマンスチューニング

9-7 　まとめ

　本章では、CentOS 7 におけるチューニング手法をいくつかご紹介しました。チューニングは、試行錯誤が多いため、工数がかかる作業です。しかし、高い I/O 負荷がかかるデータベースシステム、応答性能を要求される低遅延システム、高性能な CPU と大容量のメモリが要求されるスーパーコンピュータシステムなどでは、チューニングを避けて通ることができません。まずは、本章で紹介した tuned などの基本的なチューニング手法を習得してください。また、ベンダーがインターネットで公開しているパラメーター調整例も参考になりますので、採用してみるとよいでしょう。ただし、パラメーター調整は、OS の挙動を大きく変えることになるため、事前の十分なテストを怠らないようにしてください。また、パラメーターを変更した場合は、責任範囲を明確化するためにも、適宜、変更履歴を残すようにしましょう。チューニングに役立つ情報源をいくつか挙げておきますので、参考にしてください。

■チューニングの情報源

●Automatic NUMA Balancing

```
http://rhsummit.files.wordpress.com/2014/05/summit2014_riel_chegu_w_0340_
automatic_numa_balancing.pdf
```

numactl の基本的な使い方や、自動 NUMA バランシングに関する情報が掲載されています。

●Performance Analysis and Tuning – Part 1

```
http://rhsummit.files.wordpress.com/2014/04/shak-larry-jeder-perf-and-tuning-
summit14-part1-final.pdf
```

仮想環境におけるチューニング手法が掲載されています。

●Performance Analysis and Tuning – Part 2

```
http://rhsummit.files.wordpress.com/2014/04/shak-larry-jeder-perf-and-tuning-
summit14-part2-final.pdf
```

I/O チューニングのパラメーターや tuna コマンドに関する情報が掲載されています。

●Configuring and tuning HP ProLiant Servers for low-latency applications

```
http://h10032.www1.hp.com/ctg/Manual/c01804533.pdf
```

低遅延アプリケーションのためのチューニング手法が掲載されています。

● 9-7 まとめ

■ latency-performance に関する情報源

● force_latency

http://docs.fedoraproject.org/en-US/Fedora/19/html/Power_Management_Guide/tun
ed.html

https://events.linuxfoundation.org/images/stories/pdf/lcjp2012_ham.pdf

● governor

https://www.kernel.org/doc/Documentation/cpu-freq/governors.txt

● energy_perf_bias

man x86_energy_perf_policy に記載があります。

energy_perf_bias=performance の設定は、# x86_energy_perf_policy -v performance と同じです。

● min_perf_pct

https://www.kernel.org/doc/Documentation/cpu-freq/intel-pstate.txt

● P-State

http://h50146.www5.hp.com/products/servers/proliant/whitepaper/wp151_1208a/pd
fs/5900-2215.pdf

● vm.dirty_ratio=10

● vm.dirty_background_ratio=3

● vm.swappiness=10

http://www8.hp.com/h20195/v2/GetPDF.aspx%2F4AA2-8511ENW.pdf

http://www.gluster.org/community/documentation/index.php/Linux_Kernel_Tuning#
vm.dirty_ratio

http://rhsummit.files.wordpress.com/2014/04/lopez_h_1100_oracle_database_12c_
on_red_hat_enterprise_linux_best_practices1.pdf

https://access.redhat.com/solutions/32769

● kernel.sched_migration_cost_ns

https://access.redhat.com/sites/default/files/attachments/2012_perf_brief-low
_latency_tuning_for_rhel6_0.pdf

237

第 9 章 パフォーマンスチューニング

■ Hadoop クラスタに適したパラメーター

● /sys/block/sda/queue/scheduler=deadline

https://access.redhat.com/documentation/en-US/Red_Hat_Enterprise_Linux/7/pdf/
Performance_Tuning_Guide/Red_Hat_Enterprise_Linux-7-Performance_Tuning_Guide-
en-US.pdf

● /sys/kernel/mm/transparent_hugepage/defrag=never

https://www.kernel.org/doc/Documentation/vm/transhuge.txt

● vm.swappiness=0

https://access.redhat.com/documentation/en-US/Red_Hat_Enterprise_Linux/7/pdf/
Performance_Tuning_Guide/Red_Hat_Enterprise_Linux-7-Performance_Tuning_Guide-
en-US.pdf

● net.ipv4.tcp_rmem="4096 87380 16777216" と net.ipv4.tcp_wmem="4096 16384 16777216"

http://h50146.www5.hp.com/lib/products/servers/proliant/manuals/601717-192-j.
pdf

● 10-1 自動インストールの種類とシステム構成

第10章 自動インストール

多くのサービスプロバイダでは、サーバーの増設が頻繁に行われています。サーバーの増設台数が少ない場合は、管理者がキーボード、マウスを使ってCentOSのインストーラの指示に従ってインストール作業を行いますが、サーバー台数が膨大になると、作業が煩雑になり、1台1台手作業でインストールを行うことが非現実的になります。この問題を解決する手段が自動インストールです。OSの自動インストールは、新規導入だけでなく、障害対応の迅速化、アプライアンスサーバーの設定の自動化などにも応用されています。また、クラウド基盤のようなサービスメニューからユーザーがセルフサービスポータルを使ってOSを配備する環境では、自動インストールが必須の技術となります。本章では、こうしたCentOS 7の自動インストールについて取り上げます。

10-1　自動インストールの種類とシステム構成

CentOS 7には、インストーラ画面でユーザーが行っていたキーボードなどによるインストール作業を自動化する「Kickstart」と呼ばれる仕組みが備わっています。CentOS 7が稼働するスケールアウト型サーバー基盤では、Kickstartを使った運用の自動化が管理工数削減に大きく貢献します（図10-1）。

この Kickstart を使った CentOS 7 の自動インストールには、大きく分けて次の2種類があります。

239

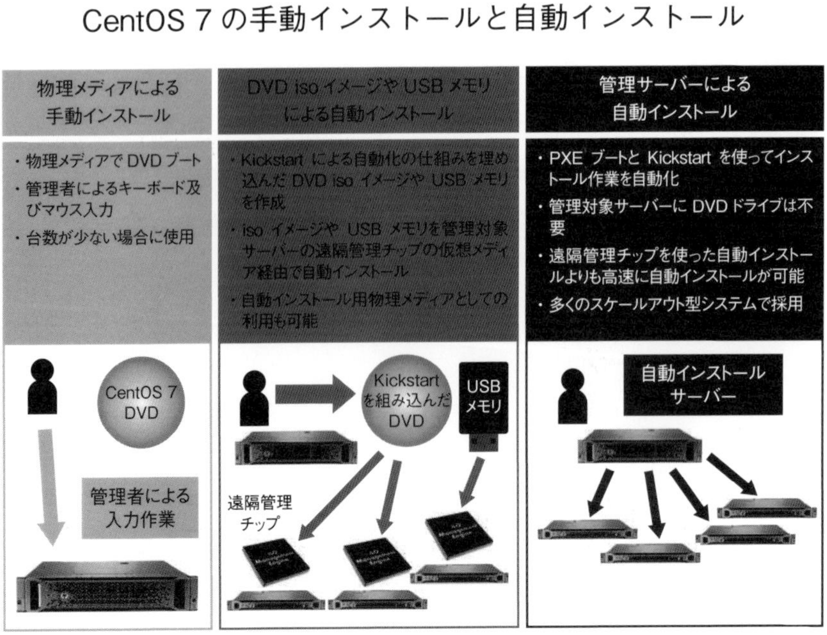

第 10 章　自動インストール

CentOS 7 の手動インストールと自動インストール

図 10-1　手動インストールと自動インストール ― OS の物理メディアを使って管理者が手動でインストールする場合に比べ、Kickstart を使った自動インストールは、大量の管理対象サーバーに CentOS 7 を導入する場合に威力を発揮する。

①自動インストール用の DVD iso イメージや USB メモリを作成し、メディアからブートする。

②管理対象サーバーを PXE ブートさせ、管理サーバーからインストーラを転送しブートする。

①の自動インストール用の DVD メディアを作る方法は、管理サーバーに自動インストール用の DVD メディアの iso イメージを保管し、管理対象サーバーのマザーボードに搭載されている遠隔管理チップの仮想メディア機能を使って iso イメージをマウントすることで、複数の管理対象サーバーに一斉に自動インストールを行うことが可能です。また、iso イメージを書き込んだ物理メディアでもインストールが可能であるため、遠隔管理チップや管理サーバーがなくても、DVD ドライブが管理対象に接続されていれば、OS の自動インストールができます。これは、IT の主幹部門で作成した iso イメージを、各システム部門の管理者に物理メディアとして配るような運用で見られる方法です。

②の方法は、PXE ブートと Kickstart による自動インストールを行うための管理サーバー（自動インストールサーバー）を構築する必要がありますが、管理対象サーバーに DVD ドライブと遠隔管理チップがなくても CentOS 7 のインストールができます。多くのスケールアウト型のシステ

240

●10-2 Nginx、TFTP、DHCP、Kickstart を駆使した自動インストールサーバーの構築

ムやクラウド環境で採用されている方法です（図 10-2）。

CentOS 7 の自動配備のシステム構成例

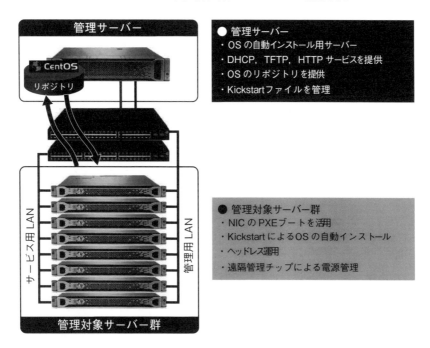

図 10-2　自動配備のシステム構成例 ― スケールアウト型基盤では、自動インストールサーバーによる一元的な管理が行われるのが一般的である。自動インストールを行うために管理対象サーバーに搭載されている NIC の PXE ブートを利用する。

10-2　Nginx、TFTP、DHCP、Kickstart を駆使した自動インストールサーバーの構築

　PXE ブートを使った CentOS 7 の自動インストールサーバーを実現するには、DHCP サービス、HTTP サービス、TFTP サービスなどを使います。OS のリポジトリの配布に、NFS や FTP サービスを使うことも可能ですが、本書では、最近話題の Nginx の HTTP サービスを使うことにします。

第 10 章 自動インストール

■ Nginx のインストール

CentOS 7 において、Nginx をインストールするためには、EPEL のリポジトリを追加します。

```
# yum install -y https://dl.fedoraproject.org/pub/epel/7/x86_64/e/epel-releas
e-7-5.noarch.rpm
```

自動インストールサーバーとなるマシンに Nginx をインストールします。

```
# yum install -y nginx
```

■ Nginx の設定

Nginx の設定ファイルを編集します。デフォルトでは、ファイルは閲覧できますが、インデックス用の html ファイルがないフォルダは表示できないようになっていますので、次のように設定ファイルに「autoindex on;」を追加します。

```
# vi /etc/nginx/nginx.conf
...
http {
...
server {
...
location / {
                autoindex on;    ←設定を追加
        }
        ...
    }
...
}
```

nginx.conf ファイルのコメント行や空行を省いたものを次に掲載しておきますので、参考にしてください。

```
# grep --extended-regexp -v "#|^$"  /etc/nginx/nginx.conf
user  nginx;
worker_processes  1;
error_log  /var/log/nginx/error.log;
pid        /run/nginx.pid;
events {
    worker_connections  1024;
```

● 10-2　Nginx、TFTP、DHCP、Kickstart を駆使した自動インストールサーバーの構築

```
}
http {
    include       /etc/nginx/mime.types;
    default_type  application/octet-stream;
    log_format  main  '$remote_addr - $remote_user [$time_local] "$request" '
                      '$status $body_bytes_sent "$http_referer" '
                      '"$http_user_agent" "$http_x_forwarded_for"';
    access_log  /var/log/nginx/access.log  main;
    sendfile        on;
    keepalive_timeout  65;
    index   index.html index.htm;
    include /etc/nginx/conf.d/*.conf;
    server {
        listen       80 default_server;
        server_name  localhost;
        root         /usr/share/nginx/html;
        include /etc/nginx/default.d/*.conf;
        location / {
                autoindex on;
        }
        error_page  404              /404.html;
        location = /40x.html {
        }
        error_page   500 502 503 504  /50x.html;
        location = /50x.html {
        }
    }
}
```

■ nginx サービスの起動

nginx サービスを起動します。

```
# systemctl restart nginx
# systemctl status nginx
nginx.service - nginx - high performance web server
   Loaded: loaded (/usr/lib/systemd/system/nginx.service; enabled)
   Active: active (running) since Sat 2015-01-17 02:29:19 JST; 1min 16s ago
     Docs: http://nginx.org/en/docs/
 Main PID: 9727 (nginx)
   CGroup: /system.slice/nginx.service
           tq9727 nginx: master process /usr/sbin/nginx -c /etc/nginx/nginx.conf
           mq9728 nginx: worker process
```

243

第 10 章　自動インストール

```
... ...
# systemctl enable nginx
ln -s '/usr/lib/systemd/system/nginx.service' '/etc/systemd/system/multi-user.t
arget.wants/nginx.service'
```

■補足■

Apache Web サーバーの「httpd」が起動していると「systemctl start nginx」に失敗しますので、httpd サービスが起動している場合は、「systemctl stop httpd; systemctl disable httpd」により、Apache Web サービスを停止し、無効にしてください。

■ファイヤウォールの設定

暗号化しない HTTP の場合、nginx の接続するポート番号は、80 番になりますので、ポート番号 80 に対して通信が行えるようにファイヤウォールの設定を施します。

```
# firewall-cmd --get-active-zones
public
  interfaces: eth0

# firewall-cmd --permanent --zone=public --add-service=http
success

# firewall-cmd --reload
success

# firewall-cmd --list-services
dhcp dhcpv6-client http nfs ssh    ←http サービスが許可されていることを確認
```

■ Web サービスのテスト

テスト用の Web ページを配置してテストします。Nginx が提供するデフォルトの Web サービスのディレクトリは、/usr/share/nginx/html です。

```
# cd /usr/share/nginx/html
```

244

● 10-2 Nginx、TFTP、DHCP、Kickstart を駆使した自動インストールサーバーの構築

```
# echo "Hello CentOS 7." > test.html
```

test.html がクライアントの Web ブラウザからアクセスできるか確認します。手元の PC から Web ブラウザを起動し、Nginx が稼働する Web サーバーにアクセスし、Nginx が提供する Web サイトのデモ画面が表示されるかを確認します。また、curl コマンドを使えば、コマンドラインで確認もできます。ここで、自動インストールサーバーの IP アドレスは、172.16.3.82/16 とします。

```
# curl http://172.16.3.82/test.html
Hello CentOS 7.
```

■ iso イメージのマウント

CentOS 7 の iso イメージのコンテンツをマウントします。次の例では、CentOS 7 の iso イメージが/root にあると仮定します。

```
# cd /usr/share/nginx/html
# mkdir -p centos70/dvd
# mount -o loop /root/CentOS-7.0-1406-x86_64-DVD.iso centos70/dvd
```

この場合は、サーバーを再起動すると mount は解除されますので、再起動後も自動的にマウントされるなどの設定を行っておくことをお勧めします。

■ Kickstart 設定ファイルの作成

次に、Kickstart の設定ファイル ks.cfg を作成します。ks.cfg ファイルは、/root/anaconda-ks.cfg ファイルを参考に作成します。root アカウントのパスワードを暗号化した文字列は、openssl コマンドで生成し、ks.cfg ファイルの rootpw や user 行に記述します。

```
# openssl passwd -1
Password:
Verifying - Password:
$1$QcG2tskP$5HjZAi5Er6oiUiPFu.fzM/
```

次に示した ks.cfg の内容は、GPT パーティションに対応した ks.cfg ファイルの例です。

```
# vi /usr/share/nginx/html/centos70/ks.cfg
```

245

第 10 章 自動インストール

```
#version=RHEL7
install
graphical
url             --url=http://172.16.3.82/centos70/dvd/
firewall        --disabled
selinux         --disabled
authconfig      --enableshadow          --passalgo=sha512
keyboard        --vckeymap=jp106        --xlayouts='jp106'
lang            en_US.utf8
network         --bootproto=static --device=eno1 --gateway=172.16.1.1   --ip=172.16.3
.160  --netmask=255.255.0.0 --noipv6 --nameserver=172.16.1.1 --hostname=centos70n04
network         --bootproto=static --device=eno2 --gateway=172.18.70.71 --ip=172.18.7
0.174 --netmask=255.255.0.0 --noipv6
timezone        Asia/Tokyo --nontp
rootpw          --iscrypted $1$QcG2tskP$5HjZAi5Er6oiUiPFu.fzM/
user            --name=koga --password=$1$Mzs9j/gV$DNgOYAoO6VybuxU3ditt1/ --iscrypted
 --gecos="Masazumi Koga"
bootloader      --location=mbr  --boot-drive=sda
ignoredisk      --only-use=sda
part            biosboot        --asprimary      --fstype="biosboot"     --size=1
part            /boot           --asprimary      --fstype="xfs"          --size=500
part            swap            --asprimary      --fstype="swap"         --size=1024
part            /               --asprimary      --fstype="xfs"          --size=1 --grow
reboot
firstboot       --disabled
services        --enabled=NetworkManager,sshd
eula            --agreed
skipx

%pre
/usr/sbin/parted -s /dev/sda mklabel gpt
%end
%packages --ignoremissing
@backup-server
@base
@compat-libraries
@core
@development
@dns-server
@file-server
@fonts
@ftp-server
@gnome-desktop
@guest-agents
@guest-desktop-agents
@hardware-monitoring
@input-methods
@internet-browser
```

246

● 10-2 Nginx、TFTP、DHCP、Kickstart を駆使した自動インストールサーバーの構築

```
@large-systems
@mail-server
@mariadb
@multimedia
@network-file-system-client
@performance
@postgresql
@print-client
@remote-system-management
@x11
%end
```

■権限の変更

ks.cfg ファイルを管理対象がロードできるように、権限を 644 に設定します。

```
# chmod 644 /usr/share/nginx/html/centos70/ks.cfg
# ls -lF /usr/share/nginx/html/centos70/
total 6
drwxr-xr-x. 8  500  502 2048 Jul  7 02:29 dvd/
-rw-r--r--. 1 root root 1617 Dec 20 23:59 ks.cfg
```

ks.cfg ファイルにおける各種パッケージの指定は、管理対象サーバーで利用する用途に応じて
適宜決定してください。インストール対象が複数ある場合、インストール対象の 1 台を手動インス
トールし、/root ディレクトリに自動的に生成された anaconda-ks.cfg ファイルを参考に ks.cfg
ファイルを作成するとよいでしょう。

10-2-1 　DHCP サーバーの設定

　管理対象サーバーをオンメモリで利用するため、管理対象サーバーをネットワークブートさせ
る必要があります。ネットワークブートには、管理対象サーバーに搭載されている NIC の PXE
（Preboot Execution Environment）機能を利用します。PXE 機能を使ったサーバーの起動を PXE ブー
トといい、多くのスケールアウト型のクラウド環境で利用されている基礎技術です。

247

第 10 章　自動インストール

■ DHCP サービスのインストール

管理対象サーバーを PXE ブートさせるために必要なサービスに DHCP サービスがあります。
DHCP サーバーは、自動インストールサーバーとは別に構築することも可能ですが、今回は、自
動インストールサーバーに DHCP サーバーを構築します。

```
# yum install -y dhcp
```

■ dhcpd.service の設定

CentOS 7 の DHCP サーバーの設定は、systemd で管理されますので、systemd 用の設定ファイル
が dhcpd.conf ファイルとは別に用意されています。具体的には、/etc/systemd/system/dhcpd.
service ファイルを新規に作成します。/usr/lib/systemd/system/dhcpd.service ファイルが
雛形として用意されていますので、コピーして利用します。dhcpd.service ファイルには、DHCP
サービスを行うインタフェースを指定する必要があります。次に示す dhcpd.service の設定で
は、eth0 を指定しています。

```
# cp /usr/lib/systemd/system/dhcpd.service /etc/systemd/system/

# vi /etc/systemd/system/dhcpd.service
 [Unit]
Description=DHCPv4 Server Daemon
Documentation=man:dhcpd(8) man:dhcpd.conf(5)
After=network.target
After=time-sync.target

 [Service]
Type=notify
ExecStart=/usr/sbin/dhcpd -f -cf /etc/dhcp/dhcpd.conf -user dhcpd -group dhcpd
--no-pid eth0

 [Install]
WantedBy=multi-user.target
```

■ dhcpd.conf の設定

DHCP サーバーが提供する IP アドレス、ブートイメージの指定のための設定を行います。ここ
では、DHCP サーバーの IP アドレスは、172.16.3.82/16 とします。

248

● 10-2 Nginx、TFTP、DHCP、Kickstart を駆使した自動インストールサーバーの構築

次に示す dhcpd.conf の設定では、管理対象サーバーに DHCP で IP アドレスを付与し、pxelinux.0 ファイルを付与するための設定例です。通常、スケールアウト基盤においては、管理対象サーバーの MAC アドレスと IP アドレスを DHCP サーバーによって管理しますが、ここでは、MAC アドレスの指定による管理は省略しています。実際の本番環境では、MAC アドレスなどによる管理を DHCP サーバーで行うかどうかの検討を行ってください。

```
# vi /etc/dhcp/dhcpd.conf
subnet 172.16.0.0 netmask 255.255.0.0 {
        option routers                  172.16.3.82;
        option subnet-mask              255.255.0.0;
        option domain-name              "jpn.linux.hp.com";
        option domain-name-servers      172.16.3.82;
        option time-offset              -18000;
        range dynamic-bootp             172.16.3.1 172.16.3.254;
        default-lease-time              21600;
        max-lease-time                  43200;
        next-server                     172.16.3.82;
        filename                        "pxelinux.0";
}
```

■ DHCP サービスの起動と動作確認

DHCP サービスを起動します。

```
# systemctl daemon-reload
# systemctl start dhcpd
# systemctl status dhcpd
# systemctl enable dhcpd
```

DHCP サービスが、eth0 経由で提供されているかを ps コマンドで確認します。

```
# ps -ef | grep dhcp | grep -v grep
dhcpd     23664     1  0 01:54 ?        00:00:00 /usr/sbin/dhcpd -f -cf /etc/dhc
p/dhcpd.conf -user dhcpd -group dhcpd --no-pid eth0
```

■ファイヤウォールの設定

DHCP サービスに対するファイヤウォールの設定を施します。

249

第 10 章　自動インストール

```
# firewall-cmd --permanent --zone=public --add-service=dhcp
success
# firewall-cmd --reload
success

# firewall-cmd --list-all
public (default, active)
  interfaces: docker0 ens7 eth0
  sources:
  services: dhcp dhcpv6-client http nfs ssh      ← DHCP サービスが許可されていることを確認
  ports: 21/tcp 514/udp 5901/tcp
  masquerade: no
  forward-ports:
  icmp-blocks:
  rich rules:
```

10-2-2　TFTP サーバーの設定

　自動インストールサーバーに、TFTP サーバーを構築します。TFTP サーバーは、管理対象サーバーに対して、PXE ブート用のイメージファイル、カーネル、初期 RAMDISK イメージファイルを転送するために必要となります。

■ TFTP サービスのインストールと tftp ファイルの設定

　TFTP サーバーは、tftp-server パッケージで提供されていますので、自動インストールサーバー上で、yum コマンドを使ってインストールします。

```
# yum install -y tftp-server
```

　自動インストールサーバーが管理対象サーバーに提供するディレクトリを/etc/xinetd.d/tftp ファイルの server_args 行の-s オプション以降に指定しますが、今回は、CentOS 7 に標準で用意されている設定をそのまま利用することにします。デフォルトは、/var/lib/tftpboot ディレクトリです。また、TFTP サービスを xinetd 経由で起動できるように、/etc/xinetd.d/tftp ファイル内の disable 行に「no」を記述します。

```
# vi /etc/xinetd.d/tftp
service tftp
{
```

250

● 10-2 Nginx、TFTP、DHCP、Kickstart を駆使した自動インストールサーバーの構築

```
        socket_type          = dgram
        protocol             = udp
        wait                 = yes
        user                 = root
        server               = /usr/sbin/in.tftpd
        server_args          = -s /var/lib/tftpboot ←管理対象サーバーに提供するディレクトリ
        disable              = no   ← xinetd 経由で TFTP を起動するために必要
        per_source           = 11
        cps                  = 100 2
        flags                = IPv4
}
```

　tftp ファイル内の設定により、-s オプションのあとの/var/lib/tftpboot ディレクトリ以下に、PXE ブート環境の各種設定ファイルを配置することになります。

■ブートイメージファイルの用意

　ブートイメージファイル pxelinux.0 を用意します。pxelinux.0 は、syslinux パッケージで提供されていますので、syslinux をインストールします。

```
# yum install -y syslinux
```

　dhcpd.conf ファイルで filename に「"pxelinux.0";」を指定し、tftp ファイルで server_args に「= -s /var/lib/tftpboot」を指定しているため、TFTP サーバーは/var/lib/tftpboot/ディレクトリに pxelinux.0 ファイルを配置する必要があります。syslinux パッケージに含まれている pxelinux.0 を/var/lib/tftpboot ディレクトリにコピーします。

```
# cp /usr/share/syslinux/pxelinux.0 /var/lib/tftpboot/
```

■カーネルと RAMDISK イメージの配置

　管理対象サーバーに提供するカーネルと初期 RAMDISK イメージを自動インストールサーバー上に配置します。カーネルと初期 RAMDISK イメージファイルは、CentOS 7 のインストールメディア（iso イメージ）の images/pxeboot ディレクトリの下にあります。これら 2 つのファイルを/var/lib/tftpboot 配下にコピーします。将来的に、自動インストールサーバーで複数のバージョンの OS を配備することを念頭に置いて、OS のバージョン番号を含めたディレクトリ（ここでは、centos70 というディレクトリ名）を/var/lib/tftpboot ディレクトリ以下に新たに作成

251

第 10 章 自動インストール

し、そこにカーネルと初期 RAMDISK イメージを配置することにします。

```
# mkdir /var/lib/tftpboot/centos70
# cp /usr/share/nginx/html/centos70/dvd/images/pxeboot/vmlinuz /var/lib/tftpboo
t/centos70/
# cp /usr/share/nginx/html/centos70/dvd/images/pxeboot/initrd.img /var/lib/tftp
boot/centos70/
```

　管理対象サーバーが PXE ブート後にロードするカーネルと初期 RAMDISK イメージのパス、
ブートパラメーターを記述した設定ファイルを自動インストールサーバー上に作成します。

```
# mkdir -p /var/lib/tftpboot/pxelinux.cfg
# vi /var/lib/tftpboot/pxelinux.cfg/default
default centos70ks
prompt  1
timeout 30
label           centos70ks
kernel          centos70/vmlinuz
append    initrd=centos70/initrd.img inst.ks=http://172.16.3.82/centos70/ks.cfg
 inst.geoloc=0
```

　CentOS 7 では、append で引き渡すブート時のパラメーターで、Kickstart 用の設定ファイル ks.cfg
をロードしますが、オプションの書式が従来の CentOS 6 と異なっていますので注意してくださ
い。上記設定ファイルでは、ks.cfg ファイルを HTTP 経由で管理対象サーバーに提供するように
指定しています。ks.cfg ファイルが別のクライアントからロードできるかを確認しておいてくだ
さい。

```
# curl http://172.16.3.82/centos70/ks.cfg
```

■ TFTP サービスの起動

　TFTP サービスを起動します。

```
# systemctl restart xinetd
# systemctl status xinetd
# systemctl enable xinetd
```

● 10-2 Nginx、TFTP、DHCP、Kickstart を駆使した自動インストールサーバーの構築

■ファイヤウォールの設定

ファイヤウォールの設定を施します。

```
# firewall-cmd --permanent --zone=public --add-service=tftp
# firewall-cmd --reload
success

# firewall-cmd --list-all
public (default, active)
  interfaces: docker0 ens7 eth0 team0
  sources:
  services: dhcp dhcpv6-client http nfs ssh tftp    ←TFTP サービスが許可されていることを確認
  ports: 21/tcp 514/udp 5901/tcp
  masquerade: no
  forward-ports:
  icmp-blocks:
  rich rules:
```

■ SELinux の設定

SELinux の設定を permissive か disabled にします。

```
# vi /etc/selinux/config
...
SELINUX=permissive
...
```

■自動インストールサーバーへのログイン

　自動インストールサーバーを再起動します。OS 再起動後は、CentOS 7 の iso イメージのマウントが解除されますので、再度、/usr/share/nginx/html/centos70/dvd ディレクトリにマウントしてください（OS 再起動後、自動的に iso イメージをマウントするには、iso イメージをマウントするコマンドを/etc/rc.d/rc.local ファイルに記述し、rc.local ファイルに実行権限を付与します）。

```
# reboot
```

　これまでの設定で、自動インストールサーバーの構築が完了しました。管理対象サーバーの電源を投入後、PXE ブートが正常に行われて、人間のオペレーションが介入することなくインストー

253

第 10 章 自動インストール

ルが完了することを確認してください。自動インストール完了後、管理対象サーバーに root アカ
ウントでログインできることを確認してください（図 10-3、図 10-4）。

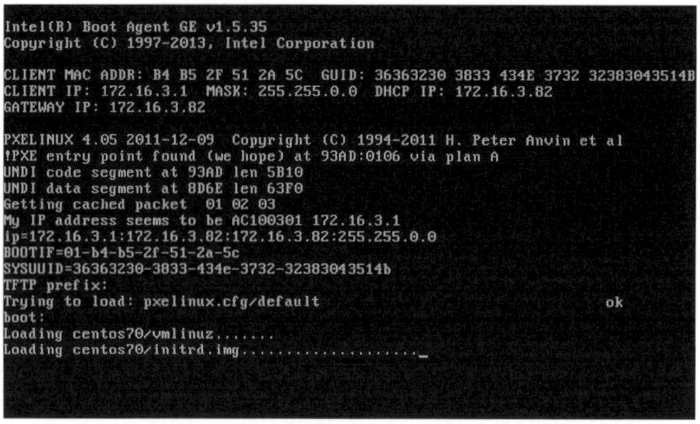

図 10-3　PXE ブートの画面 ─ 管理対象マシンの PXE ブートの
様子。CentOS 7 のカーネルと初期 RAMDISK がロード
されていることがわかる。

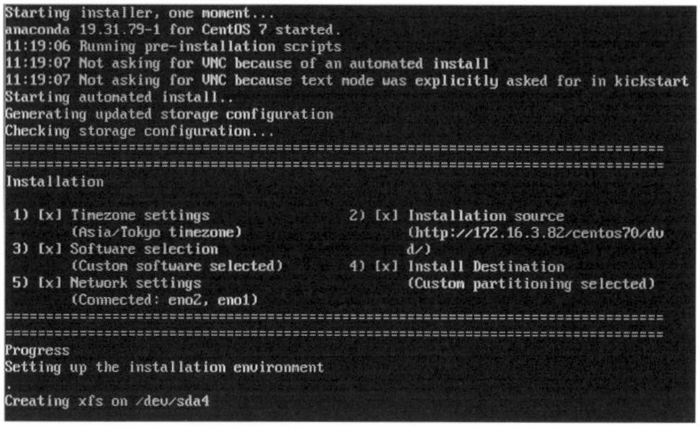

図 10-4　Kickstart によるテキストインストールの画面 ─ 管理
対象マシンが PXE ブートしたあとに、Kickstart イン
ストールが開始される。

10-3　Kickstart DVD iso イメージの作成方法

　IT 部門が、利用者の OS のインストール手順に関する IT 部門への問い合わせの手間を低減する
ために、利用者に対して、自動インストール用のメディアを配布する場合があります。この自動

● 10-3 Kickstart DVD iso イメージの作成方法

インストール用のメディアは、全自動インストールのための仕組みが OS のインストーラに組み込まれています。利用者はインストール対象マシンに DVD メディアをセットし、電源ボタンを入れるだけですべてのインストールが完了するようになっているのが一般的です。このような全自動インストールメディアは、物理メディアでの利用だけでなく、仮想環境やホスティング環境でも OS のインストールの自動化に利用されています。

CentOS 7 を全自動インストールする DVD メディアを作成するには、Kickstart を埋め込んだ DVD iso イメージを作成します。作成した iso イメージは、DVD メディアに書き込み、インストール対象に接続した物理 DVD ドライブにマウントして利用するか、インストール対象サーバーのマザーボード上に搭載された遠隔管理チップが提供する仮想 DVD ドライブ機能を使って、手元の PC からマウントすることで利用可能です。自動インストールサーバーを別途構築することなくインストールが可能ですので、インターネットに接続できないローカル環境でも OS の全自動インストールが可能というメリットがあります。本節では、CentOS 7 の全自動インストール DVD メディアの iso イメージを作成する手順を紹介します。

10-3-1　DVD iso イメージの作成

CentOS 7 の全自動インストール DVD メディアの iso イメージを作成するには、CentOS 7 のオリジナルの iso イメージをコピーし、コピーしたディレクトリに、Kickstart 用の設定ファイル ks.cfg と、全自動インストールを行うための設定ファイル isolinux.cfg ファイルを用意します。

■作業用ディレクトリの作成

まず、作業用のディレクトリを作成します。ここでは、CentOS 7 のオリジナルの iso イメージを/root/dvd ディレクトリにマウントし、マウントした iso イメージの内容すべてを/root/ksiso ディレクトリにコピーします。

```
# mkdir -p /root/dvd
# mkdir -p /root/ksiso
# mount -o loop /root/CentOS-7.0-1406-x86_64-DVD.iso /root/dvd
# cp -a /root/dvd/* /root/ksiso
# cd /root/ksiso
```

255

第 10 章　自動インストール

■ isolinux ディレクトリの確認

iso イメージをコピーした ksiso ディレクトリの下に isolinux ディレクトリがあることを確認します。

```
# ls -F
CentOS_BuildTag  EULA  LiveOS/     ...  TRANS.TBL  isolinux/  repodata/
EFI/             GPL   Packages/   ...  images/
```

■ isolinux.cfg ファイルの作成

isolinux ディレクトリの下にある isolinux.cfg ファイルを別の名前に変えてバックアップをとっておき、新しくファイルを作成します。

```
# mv isolinux/isolinux.cfg isolinux/isolinux.cfg.org
# vi isolinux/isolinux.cfg
default linuxks
timeout 50
label linuxks
  menu label ^Kickstart Install CentOS 7
  kernel vmlinuz
  append initrd=initrd.img inst.stage2=hd:LABEL=CentOS\x207\x20x86_64 xdriver=
vesa nomodeset inst.ks=cdrom:/dev/cdrom:/ks.cfg inst.geoloc=0
```

isolinux.cfg ファイルは、DVD ブートした際にロードされ、インストーラは、まず default 行のラベルを読みます。ここでは、linuxks という名前にしました。linuxks というラベルに紐付いて、kernel 行で指定された vmlinuz と、append 行で指定された initrd.img がロードされてインストーラが起動するという仕組みになっています。このとき、append 行で、「inst.ks=cdrom:/dev/cdrom:/ks.cfg」を指定することで、インストーラの iso イメージ内のトップディレクトリの直下に配置した ks.cfg ファイルがロードされ、全自動インストールを実現しています。

■ ks.cfg の作成

iso イメージ内のトップディレクトリの作業用ディレクトリは、/root/ksiso ディレクトリですので、その直下で ks.cfg ファイルを記述します。

```
# vi /root/ksiso/ks.cfg
#version=RHEL7
install
```

● 10-3　Kickstart DVD iso イメージの作成方法

```
text
cdrom   ←ローカルの物理メディアでのインストールを行う
firewall        --disabled
selinux         --disabled
authconfig      --enableshadow          --passalgo=sha512
keyboard        --vckeymap=us           --xlayouts='us'
lang            en_US.utf8
network         --bootproto=static --device=eno1 --gateway=172.16.1.1   --ip=172.16.3
.160  --netmask=255.255.0.0 --noipv6 --nameserver=172.16.1.1 --hostname=centos70n04
network         --bootproto=static --device=eno2 --gateway=172.18.70.71 --ip=172.18.7
0.174 --netmask=255.255.0.0 --noipv6
timezone        Asia/Tokyo --nontp
rootpw          --iscrypted             $1$QcG2tskP$5HjZAi5Er6oiUiPFu.fzM/
user            --name=koga --password=$1$HmigZc8k$jGiSdMkT3ukcl4LCWL6Lc/ --iscrypted
  --gecos="Masazumi Koga"
bootloader      --location=mbr  --boot-drive=sda
ignoredisk      --only-use=sda
part            biosboot        --asprimary     --fstype="biosboot"     --size=1
part            /boot           --asprimary     --fstype="xfs"          --size=500
part            swap            --asprimary     --fstype="swap"         --size=1024
part            /               --asprimary     --fstype="xfs"          --size=1 --grow
reboot
firstboot       --disabled
services        --enabled=NetworkManager,sshd
eula            --agreed
skipx

%pre
/usr/sbin/parted -s /dev/sda mklabel gpt
%end

%packages --ignoremissing
@core
%end
```

　ネットワークに接続せずに、ローカルの物理メディアでのインストールを行いますので、`ks.cfg`
ファイル内では、「`cdrom`」を指定していることに注意してください。

■ iso イメージの作成

　次に、iso イメージを作成するための `mkisofs` コマンドを使って iso イメージを作成します。
`mkisofs` コマンドは、genisoimage RPM パッケージに含まれていますので、`yum` コマンドで事前
にインストールしておきます。

第 10 章 自動インストール

```
# yum install -y genisoimage
# pwd
/root/ksiso
```

作業用の ksiso ディレクトリで mkisofs コマンドを使って iso イメージを作成します。iso イメージのファイル名は、/root/centos70ks.iso として生成します。

```
# mkisofs -o /root/centos70ks.iso -b isolinux/isolinux.bin -c isolinux/boot.cat
 -no-emul-boot -V 'CentOS 7 x86_64' -boot-load-size 4 -boot-info-table -R -J -v
 -T ./
```

全自動インストール用の iso イメージが作成できているかを確認します。

```
# ls -lh /root/centos70ks.iso
-rw-r--r--. 1 root root 4.0G 12月 23 02:10 /root/centos70ks.iso
```

作成した全自動インストール用の iso イメージは、物理メディアに書き込むか、インストール対象サーバーのマザーボード上に搭載された遠隔管理チップ（HP ProLiant サーバーの場合は、iLO4）が提供する仮想 DVD ドライブ機能や、virt-manager などの仮想マシン管理マネージャが提供する仮想メディア機能を使って、DVD ブートさせてインストールを行います。iso イメージや物理メディアから DVD ブートを行い、全自動で CentOS 7 のインストールが完了することを確認してください（図 10-5、図 10-6）。

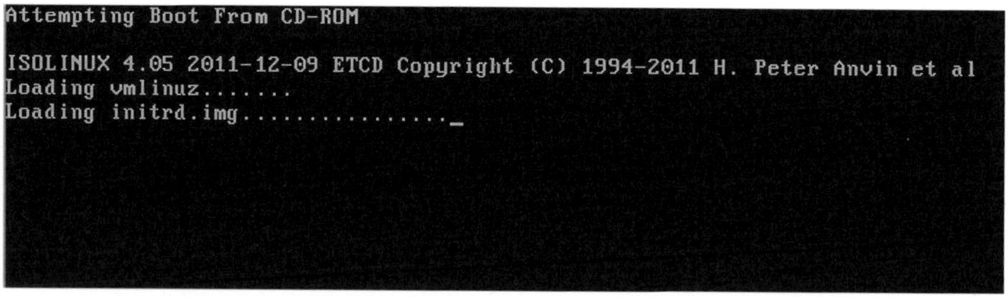

図 10-5　KickstartDVD からのブートの様子その 1 ― CentOS 7 の全自動インストールメディアによる DVD ブートの様子。インストールメディア内に記録されたカーネルと初期 RAMDISK がロードされ、インストーラが起動する。全自動インストール用に isolinux.cfg ファイルを変更しているため、標準の CentOS 7 のインストーラの初期画面とは異なる。

258

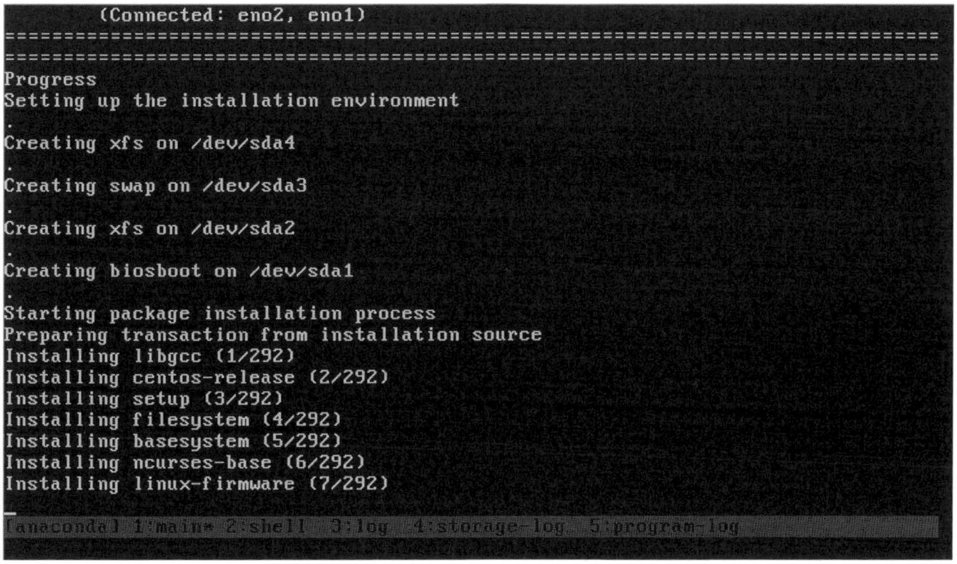

● 10-4 まとめ

```
        (Connected: eno2, eno1)
================================================================
Progress
Setting up the installation environment
.
Creating xfs on /dev/sda4
.
Creating swap on /dev/sda3
.
Creating xfs on /dev/sda2
.
Creating biosboot on /dev/sda1
.
Starting package installation process
Preparing transaction from installation source
Installing libgcc (1/292)
Installing centos-release (2/292)
Installing setup (3/292)
Installing filesystem (4/292)
Installing basesystem (5/292)
Installing ncurses-base (6/292)
Installing linux-firmware (7/292)

[anaconda] 1:main* 2:shell  3:log  4:storage-log  5:program-log
```

図 10-6　KickstartDVD からのブートの様子その 2 ― 全自動インストールメディアに埋め込まれ
た ks.cfg ファイルがロードされ、Kickstart インストールが開始する。ディスクのパー
ティションが自動的に作成され、パッケージがインストールされていることがわかる。

10-4　　まとめ

　本章では、スケールアウト基盤やクラウド基盤で必須ともいえる Kickstart サーバーの構築手順
と全自動インストールメディアの作成手順を紹介しました。CentOS 7 における Kickstart は、従来
の CentOS 6 とほぼ同様の管理手法ですが、pxelinux.cfg/default ファイルの書式などが若干変
わっているため注意を要します。また、1 つの物理ディスク容量が 2TB を超えるものを使って GPT
パーティションを構成することも考えられますので、Kickstart の設定ファイルにおいて、fdisk
ではなく parted を組み込むことが必要になります。本書に掲載した Kickstart による自動インス
トール手順は、parted を使っており、GPT パーティションに対応していますので、2TB を超える
ディスクを搭載した実際のサーバー環境でそのまま利用できます。大量のサーバーに自動的に OS
をインストールする管理の省力化を是非実感してみてください。

259

第 11 章 Hadoop の構築

第11章　Hadoop の構築

先進的なオープンソースソフトウェアの中でも、Hadoop はビッグデータ分析基盤として、多くの注目を集めています。分析基盤といってもさまざまな種類のものが存在しますが、近年の x86 サーバーの性能向上に伴い、大量のサーバーと Hadoop、そして Hadoop を取り巻くエコシステムのソフトウェアを駆使した高速分析基盤やクラウド基盤を構築する企業が増えてきており、今後は Hadoop のインストールや運用のノウハウが必要とされる機会も自ずと増えてくると思われます。本章では、そうしたニーズに応えるための準備として、Hadoop の小規模なテスト環境の構築を行います。なお、取り上げている Hadoop のバージョンは、2015 年 1 月時点において最新の Apache Hadoop 2.6.0 です。

11-1　Hadoop を知る

　近年、ビッグデータの分析基盤ソフトウェアの「Hadoop」が企業で採用され始めています。当初は、米国 Yahoo! が自社で抱える膨大なデータに対する検索処理時間の課題を抱えていたため、Google が出した論文を基に、オープンソースソフトウェアとして Hadoop が開発されました。その後、米国 eBay や米国 Facebook、VISA などにおいて Hadoop の利用が進みました。Hadoop は、米国や欧州の先進的なサービスプロバイダにおける顧客の行動分析だけでなく、現在は、日本の多くのサービスプロバイダ企業でも利用されています。また、サービスプロバイダ以外にも、日

本の製造業における製品の解析、鉄道におけるモデリング、電力会社でのバッチ処理基盤などにも利用が及んでいます。

Hadoop システムは、共有ディスクを持たない分散型のアーキテクチャをとります。大量のサーバーを並べることによるスケールアウトメリットを活かした分析エンジンです。ただし、従来のリレーショナルデータベース（RDBMS）を置き換えるものではありません。厳密なデータの整合性が必要とされるシステムでは、RDBMS で処理しなければなりません。Hadoop の分析対象となるものとしては、たとえば、RDBMS から抽出・コピーしたデータ、機械のセンサで検出される数値データ、ツイッターや SNS の投稿文、Web のアクセスログなどが挙げられます。これらのデータは、一般的にデータベースの表形式で表現しにくいデータであり、非構造化データと呼ばれます。Hadoop には、これらの非構造化データを高速に処理することができる仕組みが備わっています。

11-2　Hadoop のシステム構成

Hadoop には、Cloudera 社の Cloudera's Distribution including Apache Hadoop（通称 CDH）、Hortonworks 社の Hortonworks Data Platform（通称 HDP）、MapR Technologies 社の MapR Distribution including Apache Hadoop など、いくつかの種類が存在しますが、本書では、Apache プロジェクトが提供している最新の Hadoop 2.6.0（2015 年 1 月時点）を CentOS 7 にインストールします。Hadoop のシステム構成は、基本的に Hadoop クラスタのメタデータを保管し、クラスタ全体の調整役を行うマスタノードと、ユーザーデータの保管と分散処理を担当するスレーブノードに分けられます（図 11-1）。

マスタノードは、メタデータを保有しますが、このメタデータが消失すると、スレーブノードにあるデータにアクセスできなくなってしまいます。これはデータロストを意味するため、メタデータが保管されるディスクは、耐障害性のあるサーバーで構成します。またメタデータの消失を防ぐために、メタデータのバックアップを行ってください。メタデータが保管されるハードディスクは、RAID を構成し、耐障害性を高める必要があります。スレーブノードでは、通常は物理サーバー 3 台に分散する形で、ユーザーデータを 3 重化して保管します。データを 3 重化しますので、データノードが 1 台故障してもほかの 2 台がデータを保持しているため、ユーザーは、データにアクセスすることができます。通常は、ハードディスクを JBOD 構成にします。

実際の本番環境においては、マスタノードのデータ保全性とサービスの可用性を考慮する必要がありますが、本章では、マスタノードの高可用性がない構成（マスタノード 1 台の構成）で説明します。

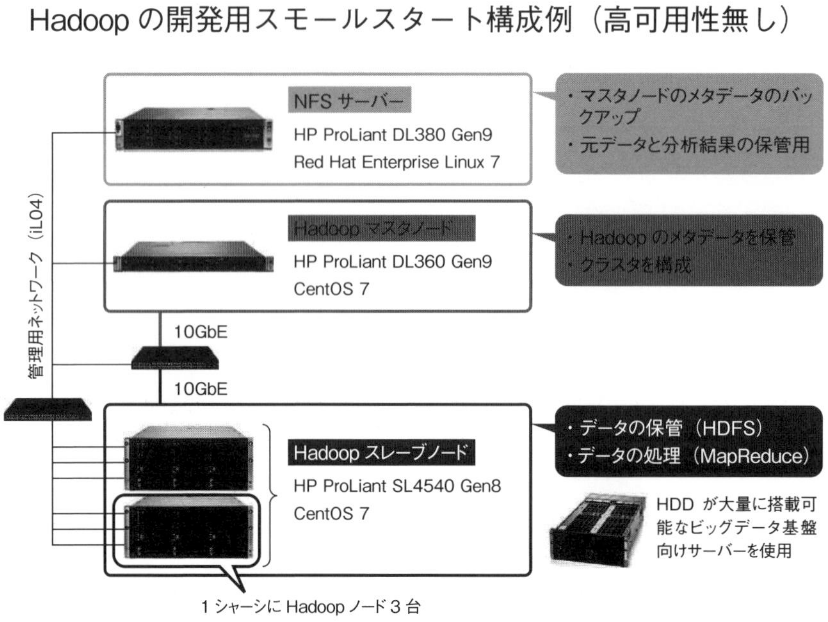

第 11 章 Hadoop の構築

Hadoop の開発用スモールスタート構成例（高可用性無し）

NFS サーバー
HP ProLiant DL380 Gen9
Red Hat Enterprise Linux 7

・マスタノードのメタデータのバックアップ
・元データと分析結果の保管用

Hadoop マスタノード
HP ProLiant DL360 Gen9
CentOS 7

・Hadoop のメタデータを保管
・クラスタを構成

10GbE

10GbE

Hadoop スレーブノード
HP ProLiant SL4540 Gen8
CentOS 7

・データの保管（HDFS）
・データの処理（MapReduce）

HDD が大量に搭載可能なビッグデータ基盤向けサーバーを使用

管理用ネットワーク (iLO4)

1 シャーシに Hadoop ノード 3 台

図 11-1 Hadoop の構成例 ― Hadoop のマスタノードには、Hadoop クラスタ全体を司るメタデータが格納される。スレーブノードにはユーザーデータが保管される。ユーザーデータはレプリカを持つが、マスタノードが 1 ノードであるため高可用性はない構成である。

11-2-1 Hadoop を考慮したシステム構築

　本節では、テスト用の Hadoop のシステム構築するための準備を行います。最初に Hadoop テスト用のハードディスクのパーティショニングを行い、マスタノードとスレーブノードを用意し、それぞれマスタノードとスレーブノードに CentOS 7 をインストールしたのち、Hadoop を構築します。

■パーティショニング

　Hadoop の場合、性能の観点から、OS のパーティションとユーザーデータのパーティションを別々の物理ディスクで構成するとよいでしょう。また、ビッグデータ向けのファイルシステムとして、CentOS 7 が標準でサポートしている XFS で構成します。表 11-1、表 11-2 は、簡易的な Hadoop のテスト環境用に構成したパーティション例です。

262

● 11-2 Hadoop のシステム構成

パーティション	マウントポイント	ファイルシステム	割り当てた容量
/dev/sda1	/boot	XFS	500MB
/dev/sda2	無し	swap	8192MB
/dev/sda3	/	XFS	残りすべて

表 11-1　マスタノードのパーティション例（OS 用の物理ディスクは/dev/sda）

パーティション	マウントポイント	ファイルシステム	割り当てた容量
/dev/sda1	/boot	XFS	500MB
/dev/sda2	無し	swap	8192MB
/dev/sda3	/	XFS	400GB
/dev/sdb1	/home	XFS	3TB

表 11-2　スレーブノードのパーティション例（OS 用の物理ディスクは/dev/sda、データ用は/dev/sdb）

　このテスト環境では、スレーブノードのユーザーデータの保管先を/home にしました。このため、/home は、OS とは別の物理ディスク（/dev/sdb）に構成しています。Hadoop クラスタは、複数のスレーブノードにまたがって 1 つの分散ファイルシステムを構成します。これは Hadoop Distributed File System（通称 HDFS）と呼ばれますが、ここでは、この HDFS をすべてのスレーブノードの/dev/sdb1 を使って構成することにします（図 11-2）。

■ファイヤウォールと SELinux の無効化

　本章で構築する Hadoop クラスタでは、マスタノードとスレーブノードの両方において、ファイヤウォールを OFF にします。また、Apache Hadoop 2.6.0 においては、マスタノードとスレーブノード間の SSH 接続をパスワードなしで行う必要があるため、SELinux を disabled にします。

```
# systemctl disable firewalld
# systemctl stop firewalld
# vi /etc/selinux/config
...
SELINUX=disabled
```

第 11 章 Hadoop の構築

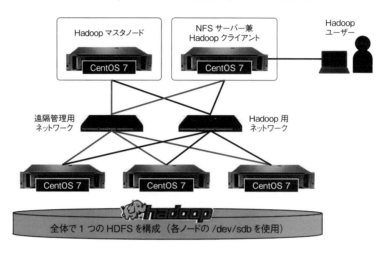

図 11-2　Hadoop システム構成（テスト環境）

```
...
SELINUXTYPE=targeted

# reboot
```

OS の再起動後、SELinux が無効になっているかを確認します。

```
# getenforce
Disabled
```

さらに、ファイヤウォールが無効になっているかを確認します。

```
# firewall-cmd --list-all
FirewallD is not running
```

本書の構築例ではファイヤウォールを無効にしましたが、商用利用ではセキュリティの観点から、Hadoop が利用するポートを考慮し、ファイヤウォールを適切に設定することもありえますので、システム要件によって適切なセキュリティ設定を行ってください。

● 11-2 Hadoop のシステム構成

11-2-2　hosts ファイルの編集

　マスタノードとスレーブノードの/etc/hosts ファイルを編集します。本章では、マスタノード
のホスト名を s0001、スレーブノードのホスト名は、s0002〜s0004 として 3 台登録しました。次に
示したのは、マスタノードが s0001 の 1 台構成で、スレーブノードが 3 台構成の場合の/etc/hosts
の例です。

```
# vi /etc/hosts
...
172.16.25.1        s0001.jpn.linux.hp.com    s0001
172.16.25.2        s0002.jpn.linux.hp.com    s0002
172.16.25.3        s0003.jpn.linux.hp.com    s0003
172.16.25.4        s0004.jpn.linux.hp.com    s0004
```

11-2-3　Hadoop ユーザーの設定

　Hadoop クラスタを利用するユーザーを追加します。Hadoop のジョブは、すべて一般ユーザーで
投入するシステムを想定します。ユーザーが複数必要な場合は、ここで必要なすべてのユーザー
を追加しておきます。

■ユーザーの追加

　次に示した例では、Hadoop クラスタを利用するユーザー名を「hadoop」とし、パスワードは初
期設定で「password」にしました。

```
# useradd -m hadoop
# echo password | passwd hadoop --stdin
# grep hadoop /etc/passwd
hadoop:x:1002:1002::/home/hadoop:/bin/bash
```

■スレーブノードへの公開鍵のコピー

　Hadoop ユーザーがパスワード入力なしで、マスタノードからスレーブノードに SSH ログイン
できるようにするため、マスタノードの公開鍵を全スレーブノードにコピーします。

265

第 11 章 Hadoop の構築

```
$ whoami
hadoop

$ ssh-keygen -t rsa -P '' -f /home/hadoop/.ssh/id_rsa
$ ls -ld /home/hadoop/.ssh
drwx------. 2 hadoop hadoop 36 12月 30 02:19 /home/hadoop/.ssh

$ ls -l /home/hadoop/.ssh
合計 8
-rw-------. 1 hadoop hadoop 1679 12月 30 02:19 id_rsa
-rw-r--r--. 1 hadoop hadoop  400 12月 30 02:19 id_rsa.pub

$ ssh-copy-id hadoop@s0002
The authenticity of host 's0002 (172.16.25.2)' can't be established.
ECDSA key fingerprint is 4c:aa:8f:9f:ca:35:b3:3e:10:49:4b:ee:e1:75:ca:97.
Are you sure you want to continue connecting (yes/no)? yes
/bin/ssh-copy-id: INFO: attempting to log in with the new key(s), to filter out
 any that are already installed
/bin/ssh-copy-id: INFO: 1 key(s) remain to be installed -- if you are prompted
now it is to install the new keys
hadoop@s0001's password:

Number of key(s) added: 1

Now try logging into the machine, with:   "ssh 'hadoop@s0002'"
and check to make sure that only the key(s) you wanted were added.
```

s0002 と同様に、すべてのスレーブノードで繰り返します。

```
$ ssh-copy-id hadoop@s0003
...
$ ssh-copy-id hadoop@s0004
...
```

■ SSH ログインの確認

マスタノードの s0001 から、全スレーブノードに、パスワードなしで SSH ログインができるか
を確認します。

```
$ ssh s0002
Last login: Tue Dec 30 02:45:32 2014 from 172.16.25.1
-bash-4.2$ hostname
```

● 11-3 Java のインストール

```
s0002.jpn.linux.hp.com
$ exit

$ ssh s0003
Last login: Tue Dec 30 02:44:47 2014 from 172.16.25.1
-bash-4.2$ hostname
s0003.jpn.linux.hp.com
-bash-4.2$ exit
logout
Connection to s0003 closed.
-bash-4.2$
```

　これらの設定を行っても、SSH ログイン時に、パスワードの入力を求められる場合は、接続先の SELinux の設定が disabled または permissive になっていないことが考えられます。OS を再起動せずに、SELinux を permissive に設定するには、setenforce 0 を入力します。本番環境では、OS 再起動後も SELinux が disabled または、permissive になるように、/etc/selinux/config ファイルを適切に設定してください。

```
# setenforce 0
```

11-3 Java のインストール

　マスタノードとスレーブノードすべてに Java をインストールします。Java にはいくつか種類がありますが、ここでは、CentOS 7 のリポジトリで提供されている Java を使用します。

```
# yum install -y java
# yum install -y java-1.7.0-openjdk-devel
```

　マスタノードとスレーブノードにおいて、Java のバージョンを確認します。Java のバージョンの確認は java コマンドで行います。

```
# java -version
java version "1.7.0_71"
OpenJDK Runtime Environment (rhel-2.5.3.1.el7_0-x86_64 u71-b14)
OpenJDK 64-Bit Server VM (build 24.65-b04, mixed mode)
```

267

第 11 章 Hadoop の構築

■環境変数の設定

Hadoop に関する環境変数を設定します。環境変数は、Hadoop を利用するユーザーごとに設定する必要があります。CentOS 7 におけるユーザーの bash の環境変数は$HOME/.bash_profile に記述します。

```
$ vi /home/hadoop/.bash_profile
...
export LANG=en_US.utf8
export JAVA_HOME=/usr/lib/jvm/jre
export HADOOP_HOME=/home/hadoop/hadoop-2.6.0
export HADOOP_INSTALL=$HADOOP_HOME
export HADOOP_MAPRED_HOME=$HADOOP_HOME
export HADOOP_COMMON_HOME=$HADOOP_HOME
export HADOOP_HDFS_HOME=$HADOOP_HOME
export HADOOP_YARN_HOME=$HADOOP_HOME
export HADOOP_COMMON_LIB_NATIVE_DIR=$HADOOP_HOME/lib/native
export PATH=$PATH:$HADOOP_HOME/sbin:$HADOOP_HOME/bin
export JAVA_LIBRARY_PATH=$HADOOP_HOME/lib/native:$JAVA_LIBRARY_PATH
```

ユーザー hadoop の.bash_profile ファイルにおいて、環境変数の JAVA_HOME には、インストールした Java のディレクトリ/usr/lib/jvm/jre を指定します。また、ここでインストールする Hadoop の tarball（Apache 版の Hadoop 2.6.0）は、ユーザー hadoop のホームディレクトリ配下に展開します。このため、HADOOP_HOME は、/home/hadoop/hadoop-2.6.0 にします。

■シンボリックリンクの確認

/home/hadoop/.bash_profile に設定した環境変数のうち、JAVA_HOME に設定した/usr/lib/jvm/jre は、/etc/alternatives/jre へのシンボリックリンクになっており、さらに、/etc/alternatives/jre は、CentOS 7 の OpenJDK 版の Java 1.7.0 の場合は、/usr/lib/jvm/java-1.7.0-openjdk-1.7.0.71-2.5.3.1.el7_0.x86_64/jre へのシンボリックリンクになっています。これらのシンボリックリンクが、正しく貼られているかを確認しておきます。

```
$ ls -l /usr/lib/jvm/jre
lrwxrwxrwx. 1 root root 21 10月 20 21:24 /usr/lib/jvm/jre -> /etc/alternatives/jre
$ ls -l /etc/alternatives/jre
lrwxrwxrwx. 1 root root 65 10月 20 21:24 /etc/alternatives/jre -> /usr/lib/jvm/java-
1.7.0-openjdk-1.7.0.71-2.5.3.1.el7_0.x86_64/jre
```

● 11-4 Hadoop の設定

11-4   Hadoop の設定

Hadoop の最新版の tarball を入手し、ユーザーのホームディレクトリに展開します。2015 年 1 月時点における Apache Hadoop の最新版は、2.6.0 です。

11-4-1   Hadoop の展開

/home/hadoop/.bash_profile 内に記述した HADOOP_HOME=/home/hadoop/hadoop-2.6.0 と整合性が取れるように tarball を展開します。

```
# su - hadoop
$ pwd
/home/hadoop
$ wget http://ftp.meisei-u.ac.jp/mirror/apache/dist/hadoop/common/hadoop-2.6.
0/hadoop-2.6.0.tar.gz
$ tar xzvf hadoop-2.6.0.tar.gz -C ./
$ ls -lF
drwxr-xr-x. 9 hadoop hadoop      4096 Nov 14 06:20 hadoop-2.6.0/
-rw-r--r--. 1 hadoop hadoop 195257604 Dec 30 00:48 hadoop-2.6.0.tar.gz
```

11-4-2   Hadoop の設定ファイルの作成

Hadoop には、XML で記述された設定ファイルがあります。主な設定ファイルは、次の 4 つです。

- ●core-site.xml：マスタノードの指定、データの I/O のバッファサイズの指定など
- ●yarn-site.xml：リソースマネージャの指定やメモリ割り当て容量など
- ●hdfs-site.xml：レプリカ数の指定、HDFS のディレクトリの指定など
- ●mapred-site.xml：分散処理の仕組みである「MapReduce」の各種パラメーターの設定など

■ core-site.xml

まず、core-site.xml ファイルを作成します。設定ファイル内の fs.default.name の値に、「hdfs://マスタノード名:9000」を指定します。マスタノードを s0001 にしますので、「hdfs://s0001:9000」を指定します。

269

第 11 章 Hadoop の構築

```
$ vi $HADOOP_HOME/etc/hadoop/core-site.xml
<?xml version="1.0" encoding="UTF-8"?>
<?xml-stylesheet type="text/xsl" href="configuration.xsl"?>
<configuration>
<property>
  <name>fs.default.name</name>
    <value>hdfs://s0001:9000</value>    ←マスタノードを指定する
</property>
</configuration>
```

■ yarn-site.xml

次に、yarn-site.xml ファイルを作成します。Hadoop クラスタ全体の資源管理を行うのがリ
ソースマネージャです。リソースマネージャのノードを s0001 に指定するため、設定ファイル内
に「yarn.resourcemanager.hostname」に s0001 を指定するように記述します。

```
$ vi $HADOOP_HOME/etc/hadoop/yarn-site.xml
<?xml version="1.0"?>
<configuration>
<property>
  <name>yarn.resourcemanager.hostname</name>
  <value>s0001</value>    ←リソースマネージャのノードを s0001 にする
</property>
<property>
  <name>yarn.nodemanager.aux-services</name>
    <value>mapreduce_shuffle</value>
</property>
</configuration>
```

■ hdfs-site.xml

hdfs-site.xml ファイルを作成します。Hadoop クラスタでは、一般的に HDFS のレプリカ数
を 3 にします。レプリカ数を 3 にするには、「dfs.replication」の値を 3 に指定します。さら
に、HDFS を構成するディレクトリのパスをマスタノードは、dfs.name.dir に、データノードは、
dfs.data.dir に指定します。今回は、マスタノードとスレーブノードの HDFS のディレクトリ
を次のようにします。

●マスタノード：/home/hadoop/hadoopdata/hdfs/namenode

●スレーブノード：/home/hadoop/hadoopdata/hdfs/datanode

```
$ vi $HADOOP_HOME/etc/hadoop/hdfs-site.xml
<?xml version="1.0" encoding="UTF-8"?>
<?xml-stylesheet type="text/xsl" href="configuration.xsl"?>
<configuration>
<property>
 <name>dfs.replication</name>
 <value>3</value>    ←HDFSのレプリカ数を3に設定し、3重化でデータを持つ
</property>
<property>
  <name>dfs.name.dir</name>    ←マスタノードのHDFSのパラメーター
    <value>file:///home/hadoop/hadoopdata/hdfs/namenode</value>   ←HDFSのディレクトリ
</property>
<property>
  <name>dfs.data.dir</name>    ←スレーブノードのHDFSのパラメーター
    <value>file:///home/hadoop/hadoopdata/hdfs/datanode</value>   ←HDFSのディレクトリ
</property>
</configuration>
```

■ mapred-site.xml

mapred-site.xml ファイルを作成します。Apache Hadoop 2.6.0 では、分散処理のフレームワークとして YARN を指定することができます。YARN は、CPU やメモリなどのハードウェア資源のスケジューリングや分散処理基盤向けのアプリケーション開発のためのフレームワークです。

```
$ vi $HADOOP_HOME/etc/hadoop/mapred-site.xml
<?xml version="1.0"?>
<?xml-stylesheet type="text/xsl" href="configuration.xsl"?>
<configuration>
<property>
  <name>mapreduce.framework.name</name>    ←分散処理のフレームワークのパラメーター
    <value>yarn</value>    ←分散処理のフレームワークとしてYARNを利用する
</property>
</configuration>
```

第 11 章 Hadoop の構築

■ slaves ファイルの作成

スレーブノードのホスト名を記述したファイル「slaves」を作成します。

```
$ vi $HADOOP_HOME/etc/hadoop/slaves
s0002
s0003
s0004
```

11-4-3　HDFS の設定

ここからは、いよいよ、HDFS と YARN の起動し、Hadoop クラスタを構成します。マスタノードでは、HDFS を管理する NameNode サービスと、Hadoop クラスタ全体の管理を行う ResourceManager サービスを稼働させます。HDFS を利用可能にするためには、初回にフォーマット行う必要があります。一方、各スレーブノードでは、HDFS を構成する DataNode サービスと、ノードの管理を行う NodeManager サービスを稼働させます。マスタノードの NameNode と各スレーブノードの DataNode が通信を行い、全体で 1 つの HDFS を構成します。また、ResourceManager と NodeManager が連携し、YARN と呼ばれる分散処理の仕組みを提供します。分散アプリケーションのタスクは、この ResourceManager によって割り当てられ、NodeManager によって実行される仕組みになっています。マスタノードとスレーブノードで起動すべき Hadoop に関する最低限のサービスは**表 11-3**のようになります。

	HDFS	YARN
マスタノード	NameNode	ResourceManager
スレーブノード	DataNode	NodeManager

表 11-3　マスタノードとスレーブノードで起動される Hadoop のサービス

フォーマットが正常に完了し、これらのサービスがすべて正常に稼働すれば、基本的に、Hadoop クラスタを利用することができます。ユーザーが HDFS に流し込んだデータは、スレーブノードにまたがって一定のブロックサイズに分割されて格納されます。また、格納したデータに対して、ユーザーが作成した独自のアプリケーションは、YARN を使って実行することにより、各スレーブノードで並列処理されます。ユーザーは、Hadoop クライアントからデータを流し込んだり、HDFS

272

●11-4 Hadoop の設定

上のデータの中身などを確認することが可能です。

■ HDFS のフォーマット

HDFS のフォーマットは、マスタノード上で行います。hdfs コマンドに-format オプションを
付与します。フォーマット作業は、ユーザー hadoop で行います。

```
$ which hdfs
~/hadoop-2.6/bin/hdfs

$ hdfs namenode -format
14/12/30 06:29:59 INFO namenode.NameNode: STARTUP_MSG:
/************************************************************
STARTUP_MSG: Starting NameNode
STARTUP_MSG:   host = s0001.jpn.linux.hp.com/172.16.25.1
STARTUP_MSG:   args = [-format]
STARTUP_MSG:   version = 2.6.0
...
14/12/30 06:30:02 INFO util.ExitUtil: Exiting with status 0
14/12/30 06:30:02 INFO namenode.NameNode: SHUTDOWN_MSG:
/************************************************************
SHUTDOWN_MSG: Shutting down NameNode at s0001.jpn.linux.hp.com/172.16.25.1
************************************************************/
```

■ HDFS と Yarn の起動

エラーがなければ「Exiting with status 0」と表示されて無事フォーマットが完了します。
次に、マスタノードで、HDFS と Yarn を起動します。

```
$ hadoop-daemon.sh --script hdfs start namenode
$ yarn-daemon.sh start resourcemanager
```

■ HDFS メタデータの確認

マスタノード上に HDFS のメタデータ情報が格納されているかを確認します。

```
$ ls -l /home/hadoop/hadoopdata/hdfs/namenode/current/
total 16
-rw-rw-r--. 1 hadoop hadoop 353 Dec 30 08:38 fsimage_0000000000000000000
```

第 11 章 Hadoop の構築

```
-rw-rw-r--. 1 hadoop hadoop  62 Dec 30 08:38 fsimage_0000000000000000000.md5
-rw-rw-r--. 1 hadoop hadoop   2 Dec 30 08:38 seen_txid
-rw-rw-r--. 1 hadoop hadoop 203 Dec 30 08:38 VERSION
```

■データノードの起動

全スレーブノードで、DataNode と NodeManager を起動します。

```
$ hadoop-daemon.sh  --script hdfs start datanode
$ yarn-daemon.sh start nodemanager
```

■ HDFS の確認

マスタノード上で HDFS の状態を確認します。次に示した HDFS のレポートは、s0002 から
s0004 の 3 ノードのスレーブノードで HDFS を構成した例です。

```
$ hdfs dfsadmin -report
Configured Capacity: 8809441173504 (8.01 TB)
Present Capacity: 8749512728576 (7.96 TB)
DFS Remaining: 8749512716288 (7.96 TB)  ←HDFS の空き容量
DFS Used: 12288 (12 KB)  ←HDFS の総使用量
DFS Used%: 0.00%  ←HDFS の総使用量の割合
Under replicated blocks: 0
Blocks with corrupt replicas: 0
Missing blocks: 0


-------------------------------------------------
Live datanodes (3):  ←現在稼働中のデータノード数

Name: 172.16.25.3:50010 (s0003.jpn.linux.hp.com)  ←データノードの IP アドレスとポート番号
Hostname: s0003.jpn.linux.hp.com  ←データノードのホスト名
Decommission Status : Normal  ←s0003 のデコミッションの状態
Configured Capacity: 2936480391168 (2.67 TB)  ←s0003 が提供する HDFS の容量
DFS Used: 4096 (4 KB)
Non DFS Used: 559947776 (534.01 MB)  ←非 HDFS 領域の使用量
DFS Remaining: 2935920439296 (2.67 TB)  ←s0003 が提供する HDFS の空き容量
DFS Used%: 0.00%  ←s0003 が提供する HDFS の使用量の割合
DFS Remaining%: 99.98%  ←s0003 が提供する HDFS の空き容量の割合
Configured Cache Capacity: 0 (0 B)
Cache Used: 0 (0 B)
```

● 11-4 Hadoop の設定

```
Cache Remaining: 0 (0 B)
Cache Used%: 100.00%
Cache Remaining%: 0.00%
Xceivers: 1
Last contact: Tue Dec 30 08:54:32 JST 2014
...
```
※ほかのデータノードの出力は省略

■スレーブノードの確認

スレーブノードの状態を確認します。スレーブノードの大まかな状態を知るには、yarn コマンドが用意されています。

```
$ whoami
hadoop

$ which yarn
~/hadoop-2.6.0/bin/yarn

$ yarn node -list
14/12/30 09:02:40 INFO client.RMProxy: Connecting to ResourceManager at s0001/
172.16.25.1:8032
Total Nodes:3
                        Node-Id          Node-State Node-Http-Address      ...
s0004.jpn.linux.hp.com:44317             RUNNING s0004.jpn.linux.hp.com:8042
s0003.jpn.linux.hp.com:51662             RUNNING s0003.jpn.linux.hp.com:8042
s0002.jpn.linux.hp.com:42363             RUNNING s0002.jpn.linux.hp.com:8042
```

■マスタノードの Java 仮想マシンを確認

マスタノードの Java 仮想マシンのプロセスを確認します。マスタノードでは、NameNode とResourceManager が稼働している必要があります。Java 仮想マシンのプロセスを確認するには、jpsコマンドを入力します。

```
$ jps
29129 Jps
55081 NameNode
55315 ResourceManager
```

275

第 11 章 Hadoop の構築

■ スレーブノードの Java 仮想マシンの確認

スレーブノードで稼働している Java 仮想マシンのプロセスを確認します。プロセスは、DataNode と NodeManager が稼働している必要があります。

```
$ jps
6008 NodeManager
7388 DataNode
24045 Jps
```

■ Hadoop クラスタ構成の確認

Hadoop クラスタが構成されているかを Web インタフェースで確認しておくとよいでしょう。Hadoop クラスタの状態を確認するには、Web ブラウザから HTTP プロトコルでマスタノードを指定し、50070 番ポートにアクセスします（図 11-3、図 11-4）。

```
$ firefox http://s0001:50070 &
```

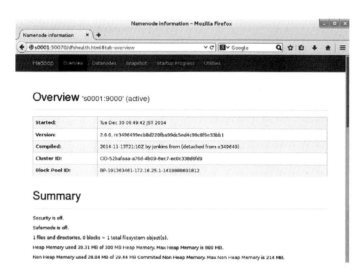

図 11-3　マスタノードの 50070 番ポートにアクセス ─ Hadoop クラスタの管理画面の Web インタフェース。Hadoop のバージョンが 2.6.0 であることがわかる。

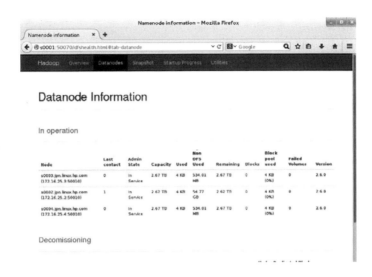

図 11-4　マスタノードの 50070 番ポートにアクセスその 2 — Hadoop のデータノードが s0002、s0003、s0004 で構成されていることがわかる。

11-4-4　Hadoop の基本的なテスト

　Hadoop による分散処理のテストを行うため、Hadoop クライアントとなる別のファイルサーバーを用意します。このファイルサーバーに保管されているデータを、Hadoop クライアントのコマンドを使って、Hadoop クラスタに転送します。

■ Hadoop ユーザーの作成

　Hadoop クライアントとなるファイルサーバー側では、各種 Hadoop 関連のコマンドが利用できるように、useradd コマンドで hadoop ユーザーを作成し、環境変数が設定された .bash_profile ファイルと /home/hadoop 以下をマスタノードからコピーしてください（以降のクライアントのコマンド操作は、「client #」あるいは「client $」で表します）。

```
client # useradd -m hadoop
client # echo password | passwd hadoop --stdin
client # su - hadoop
client $ whoami
hadoop
client $ scp -r s0001:/home/hadoop/hadoop-2.6.0 .
Password: xxxxxx
```

第 11 章 Hadoop の構築

```
client $ scp -r s0001:/home/hadoop/.bash_profile .
client $ source $HOME/.bash_profile
```

■テスト用データの用意

ここでテストのためにコピーするデータは、ファイルサーバーに保管されている/usr/share/doc ディレクトリ以下のデータすべてとします。Hadoop クラスタでは、ファイルサーバーやデータベースサーバーから大量のデータを転送する運用が一般的ですが、コピー元の複数のディレクトリに同一ファイル名のデータが存在し、それらのデータを Hadoop クラスタ上において別々のファイルとして分析を行いたい場合があります。この場合、データに連番を付けて 1 つのディレクトリ上にコピーするスクリプトを用意しておくとよいでしょう。

次に示したスクリプトは、コピー元のディレクトリからすべてのテキストファイルを 1 つのディレクトリに連番を付けてファイルをコピーする find.sh です。

```
#!/bin/sh
SRC=$1
DIR=$2
n=1
mkdir -p $DIR
for i in `find $SRC -type f`;
do
 cp -a $i ${DIR}/`basename ${i}_${n}`; n=`expr ${n} + 1`
done
```

find.sh スクリプトをファイルサーバー上で実行します。

```
$ whoami
hadoop
$ sh ./find.sh /usr/share/doc ./localdir0001
```

find.sh スクリプトでは、ローカルにある/usr/share/doc 以下のディレクトリすべてに対して find コマンドで通常ファイルを見つけ出し、ファイル名に連番を付けて、ローカルの localdir0001 ディレクトリに保管します。

```
$ ls -l ./localdir0001/
....
```

278

● 11-4 Hadoop の設定

■データのコピー先ディレクトリの作成

連番が付いたファイル群をコピーする前に、Hadoop クラスタの HDFS 上のコピー先となるディレクトリを作成しておきます。HDFS 上にディレクトリを作成するには、hdfs コマンドに「dfs -mkdir」オプションを付与します。

```
client $ hdfs dfs -mkdir -p /user/hadoop/datadir0001
client $ hdfs dfs -ls /user/hadoop
Found 1 items
drwxr-xr-x   - hadoop supergroup          0 2015-01-08 13:13 /user/hadoop/datadir0001
```

■データのコピー

連番が付いたファイルが保管されている localdir0001 ディレクトリ以下のすべてのファイルを HDFS にコピーします。通常のローカルのファイルサーバーのファイルシステムから HDFS にコピーするには、hdfs コマンドに「-put」オプションを付与します。

```
client $ hdfs dfs -put ./localdir0001/* /user/hadoop/datadir0001/
```

HDFS へコピーするファイル数が多い場合は、時間がかかります。一般的に、テラバイト級のデータを取り扱うビッグデータのシステムにおいて、Hadoop クラスタへの大量のデータの流し込みに膨大な時間がかかることが多く、圧縮によるファイルサイズの縮小や、10GbE/40GbE 対応のネットワーク機器を導入するなどの対応が求められます。

■コピーしたファイルの確認

HDFS へのファイルのコピーが終えたら、Hadoop クラスタにコピーしたファイル群を確認します。HDFS 上のファイルを確認するには、hdfs コマンドに dfs -ls オプションを付与します。

```
client $ hdfs dfs -ls /user/hadoop/datadir0001
```

■サンプルプログラムの実行

Hadoop クラスタにコピーしたファイルに対して、単語別の出現頻度を出力するサンプルプログラムを実行します。

279

第 11 章 Hadoop の構築

```
client $ pwd
/home/hadoop
client $ hadoop jar hadoop-2.6.0/share/hadoop/mapreduce/hadoop-mapreduce-exampl
es-2.6.0.jar grep /user/hadoop/datadir0001 /user/hadoop/output0001 '[a-z.]+'
...
14/12/30 10:10:30 INFO mapreduce.Job: Running job: job_1419889847559_0001
14/12/30 10:10:42 INFO mapreduce.Job: Job job_1419889847559_0001 running in ube
r mode : false
14/12/30 10:10:42 INFO mapreduce.Job:  map 0% reduce 0%
14/12/30 10:10:49 INFO mapreduce.Job:  map 46% reduce 0%
14/12/30 10:10:54 INFO mapreduce.Job:  map 80% reduce 0%
14/12/30 10:10:57 INFO mapreduce.Job:  map 100% reduce 0%
14/12/30 10:10:58 INFO mapreduce.Job:  map 100% reduce 100%
14/12/30 10:10:58 INFO mapreduce.Job: Job job_1419889847559_0001 completed succ
essfully
...
```

■ Hadoop ジョブの出力結果の確認

Hadoop ジョブの出力結果を確認します。出力結果は、HDFS 上の /user/hadoop/output0001
ディレクトリ以下に part-r-00000 というファイルに出力されています。

```
$ whoami
hadoop
$ hdfs dfs -ls /user/hadoop/output0001/
Found 2 items
-rw-r--r--   3 hadoop supergroup          0 2015-01-02 02:33 /user/hadoop/outpu
t0001/_SUCCESS
-rw-r--r--   3 hadoop supergroup    1878246 2015-01-02 02:33 /user/hadoop/outpu
t0001/part-r-00000
```

ファイルの内容を確認してみます。出現回数の多い単語ベスト 10 を出力します。

```
$ hdfs dfs -cat /user/hadoop/output0001/part-r-00000 | head -10
458361  the
341239  .
317931  a
267368  to
210833  of
171656  and
138667  in
134453  is
```

280

● 11-4 Hadoop の設定

```
127766  for
103190  or
```

出力結果より、ファイルサーバーの/usr/share/doc ディレクトリ以下に保管されたファイル
に含まれる文章において、単語「the」の出現回数が最も多いことがわかります。

11-4-5　ClusterSSH を使ったクラスタシステムの構築・管理

Hadoop クラスタや科学技術計算向けの HPC クラスタ、ソフトウェア定義型の分散ストレージ
基盤のような大量のサーバーノードを使ったクラスタシステムの場合、1 台ずつ手動でコマンド
を入力する方法では、管理に時間がかってしまいます。そこで、管理の効率化のために、管理対
象ノードに一斉にコマンドを発行するツールを導入することが一般的です。大量の管理対象ノー
ドに一斉にコマンド発行するツールとしては、HP Cluster Management Utility や、オープンソース
の ClusterSSH、dsh（Distributed Shell）、pconsole などがあります。その中でも ClusterSSH は、指定
した管理対象ノードに対して、一斉に仮想端末ウィンドウの xterm を起動して SSH 接続を行う機
能や、管理対象ノードをグループに分けて管理する機能などがあります。

■ ClusterSSH のインストール

CentOS 7 上での ClusterSSH のインストール方法と使用方法を解説します。ClusterSSH の導入
には、perl-Tk、perl-X11-Protocol、xterm パッケージが必要ですので、yum コマンドでインス
トールします[1]。

```
# yum install -y perl-Tk perl-X11-Protocol xterm
# yum install -y ftp://ftp.pbone.net/mirror/li.nux.ro/download/nux/dextop/el7
Server/x86_64/clusterssh-3.28-8.el7.nux.noarch.rpm
```

■管理対象ノードの設定

ClusterSSH の管理対象ノードを記述したファイルを用意します。ファイル名は任意です。ファ
イル内には、管理対象ノードが所属するクラスタ名（ここでは cluster001）を clusters 行に指
定し、その直下の行にクラスタ名と管理対象ノードをスペースで区切って記述します。

＊1　perl-X11-Protocol のインストールには、事前に EPEL リポジトリを登録しておく必要があります。

281

第 11 章 Hadoop の構築

```
# vi /root/hostlist
clusters cluster001
cluster001 s0001 s0002 s0003 s0004
```

■ **全ノードへの SSH 接続**

用意した hostlist ファイルと接続したいクラスタ名を指定します。次に示した cssh コマンドの実行例は、クラスタ「cluster001」に所属する s0001 から s0004 までの 4 台の管理対象ノードすべてに対して SSH 接続を行う例です（図 11-5）。

```
# cssh -c /root/hostlist cluster001
```

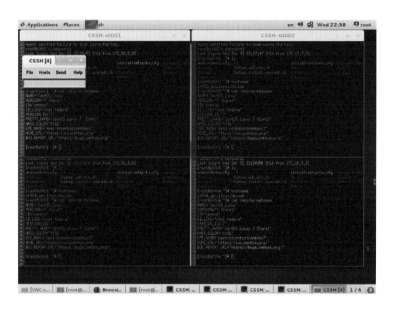

図 11-5　ClusterSSH による一斉 xterm 起動 ― ClusterSSH による一斉コマンド発行の様子。管理対象ノードに対して、一斉に xterm を起動し、SSH 接続を行う。左上の小さいウィンドウ内でコマンドを発行すると、管理対象ノードに対して、一斉にコマンドが発行される。

11-5　まとめ

　本章では、Apache Hadoop の最新版の 2.6.0 を CentOS 7 がインストールされた x86 サーバー上で構築する方法を紹介しました。本書で掲載した Hadoop クラスタは、あくまでテスト環境であり、非常に小規模なものですが、基本的な Hadoop クラスタの構築手順と簡単な使用方法が理解できるように配慮したつもりです。あとは、Hadoop 自体の細かいパラメーターを追加し、チューニングを施していく作業になります。

　今回は、単語の出現頻度を算出するサンプルプログラムを実行しましたが、本番環境では、分散処理のためのアプリケーションをユーザー自身が作成します。まずは、簡単なサンプルプログラムを実行し、そのプログラムに合うチューニングポイントを見つけるようにしましょう。是非この機会に、新しくなった CentOS 7 の運用ノウハウの習得と併せて、最先端の Hadoop の世界に飛び込んでみてください。

第12章 GlusterFSと Ceph

分散ストレージ基盤を構成する OSS としては、GlusterFS が有名です。この GlusterFS は、科学技術計算クラスタの分野では有名なソフトウェアでしたが、Red Hat Storage として商用版が登場したこともあり、一躍有名になりました。GlusterFS は、コミュニティによって開発が続けられていますが、すでに多くの事例があり、今後も多くの機能拡張が予定されています。GlusterFS と並んで最近注目を集めているのが Ceph（セフ）です。Ceph は、クラウド基盤におけるストレージを意識した OSS であり、OpenStack のストレージ基盤を Ceph で構成する議論が海外で盛んに行われています。分散ストレージソフトウェアは、GlusterFS や Ceph 以外にも商用製品版も含めいくつか存在しますが、本章では、話題性の高いコミュニティ版の GlusterFS と Ceph の構築手順と基礎的な運用管理手法、利用方法を取り上げます。

12-1　分散ストレージ基盤とは

　クラウド基盤を検討するユーザーの間で話題になっているものとして、「ソフトウェア定義型ストレージ」があります。ソフトウェア定義型ストレージとは、従来の FC ストレージや iSCSI ストレージのような専用機器ではなく、業界標準の x86 サーバーとオープンソースを駆使したストレージシステムを指します。多くは、分散型のアーキテクチャを採るため、分散ストレージ基盤

ソフトウェアとも呼ばれます（図12-1）。

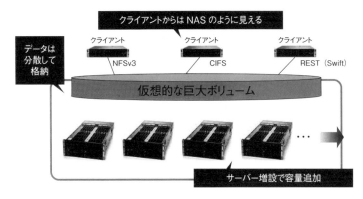

図12-1　一般的な分散ストレージ基盤のシステム構成 ― ストレージを提供するのは業界標準のx86サーバーで構成する。サーバーはストレージノードと呼ばれ、それぞれに分散ストレージソフトウェアをインストールする。分散ストレージ基盤では、ノードをまたがって1つのボリュームを構成し、クライアントに提供する。

12-2　GlusterFSのシステム構成

　GlusterFSのシステム構成は、すべてのノードを同一のスペックで統一し、ディスクを大量に搭載できるサーバーを用意します。ディスクを大量に搭載できるサーバーを選択する理由は、高さ1Uや2Uのサーバーに比べ、ラック当たりの記録容量が大きくなるためです。GlusterFSによる分散ストレージ基盤には、Apache Hadoopに見られるようなマスタノードやスレーブノードといった区別がありません。また、単一障害点（Single Point of Failure: SPOF）がありません。1つのノードに障害が発生しても、ほかのノードがデータのレプリカを持つことで、ユーザーは、データにアクセスできます。とはいえ、分散ストレージは、ユーザーデータの保管場所であるため、各ノードは、耐障害性のあるサーバーで構成しなければなりません。GlusterFSの商用版であるRed Hat Storageにおいても、サーバーの要件として、信頼性の高いRAID構成が必須になっています。GlusterFSの構成を検討する場合は、まずRed Hat Storageのシステム要件を必ずチェックしてください[1]。

---

[1]　Red Hat Storageのシステム要件：https://access.redhat.com/articles/66206

第 12 章 GlusterFS と Ceph

　GlusterFS におけるデータの消失を防ぐためには、GlusterFS を構成する分散ストレージ基盤とは別に、比較的安価なストレージやテープ装置を設置し、データをレプリケーションさせておくことをお勧めします。GlusterFS では、物理サーバー 2 台以上の複数台に分散する形で、ユーザーデータを多重化して保管するのが一般的です。Hadoop においては、ノードの内蔵ディスクを JBOD にし、ノードをまたいだ 2 重化を構成しますが、GlusterFS では、ノードの内蔵ディスクを RAID で耐障害性を高め、さらにノードをまたいだ 2 重化で構成します（図 12-2）。

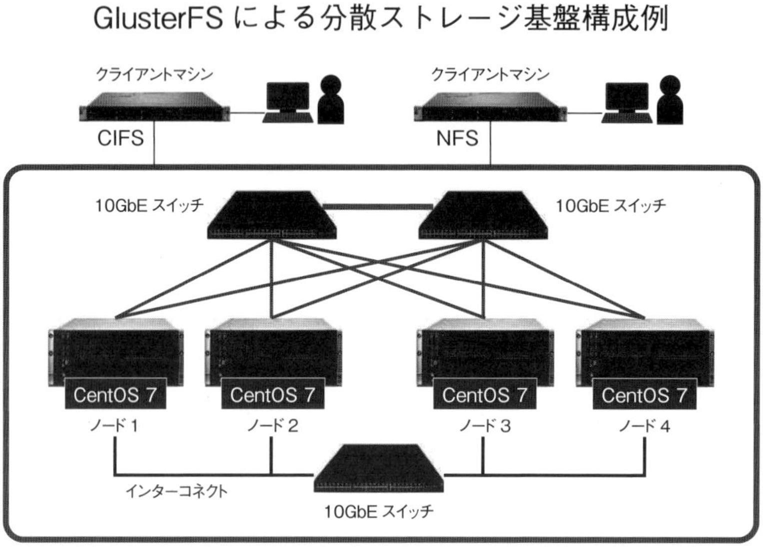

GlusterFS による分散ストレージ基盤構成例

図 12-2　Gluster のハードウェア構成 — GlusterFS を構成するノード間は、高速なインターコネクトが利用される。通常は、10GbE などの高速通信が可能なネットワーク機器を導入する。

■注意■ Red Hat Storage におけるテクノロジープレビューを必ず確認する

　GlusterFS を利用する場合は、GlusterFS の商用製品である Red Hat Storage のリリースノートを必ず確認します。2015 年 1 月現在、Red Hat Storage では、データのボリュームの種類として、ストライプボリューム、分散ストライプボリューム、分散ストライプ・レプリカボリューム、ストライプ・レプリカボリュームが Technology Preview となっています。さらに、レプリカ数は 2 までが正式サポートとなっています。Technology Preview の機能については、商用製品であっても技術的な保守サポートを受けることができません。すなわち、GlusterFS において

● 12-2 GlusterFS のシステム構成

も、同様の条件のもとで利用するか、相応のリスクを覚悟のうえで利用することを検討すべき
です。トラブルの解決も利用者自身で行う必要があります。FC ストレージやテープ装置などを
使ったバックアップシステムの導入やデータレプリケーションなどを併せて検討してください。

　性能を出すためには、ストライプボリュームの採用を検討したいところですが、現時点で、
Red Hat Storage においても、ストライピングを行わないレプリカ数 2 の「レプリカボリュー
ム」のみがサポートされている状況ですので、採用するボリューム構成には十分注意し、リス
クを承知のうえで利用してください。

Red Hat Storage のリリースノート：

https://access.redhat.com/documentation/en-US/Red_Hat_Storage/3/pdf/3.0_Update_3_

Release_Notes/Red_Hat_Storage-3-3.0_Update_3_Release_Notes-en-US.pdf

12-2-1　GlusterFS を構築する場合のパーティション設計

　本章では、Gluster コミュニティが提供している最新の GlusterFS 3.6.1（2015 年 1 月時点）を
CentOS 7 にインストールしますが、GlusterFS による分散ストレージシステムを構築する場合、OS
のパーティションとユーザーデータのパーティションを別々の物理ディスクで構成します。また、
GlusterFS のファイルシステムは、CentOS 7 が標準でサポートしている XFS で構成します。ここ
で示す構成例は、一筐体に HDD が最大 60 個搭載可能な HP ProLiant SL4540 Gen8 サーバー 1 台
での、GlusterFS のテスト環境で構成したパーティション例です。内蔵ディスクのうち、サーバー
筐体の OS 用ディスクでは RAID1 を構成し、データ用は RAID6 を構成しています。これを複数
ノード用意し、GlusterFS を構成します（表 12-1）。

RAID レベル	パーティション	マウントポイント	ファイルシステム	容量
RAID1	/dev/sda1	/boot	XFS	500MB
RAID1	/dev/sda2	なし	swap	8192MB
RAID1	/dev/sda3	/	XFS	400GB
RAID6	/dev/sdb1	/data	XFS	3TB

表 12-1　GlusterFS のパーティション例（OS 用の物理ディスクは/dev/sda、データ用は/dev/sdb）

表 12-1 に示したように、GlusterFS ノードのユーザーデータの保管先を/data にしました。/data

287

第 12 章 GlusterFS と Ceph

は、OS とは別の物理ディスク（/dev/sdb）に構成します。GlusterFS による分散ストレージ用の
ファイルシステムは、/dev/sdb1 を使って構成することにします。通常は、用途によって RAID の
論理ボリュームやパーティションを複数に分けますが、ここでは、/dev/sdb1 に /data パーティ
ション 1 つを構成します。それでは、すべてのノードに CentOS 7 がインストールされている前提
で、GlusterFS を構成します。

まず、GlusterFS を構成する前に、OS のバージョンを最新にしておきます。

```
# yum update -y
```

12-2-2　ファイヤウォールと SELinux の無効化

GlusterFS を構成する各ノードでは、ファイヤウォールと SELinux を無効にしておきます。

```
# systemctl stop firewalld
# systemctl disable firewalld
# vi /etc/selinux/config
...
SELINUX=disabled
...
```

GlusterFS を構成するすべてのノードにおいて、/etc/hosts に全ノードの IP アドレスとホスト
名の対応を登録しておきます。

```
# vi /etc/hosts
192.168.2.71    s0001.jpn.linux.hp.com   s0001
...
192.168.2.76    s0006.jpn.linux.hp.com   s0006
192.168.2.77    s0007.jpn.linux.hp.com   s0007
192.168.2.78    s0008.jpn.linux.hp.com   s0008
```

すべてノードが、NTP により時刻が同期できるように設定します。NTP サーバーは、GlusterFS
を構成するノード以外で別途用意します。タイムゾーンもすべてのノードで同じに設定します。

```
#  timedatectl set-timezone Asia/Tokyo
# ls -l /etc/localtime
lrwxrwxrwx 1 root root 32 Jan 11 08:51 /etc/localtime -> ../usr/share/zoneinfo/
Asia/Tokyo
# reboot
```

288

● 12-2 GlusterFS のシステム構成

すべてのノードで GlusterFS のリポジトリを登録します。wget コマンドを使ってリポジトリの
設定ファイルを入手します。プロキシーサーバーを経由してインターネットにアクセスする環境
では、/etc/wgetrc ファイルにプロキシーサーバーを登録しておきます。

```
# cp /etc/wgetrc /etc/wgetrc.org
# echo "http_proxy=http://your.proxy.server:8080" >> /etc/wgetrc
```

「your.proxy.server」の個所は、自社のプロキシーサーバーの FQDN を記述します。

```
# wget http://download.gluster.org/pub/gluster/glusterfs/LATEST/CentOS/gluste
rfs-epel.repo -O /etc/yum.repos.d/glusterfs-epel.repo
```

ノードにリポジトリを登録できましたので、glusterfs-epel.repo の内容を確認しておきます。

```
# cat /etc/yum.repos.d/glusterfs-epel.repo
# Place this file in your /etc/yum.repos.d/ directory

[glusterfs-epel]
name=GlusterFS is a clustered file-system capable of scaling to several petabytes.
baseurl=http://download.gluster.org/pub/gluster/glusterfs/LATEST/EPEL.repo/epel-$rele
asever/$basearch/
enabled=1
skip_if_unavailable=1
gpgcheck=1
gpgkey=http://download.gluster.org/pub/gluster/glusterfs/LATEST/EPEL.repo/pub.key

[glusterfs-noarch-epel]
name=GlusterFS is a clustered file-system capable of scaling to several petabytes.
baseurl=http://download.gluster.org/pub/gluster/glusterfs/LATEST/EPEL.repo/epel-$rele
asever/noarch
enabled=1
skip_if_unavailable=1
gpgcheck=1
gpgkey=http://download.gluster.org/pub/gluster/glusterfs/LATEST/EPEL.repo/pub.key

[glusterfs-source-epel]
name=GlusterFS is a clustered file-system capable of scaling to several petabytes. -
Source
baseurl=http://download.gluster.org/pub/gluster/glusterfs/LATEST/EPEL.repo/epel-$rele
asever/SRPMS
enabled=0
skip_if_unavailable=1
gpgcheck=1
gpgkey=http://download.gluster.org/pub/gluster/glusterfs/LATEST/EPEL.repo/pub.key
```

GlusterFS をインストールします。

第 12 章 GlusterFS と Ceph

```
# yum install -y glusterfs-server
```

GlusterFS 関連の最新パッケージがインストールされているかを確認します。

```
# rpm -qa |grep gluster
glusterfs-api-3.6.1-1.el7.x86_64
glusterfs-3.6.1-1.el7.x86_64
glusterfs-fuse-3.6.1-1.el7.x86_64
glusterfs-server-3.6.1-1.el7.x86_64
glusterfs-libs-3.6.1-1.el7.x86_64
glusterfs-cli-3.6.1-1.el7.x86_64
```

■ GlusterFS の起動

GlusterFS のサービスは、glusterd デーモンが担います。CentOS 7 向けの GlusterFS 関連のパッケージは、systemd での管理に対応していますので、systemctl コマンドでサービスを起動できます。すべてのノードで glusterd を起動します。

```
# systemctl start glusterd
# systemctl enable glusterd
# systemctl status glusterd
glusterd.service - GlusterFS, a clustered file-system server
   Loaded: loaded (/usr/lib/systemd/system/glusterd.service; enabled)
   Active: active (running) since Sun 2015-01-11 09:05:34 JST; 4s ago
  Process: 8151 ExecStart=/usr/sbin/glusterd -p /var/run/glusterd.pid (code=exi
ted, status=0/SUCCESS)
 Main PID: 8152 (glusterd)
   CGroup: /system.slice/glusterd.service
           mq8152 /usr/sbin/glusterd -p /var/run/glusterd.pid

Jan 11 09:05:34 centos70vm06 systemd[1]: Starting GlusterFS, a clustered fil....
Jan 11 09:05:34 centos70vm06 systemd[1]: Started GlusterFS, a clustered file....
Hint: Some lines were ellipsized, use -l to show in full.
```

12-2-3　parted コマンドによるデータ領域の作成

OS 領域とは別の物理ディスクである/dev/sdb に GlusterFS のデータ用のパーティションを作成します。通常、GlusterFS の 1 ノードが提供するデータ領域は、テラバイト級になることが普通です。各ノードのデータ領域が 2TB を超える場合は、GPT パーティションで構成しなければなりませ

290

● 12-2 GlusterFS のシステム構成

ん。GPT パーティションの作成には、`fdisk` コマンドは使用できないため、代わりに `parted` コマンドを使用します。また、GlusterFS のデータ領域は、LVM で構成する必要があります。GlusterFS のような分散型のスケールアウト基盤においては、作業時間の短縮を図るため、`parted` によるパーティション作成をスクリプト化しておくとよいでしょう。次の例は、`/dev/sdb` に GPT パーティションで LVM 領域を作成する `mkpart.sh` の例です。

```sh
#!/bin/sh
D=/dev/sdb  ←データ領域となるデバイス
parted -s ${D} 'mklabel gpt'  ←GPT ラベルを作成
parted -s ${D} 'mkpart primary 0 -1'  ←プライマリパーティションを最大容量で作成
parted -s ${D} 'set 1 lvm on'  ←パーティションタイプを LVM に設定
parted -s ${D} 'print'  ←作成したパーティションを出力
partprobe ${D}  ←パーティションの変更を OS のカーネルに通知
```

`mkpart.sh` スクリプトは、`/dev/sdb` すべてを割り当てますので、プライマリパーティションの `/dev/sdb1` のみが作成されます。すべてのノードで `mkpart.sh` スクリプトを実行します。

```
# sh ./mkpart.sh
Warning: The resulting partition is not properly aligned for best performance.
Model: ATA MB3000GCWDB (scsi)
Disk /dev/sdb: 3001GB
Sector size (logical/physical): 512B/512B
Partition Table: gpt
Disk Flags:

Number  Start   End     Size    File system  Name     Flags
 1      17.4kB  3001GB  3001GB               primary  lvm
```

12-2-4 　LVM 論理ボリュームの作成

GlusterFS では、各ノードの内蔵ディスクを使用しますので、外付けの FC ストレージなどは利用しません。そのため、外付けの FC ストレージなどで利用されるマルチパス関連の設定を無効化しておきます。

```
# systemctl stop multipathd  ←マルチパスデーモンを停止
# systemctl disable multipathd  ←マルチパスデーモンを無効化
# systemctl status multipathd  ←マルチパスデーモンの状態を確認
# mpathconf --disable  ←マルチパスを無効化
# mpathconf  ←現在のマルチパスの状態を確認
```

第 12 章 GlusterFS と Ceph

```
multipath is disabled
find_multipaths is enabled
user_friendly_names is enabled
dm_multipath module is not loaded
multipathd is not running
```

　マルチパス関連の設定を無効にしたら、データ領域である LVM 論理ボリュームを作成します。
LVM 論理ボリュームは、Physical volume（PV）の作成、Volume Group（VG）の作成、Logical Volume
（LV）の順で作成します。LV を作成したら、XFS でフォーマットします。GlusterFS では、XFS
でのフォーマット時のオプションとして「-i size=512」を指定します。設定するノードが大量
にある場合は、省力化のために、これらの一連の作業をスクリプト化しておくことをお勧めしま
すが、手動で行う場合のコマンドラインとしては、次のようになります。

```
# pvcreate -y -ff /dev/sdb1  ←LVM の PV (/dev/sdb1) を作成
  Physical volume "/dev/sdb1" successfully created

# vgcreate -y -f /dev/vg01 /dev/sdb1  ←/dev/sdb1 上に VG (/dev/vg01) を作成
  Volume group "vg01" successfully created

# lvcreate -n /dev/vg01/lv01 -l 100%FREE -W /dev/vg01  ←vg01 上に LV (/dev/vg01/lv01) を作成
  Logical volume "lv01" created

# mkfs.xfs -i size=512 /dev/vg01/lv01  ←LV の lv01 を XFS でフォーマット
```

　この手順を自動化するスクリプト mklvm.sh を作成しておくとよいでしょう。mklvm.sh スクリ
プトの例を次に示します。

```
#!/bin/sh
PT=/dev/sdb1  ←データ領域となるパーティション
VG=/dev/vg01  ←VG を定義
LV=${VG}/lv01  ←LV を定義
/sbin/pvcreate -y -ff        $PT   ←PV を作成
/sbin/vgcreate -y -f         $VG $PT  ←VG を作成
/sbin/lvcreate -n            $LV -l 100%FREE $VG  ←LV を作成
/sbin/mkfs.xfs -i size=512 $LV  ←XFS でフォーマット
```

　mklvm.sh スクリプトは、LVM 論理ボリュームを作成し、XFS ファイルシステムを作成すると
ころまでを自動化します。次のように、mklvm.sh を実行します。

```
# sh ./mklvm.sh
```

● 12-2 GlusterFS のシステム構成

■補足■

　メンテナンスを容易にするため、LVM 論理ボリュームを削除するスクリプトを用意しておくとよいでしょう。次の例は、物理ボリューム名が/dev/sdb1、ボリュームグループ名が/dev/vg01 の論理ボリューム/dev/vg01/lv01 を削除する rmlvm.sh スクリプトの例です。wipefs コマンドにより、指定した論理ボリュームのシグネチャを削除している点に注意します。デバイスをXFS で一度でも利用すると、そのデバイスには、XFS のシグネチャが記録されます。シグネチャが付いた論理ボリュームを再利用する場合、lvcreate する際にシグネチャの上書きの有無を問われます。mkpart.sh スクリプトで LVM 論理ボリュームを作成する運用では、シグネチャの有無が問われるとキーボード入力の介入が発生し、運用の自動化の妨げになります。XFS で利用した論理ボリュームのシグネチャを削除して、デバイスを再利用するためにも、wipefs コマンドで XFS のシグネチャを削除しておくことをお勧めします。

```
#!/bin/sh
PT=/dev/sdb1      ←削除するパーティションを定義
VG=/dev/vg01      ←削除する VG を定義
LV=${VG}/lv01     ←削除する LV を定義
umount              $LV    ←LV をアンマウント
wipefs           -f -a $LV  ←LV のシグネチャを削除
/sbin/lvremove -f    $LV    ←LV を削除
/sbin/vgremove -f    $VG    ←VG を削除
/sbin/pvremove -ff   $PT    ←PV を削除
df -HT    ←ファイルシステムの表示
```

次に示したのは、rmlvm.sh スクリプトの実行例です。

```
# sh ./rmlvm.sh
umount: /dev/vg01/lv01: not mounted
/dev/vg01/lv01: 4 bytes were erased at offset 0x00000000 (xfs): 58 46 53 42
  Logical volume "lv01" successfully removed
  Volume group "vg01" successfully removed
  Labels on physical volume "/dev/sdb1" successfully wiped
Filesystem      Type     Size  Used Avail Use% Mounted on
/dev/sda4       xfs       54G  9.6G   45G  18% /
devtmpfs        devtmpfs 8.4G     0  8.4G   0% /dev
tmpfs           tmpfs    8.4G   82k  8.4G   1% /dev/shm
tmpfs           tmpfs    8.4G   18M  8.3G   1% /run
tmpfs           tmpfs    8.4G     0  8.4G   0% /sys/fs/cgroup
/dev/sda5       xfs      3.0T  783M  3.0T   1% /home
/dev/sda2       xfs      521M  172M  350M  33% /boot
```

第 12 章 GlusterFS と Ceph

■ LVM 論理ボリュームを XFS でマウントする

データ領域である LVM 論理ボリュームの XFS フォーマットされた領域が、ノード起動後に自動的にマウントされるように/etc/fstab にエントリを記述します。XFS フォーマットされた領域をマウントするディレクトリ名は、/data とします。

```
# echo "/dev/vg01/lv01 /data xfs noatime,inode64 0 0" >> /etc/fstab
# grep /dev/vg01/lv01 /etc/fstab
/dev/vg01/lv01 /data xfs noatime,inode64 0 0
# mkdir /data
# mount /data
# df -HT
Filesystem            Type      Size  Used Avail Use% Mounted on
/dev/sda4             xfs        54G  9.6G   45G  18% /
devtmpfs              devtmpfs  8.4G     0  8.4G   0% /dev
tmpfs                 tmpfs     8.4G   82k  8.4G   1% /dev/shm
tmpfs                 tmpfs     8.4G   18M  8.3G   1% /run
tmpfs                 tmpfs     8.4G     0  8.4G   0% /sys/fs/cgroup
/dev/sda5             xfs       3.0T  783M  3.0T   1% /home
/dev/sda2             xfs       521M  172M  350M  33% /boot
/dev/mapper/vg01-lv01 xfs       3.0T   34M  3.0T   1% /data
```

■クラスタへのノード追加

クラスタを構築する操作は、ノードのうちの 1 台で行います。ここでは、ノード s0001 で操作します。ノード s0001 でほかのノードを検出し、クラスタに追加します。次の例は、s0002 を検出し、クラスタへ追加することで、ノード s0001、s0002 の 2 台でクラスタを構成します（以降のノード s0001 でのコマンド操作は、「s0001 #」で表します）。

```
s0001 # gluster peer probe s0002
peer probe: success.
```

ノード s0002 がクラスタに追加されているかを確認します。

```
s0001 # gluster peer status
Number of Peers: 1

Hostname: s0002
Uuid: af058364-26f1-4b3d-a558-d72b906aee47
State: Peer in Cluster (Connected)
```

● 12-2 GlusterFS のシステム構成

作業を行っているノード s0001 自体の検出とクラスタへの参加の操作は不要です。

■ボリュームの作成

次に、ボリュームを作成します。ここでは、Red Hat Storage でもサポートされている 2 ノードにまたがって同じデータを保持する「レプリカボリューム」を作成します。ボリュームを作成するには、各ノードのデータ用の LVM 論理ボリュームの/data パーティションがマウントされていることが前提ですので、事前に/data が正しくマウントされているかを確認してください。レプリカボリュームを作成する場合は、各ノードが提供する XFS 領域のマウントポイント（ここでは/data）配下に、さらにディレクトリを作成するように指定する必要があります。ここでは、レプリカボリューム用の「vol_movie01」ディレクトリを作成するようにします。

```
s0001 # gluster volume create vol_movie01 replica 2 s0001:/data/vol_movie01 s00
02:/data/vol_movie01
volume create: vol_movie01: success: please start the volume to access data
```

このように、gluster コマンドに「replica 2」を指定することで、レプリカ数 2 のボリュームが作成されます。s0001:/data/vol_movie01 と s0002:/data/vol_movie01 を指定することで、ノード s0001 と s0002 の/data/vol_movie01 ディレクトリがレプリカボリューム用として作成されます。ボリュームの作成に成功したら、ボリュームをスタートさせます。

```
s0001 # gluster volume start vol_movie01
volume start: vol_movie01: success
```

ボリュームの状態を確認します。

```
s0001 # gluster volume info

Volume Name: vol_movie01    ←ボリューム名
Type: Replicate    ←レプリカボリューム
Volume ID: e35b9e98-3567-4122-8301-cd6f509efc66
Status: Started
Number of Bricks: 1 x 2 = 2
Transport-type: tcp
Bricks:
Brick1: s0001:/data/vol_movie01    ←ノード s0001 が持つブリックのディレクトリパス
Brick2: s0002:/data/vol_movie01    ←ノード s0002 が持つブリックのディレクトリパス
```

この「Type:」に「Replicate」が表示されているとレプリカボリュームを意味します。ここでは、s0001 と s0002 でレプリカボリュームを構成していますので、クライアントからファイルを

295

第 12 章 GlusterFS と Ceph

GlusterFS 上のボリュームにコピーすると、s0001 と s0002 にファイルが複製されて保管されます。

12-2-5　クライアントから GlusterFS を利用する

クライアントから GlusterFS を利用するには、クライアントに FUSE アクセスを行うパッケージ
をインストールします。次の例は、クライアントマシンで実行します（以降のクライアントでの
コマンド操作は、「client #」で表します）。

```
client # wget http://download.gluster.org/pub/gluster/glusterfs/LATEST/CentOS/
glusterfs-epel.repo -O /etc/yum.repos.d/glusterfs-epel.repo

client # yum install -y glusterfs-fuse

client # rpm -qa | grep gluster
glusterfs-libs-3.6.1-1.el7.x86_64
glusterfs-fuse-3.6.1-1.el7.x86_64
glusterfs-api-3.6.1-1.el7.x86_64
glusterfs-3.6.1-1.el7.x86_64
```

このパッケージをインストールしたクライアントマシンは、mount コマンドに-t glusterfs を
指定できるようになります。これは、FUSE（Filesystem in User Space）と呼ばれるもので、GlusterFS
で一般的な方法です。クライアントから FUSE を使って GlusterFS にマウントしますが、ここで
は、GlusterFS を構成するノード s0001 を指定してマウントします。マウントすべきボリューム名
は、「gluster volume info」で出力される「Volume Name」に表示されているボリューム名です。
これで、データを GlusterFS 上に格納することができます。

```
client # mount -t glusterfs s0001:vol_movie01 /mnt
client # df -HT | grep mnt
s0001:vol_movie01 fuse.glusterfs   3.0T    34M  3.0T     1% /mnt
```

■注意■

実際の本番環境では、GlusterFS の CTDB(Cluster Trivial Database) が提供する浮動 IP に対
してマウントを行います。浮動 IP は、GlusterFS が提供する NFS サービスと Samba サービスに
紐付いた IP フェールオーバーを実現します。これにより、ノード障害が発生しても CTDB が提
供する IP フェールオーバーの機能により、クライアントは、浮動 IP アドレスを使ってボリュー

296

● 12-2 GlusterFS のシステム構成

> ムを利用し続けることが可能です。IP フェールオーバーの設定については、次の Administration
> Guide が参考になります。
>
> https://access.redhat.com/documentation/en-US/Red_Hat_Storage/3/html/Administration_
>
> Guide/sect-Configuring_Automated_IP_Failover_for_NFS_and_SMB.html#Setting_Up_CTDB

　クライアントからボリュームをマウントできたら、cp コマンドなどで GlusterFS にデータをコ
ピーできるか確認します。このとき、ボリュームへのデータのコピーは、必ずクライアントから
行います。GlusterFS のクラスタを構成するほかのノード上からコピーすることはサポートされ
ません。ここでは、複数の MP4 形式の動画ファイルを GlusterFS のボリュームにコピーしてみま
しょう。

```
client # cp -a /home/koga/movie*.mp4 /mnt
```

GlusterFS 上に動画ファイルが格納されているかを各ノードで確認します。

```
# hostname
s0001
# ls -l /data/vol_movie01/
合計 993056
-rw-r--r-- 2 root root 242237440  1月 19 04:53 movie001.mp4
-rw-r--r-- 2 root root  36090661  1月 19 04:43 movie002.mp4
-rw-r--r-- 2 root root  13942784  1月 19 04:45 movie003.mp4
...

# hostname
s0002
# ls -l /data/vol_movie01/
合計 993056
-rw-r--r-- 2 root root 242237440  1月 19 04:53 movie001.mp4
-rw-r--r-- 2 root root  36090661  1月 19 04:43 movie002.mp4
-rw-r--r-- 2 root root  13942784  1月 19 04:45 movie003.mp4
...
```

■注意■

> 　ユーザーデータの追加や削除操作などは、クライアントマシンからマウントされたディレク
> トリで行う必要があります。GlusterFS 側の/data/vol_movie01 ディレクトリ以下に保存された

第 12 章 GlusterFS と Ceph

ユーザーデータを直接追加・削除するなどの操作はサポートされませんので注意してください。

12-2-6　クラスタへのノード追加

　GlusterFS の特徴は、ボリュームがオンラインの状態でノードを追加し、ボリュームを拡張できることです。以降では、ボリュームがオンライン状態になっているクラスタに、物理サーバーを追加し、既存ボリュームを拡張します。レプリカ数 2 のレプリカボリュームを構成する GlusterFS のクラスタにノードを追加する場合は、2 ノードずつ追加します。事前準備として、追加するノード s0003 と s0004 において、s0001 と s0002 と同様に、GlusterFS 用の LVM ボリューム（今回の例では、/data）をマウントしておきます。/etc/fstab の記述も忘れずに行っておきます。既存の GlusterFS クラスタにノード s0003 と s0004 を追加するには、gluster peer コマンドで追加ノードのホスト名を指定します。

```
# hostname
s0001

# gluster peer probe s0003
peer probe: success.

# gluster peer probe s0004
peer probe: success.
```

　ノード s0003 と s0004 が追加されていることを確認します。

```
# gluster peer status
Number of Peers: 3

Hostname: s0002
Uuid: af058364-26f1-4b3d-a558-d72b906aee47
State: Peer in Cluster (Connected)

Hostname: s0003
Uuid: 0e9cba95-948d-4950-aa87-62045f13dcf6
State: Peer in Cluster (Connected)

Hostname: s0004
Uuid: 8c9239e9-1bbc-4829-b870-73707affb417
State: Peer in Cluster (Connected)
```

298

● 12-2 GlusterFS のシステム構成

この状態で、ボリューム vol_movie01 を拡張します。ボリュームの拡張は、gluster コマンドに「volume add-brick」を指定します。add-brick には既存のボリューム名を指定し、追加する物理ノードが提供する GlusterFS 用の LVM ボリュームのマウントポイントを指定します。

```
# gluster volume add-brick vol_movie01 s0003:/data/vol_movie01 s0004:/data/vol_
movie01
volume add-brick: success
```

ボリューム vol_movie01 が 4 ノードで構成されているかを確認します。

```
# gluster volume info

Volume Name: vol_movie01
Type: Distributed-Replicate
Volume ID: e35b9e98-3567-4122-8301-cd6f509efc66
Status: Started
Number of Bricks: 2 x 2 = 4
Transport-type: tcp
Bricks:
Brick1: s0001:/data/vol_movie01
Brick2: s0002:/data/vol_movie01
Brick3: s0003:/data/vol_movie01
Brick4: s0004:/data/vol_movie01
```

クライアントから見えているボリュームの容量が拡張されているかを確認します。

```
client # df -HT | grep mnt
s0001:vol_movie01 fuse.glusterfs   6.0T   1.1G   6.0T    1% /mnt
```

このように、ボリューム vol_movie01 の容量が 3TB から 6TB に拡張されていることがわかります。

12-2-7　ボリュームに保管されているデータのリバランス

現在は、s0001 と s0002 の GlusterFS のボリューム vol_movie01 に動画ファイルが保存されていますが、追加したノード s0003 と s0004 にはデータが存在しません。これは、データの保存状況に偏りが生じている状況です。

データの偏りを改善するために、GlusterFS には、データの保存の割合をクラスタのノード群でできるだけ均一化させる「リバランス」の機能が備わっています。データのリバランスによるデータの偏りをできるだけ小さくすることで、ストレージを効率的に使うことができます。リバラン

第 12 章 GlusterFS と Ceph

スを行うには、gluster volume コマンドに rebalance とボリューム名を指定します。

```
# hostname
s0001

# gluster volume rebalance vol_movie01 start
```

　s0001、s0002 以外にも追加したノード s0003、s0004 のボリューム vol_movie01（ディレクトリは/data/vol_movie01）に動画ファイルがリバランスされて配置されているかを確認してください。

　ここでは、GlusterFS による基本的な操作の一部を紹介しましたが、GlusterFS には、これ以外にもボリュームに対する操作や監視を行うなど、豊富な機能が備わっています。まずは、本書に示したクラスタの構成と基本的な利用方法をマスタしてください。なお、本番環境で構築する場合は、必ず CTDB による IP フェールオーバーを設定してください。また、ノードの擬似障害やディスク障害によるパーティション消失の擬似障害、ディスク交換、ノード交換時のデータ復旧手順を検証し、GlusterFS が提供するデータの可用性がサービスレベル要件を満たすことができているかを必ずチェックするようにしてください。

12-3　分散ストレージソフトウェア Ceph

　最近注目を浴びているオープンソースの一つに Ceph（セフ）があります。Ceph は、まだ発展途上の分散ストレージ基盤ソフトウェアですが、安定稼働に向けた動作テストや性能検証が進められており、仮想化やクラウド基盤向けのソフトウェアとして、GlusterFS と並んで注目を集めています。

　Ceph は、企業向けのサポートを含む Ceph Enterprise と、コミュニティ版の Ceph の 2 種類が存在します。Ceph Enterprise は、Inktank 社（現 Red Hat 社）が開発を手掛けている商用製品です。Red Hat Summit 2014 においても、Inktank 社がブースを出展しており、最新の Ceph Enterprise に関する技術情報が提供されていました。

● 12-3 分散ストレージソフトウェア Ceph

12-3-1 Ceph のアーキテクチャとシステム構成

Ceph は、Gluster と同様に、複数の x86 サーバーで分散ストレージを構成するソフトウェアです。Ceph は、オブジェクトストレージ、ブロックストレージ、ファイルシステムをクライアントに提供することができます（**表 12-2**）。

オブジェクトストレージ	ブロックストレージ	ファイルシステム
RESTful API に対応	ゲスト OS イメージの保管	FUSE アクセスをサポート
OpenStack Swift と連携可能	エキサバイト級に対応	POSIX 互換
Amazon S3 互換	Cinder と連携可能	/etc/fstab に記述可能
マルチテナント対応	KVM、Xen に対応	CIFS/NFS/HDFS などに対応

表 12-2　Ceph が提供する主な機能

オブジェクトストレージは、OpenStack Swift や Amazon S3 のように、マルチテナントを意識したストレージサービスで、クライアントは RESTful API を使ってデータを読み書きします。ブロックストレージは、仮想マシンの OS イメージや DVD iso イメージを保管するためのストレージです。また、Ceph は POSIX 互換のファイルシステムである CephFS（Ceph FileSystem）を提供しており、GlusterFS と同様に、クライアントマシンから FUSE によるアクセスが可能です。このため、クライアントマシンは、ほかの NFS、CIFS、GlusterFS と同様に/etc/fstab ファイルに CephFS でマウントするように記述できます。

Ceph には、分散されたデータを管理する仕組みとして RADOS (Reliable, Autonomic, Distributed Object Store) があります。RADOS は、Ceph を構成するノード群（一般に Ceph ストレージクラスタと呼びます）全体の状態監視、データのレプリカの作成、障害検知などを担当します。RADOS は、障害監視を行うモニタデーモン（通常 Monitor）と、データのレプリカの作成などを担当するオブジェクトストレージデーモン（通称 OSD）から構成されます。実際のデータが格納されるノードでは、OSD が稼働します。一方、Monitor は、3 台または 5 台程度の奇数の台数で構成します。さらに、CephFS によるアクセスを可能にするためには、メタデータサーバーを構築する必要があります。このメタデータサーバーでは、メタデータサーバーデーモン（通称 MDS）が稼働しており、CephFS によるクライアントからのアクセスを制御します（**図 12-3**）。

301

第 12 章　GlusterFS と Ceph

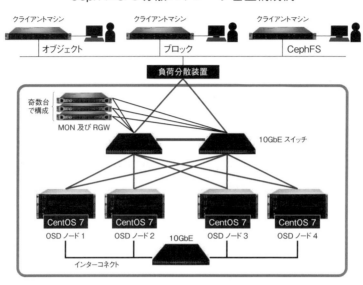

図 12-3　Ceph のハードウェア構成 ― Ceph のストレージ基盤構成例。コミュニティ版の Ceph が CentOS 7 で利用可能である。よりビジネスユースの安定した環境を望む場合は、Ceph Enterprise と RHEL 7 の組み合わせが推奨される。

12-3-2　Ceph のインストールと利用法

　Ceph は非常に多機能ですが、本書では、最も基本的な構築手順と、シンプルで典型的な利用方法を紹介します。ここでは、非常にシンプルな表 12-3 の構成で Ceph を構築します。

ノードの種類	物理サーバーのホスト名	役割
OSD ノード	s0001、s0002、s0003	ユーザーデータが格納されるサーバー
MON ノード	s0001、s0002、s0003	Ceph ストレージクラスタ全体の監視
MDS ノード	mds01	CephFS でアクセスする場合に必要
管理ノード	admin	ceph-deploy による構築・管理
クライアント	client	Ceph クラスタを利用するユーザーのマシン

表 12-3　Ceph の構成

● 12-3 分散ストレージソフトウェア Ceph

このように、OSD ノード兼 MON ノードが 3 台、MDS ノードが 1 台で Ceph ストレージクラスタを構成します。ここでは、評価用のテスト環境のため、MDS ノードについては、1 台構成とし、HA 構成ではありません。

Ceph では、`ceph-deploy` と呼ばれるクラスタ構築を簡単に行うツールが用意されています。`ceph-deploy` は、今回、管理ノード上にインストールします。`ceph-deploy` の前提条件として、管理ノードと各 OSD/MON ノード間、MDS ノード間でパスワード入力なしの SSH 接続が可能になっている必要があります。

Ceph ストレージクラスタは、Hadoop クラスタや GlusterFS と同様に、性能の観点から、OS のパーティションとユーザーデータのパーティションを別々の物理ディスクで構成します。また、CentOS 7 が標準でサポートしている XFS で構成します。次の例は、Ceph のテスト環境で構成したパーティション例です（表 12-4、表 12-5）。

パーティション	マウントポイント	ファイルシステムの種類	割り当て容量
/dev/sda1	/boot	XFS	500MB
/dev/sda2	なし	swap	8192MB
/dev/sda3	/	XFS	残りすべて

表 12-4　MDS/管理ノードのパーティション例（OS 領域の物理ディスクは/dev/sda）

パーティション	マウントポイント	ファイルシステムの種類	割り当て容量
/dev/sda1	/boot	XFS	500MB
/dev/sda2	なし	swap	8192MB
/dev/sda3	/	XFS	400GB
/dev/sdb1	/var/lib/ceph/osd 配下	XFS	3TB

表 12-5　OSD/MON ノードのパーティション例（OS 用は/dev/sda、データ用は/dev/sdb）

まず、事前に全ノードで/etc/hosts ファイルへのホスト名の登録を行います。以降のコマンド操作では、admin ノードでのコマンドプロンプトを「admin #」、クライアントのコマンドプロンプトを「client #」で表します。

303

第 12 章 GlusterFS と Ceph

```
admin # vi /etc/hosts
...
172.16.1.11    mds01.jpn.linux.hp.com    mds01
172.16.1.12    admin.jpn.linux.hp.com    admin
172.16.1.13    client.jpn.linux.hp.com   client
...
172.16.1.71    s0001.jpn.linux.hp.com    s0001
172.16.1.72    s0002.jpn.linux.hp.com    s0002
172.16.1.73    s0003.jpn.linux.hp.com    s0003

admin # scp /etc/hosts s0001:/etc/
admin # scp /etc/hosts s0002:/etc/
admin # scp /etc/hosts s0003:/etc/
admin # scp /etc/hosts mds01:/etc/
```

　管理ノードと各 OSD/MON ノードの間、管理ノードと MDS ノード間でパスワード入力なしの
SSH 接続を行うため、ノード admin から、ssh-copy-id コマンドで SSH の公開鍵を登録しておき
ます。

```
admin # ssh-keygen -t rsa
admin # ssh-copy-id root@s0001
admin # ssh-copy-id root@s0002
admin # ssh-copy-id root@s0003
admin # ssh-copy-id root@mds01
```

　パスワード入力なしで admin から s0001、s0002、s0003、mds01 に SSH 接続できるかを確認し
ます。

```
admin # ssh -l root s0001
admin # ssh -l root s0002
...
```

　admin ノード、OSD/MON ノード、MDS ノードすべての OS を最新の状態にします。

```
admin # ssh -l root s0001 "yum update -y && reboot"
admin # ssh -l root s0002 "yum update -y && reboot"
admin # ssh -l root s0003 "yum update -y && reboot"
admin # ssh -l root mds01 "yum update -y && reboot"
admin # yum update -y && reboot
```

　admin ノードで、Ceph のリポジトリを作成します。次の例は、Ceph のリリースとして「Giant」
を選択しますので、パッケージの入手先 URL は、次のようになります。

●12-3 分散ストレージソフトウェア Ceph

```
http://ceph.com/rpm-giant/el7/noarch/
```

この URL を含んだリポジトリを admin ノードで作成します。

```
admin # vi /etc/yum.repos.d/ceph.repo
[ceph-noarch]
name=Ceph noarch packages
baseurl=http://ceph.com/rpm-giant/el7/noarch    ←Giant の URL を指定
enabled=1
gpgcheck=1
type=rpm-md
gpgkey=https://ceph.com/git/?p=ceph.git;a=blob_plain;f=keys/release.asc
```

admin ノードに、ceph-deploy パッケージをインストールします。

```
admin # yum install -y ceph-deploy
admin # rpm -qa | grep ceph
ceph-deploy-1.5.21-0.noarch
```

ceph-deploy コマンドを使って、OSD ノードで Ceph ストレージクラスタを構成します。まず、クラスタ名のディレクトリを作成します。今回、クラスタ名は、mycluster にしました。このディレクトリ内で作業します。

```
admin # mkdir /root/mycluster
admin # cd /root/mycluster
```

mycluster クラスタとして、OSD ノードを登録します。

```
admin # ceph-deploy new s0001 s0002 s0003
[ceph_deploy.conf][DEBUG ] found configuration file at: /root/.cephdeploy.conf
[ceph_deploy.cli][INFO  ] Invoked (1.5.21): /usr/bin/ceph-deploy new s0001 s0002 s0003
[ceph_deploy.new][DEBUG ] Creating new cluster named ceph
[ceph_deploy.new][INFO  ] making sure passwordless SSH succeeds
[s0001][DEBUG ] connected to host: admin
[s0001][INFO  ] Running command: ssh -CT -o BatchMode=yes s0001
[s0001][DEBUG ] connected to host: s0001
...
[ceph_deploy.new][DEBUG ] Writing initial config to ceph.conf...
```

カレントディレクトリに設定ファイル ceph.conf が生成されていますので、内容を確認します。

```
admin # pwd
```

305

第 12 章　GlusterFS と Ceph

```
/root/mycluster

admin # cat ceph.conf
[global]
fsid = 8c6df3b3-f864-4a32-9934-98d17ef9465e
mon_initial_members = s0001, s0002, s0003   ←初期の MON ノードのメンバ
mon_host = 172.16.1.71,172.16.1.72,172.16.1.73   ←MON ノードの IP アドレス一覧
auth_cluster_required = cephx
auth_service_required = cephx
auth_client_required = cephx
filestore_xattr_use_omap = true
osd_pool_default_size = 2   ←OSD が提供するデフォルトのプールのサイズ
osd_journal_size = 512   ←OSD のジャーナルサイズ
```

　Ceph ストレージクラスタを構成するノード群に、Ceph の関連パッケージをインターネット経
由でインストールします。GPG キーや EPEL リポジトリ、Ceph リポジトリなどが自動的に組み込
まれ、Ceph に関連するパッケージがインストールされます。

```
admin # pwd
/root/mycluster

admin # ceph-deploy install s0001 s0002 s0003 admin mds01   ←各ノードに Ceph をインストール
...
[s0002][INFO  ] Running command: ceph --version
[s0002][DEBUG ] ceph version 0.87 (c51c8f9d80fa4e0168aa52685b8de40e42758578)
...
[s0003][DEBUG ] detect machine type
[ceph_deploy.install][INFO  ] Distro info: CentOS Linux 7.0.1406 Core
[s0003][INFO  ] installing ceph on s0003
[s0003][INFO  ] Running command: yum clean all
[s0003][DEBUG ] Loaded plugins: fastestmirror, langpacks
...
[s0003][INFO  ] adding EPEL repository   ←EPEL リポジトリが自動的に追加される
[s0003][INFO  ] Running command: yum -y install epel-release
...
[mds01][DEBUG ]
[mds01][DEBUG ] Complete!
[mds01][INFO  ] Running command: ceph --version
[mds01][DEBUG ] ceph version 0.87 (c51c8f9d80fa4e0168aa52685b8de40e42758578)
```

　ceph.conf ファイルに記された MON ノードのホストのリストに従い、監視ノードを構成します。

```
admin # ceph-deploy mon create-initial   ←監視ノードを構成
```

306

● 12-3 分散ストレージソフトウェア Ceph

■補足■

　監視ノードの構成で、Monitor サービスがクォーラムに到達できない旨のエラーが出る場合は、ノードのファイヤウォール、ホスト名の解決、SELinux の設定が原因として挙げられます。SELinux をオフにし、ファイヤウォールを無効に設定してください。また、ceph-deploy コマンドで指定する各 OSD/MON ノードのホスト名は、OSD/MON ノードで hostname コマンドを実行したときに出力されるホスト名を指定してください。

次に、admin ノードと各 OSD/MON ノードで ceph コマンドが利用できるようにします。ceph-deploy コマンドに admin を指定し、その後に ceph コマンドを利用するノードのホスト名を連ねて指定します。

```
admin  # ceph-deploy admin s0001 s0002 s0003 admin mds01
```

これで、各ノードで、ceph コマンドが利用できるようになります。監視ノードが正常に稼働しているかを ceph コマンドで確認します。

```
admin # ceph mon stat
e2: 3 mons at {s0001=172.16.1.71:6789/0,s0002=172.16.1.72:6789/0,s0003=172.16.1
.73:6789/0}, election epoch 6, quorum 0,1,2 s0001,s0002,s0003
```

OSD の設定を行います。今回、各 OSD ノードの/dev/sdb をデータ用として指定します。

```
admin # pwd
/root/mycluster

admin # ceph-deploy osd --zap-disk create s0001:/dev/sdb  ←/dev/sdb をデータ用に確保
[ceph_deploy.conf][DEBUG ] found configuration file at: /root/.cephdeploy.conf
[ceph_deploy.cli][INFO  ] Invoked (1.5.21): /usr/bin/ceph-deploy osd --zap-disk
 create s0001:/dev/sdb
[ceph_deploy.osd][DEBUG ] Preparing cluster ceph disks s0001:/dev/sdb:
...
[s0001][INFO  ] Running command: udevadm trigger --subsystem-match=block --acti
on=add
[s0001][INFO  ] checking OSD status...
[s0001][INFO  ] Running command: ceph --cluster=ceph osd stat --format=json
[s0001][WARNIN] there is 1 OSD down
[s0001][WARNIN] there is 1 OSD out
[ceph_deploy.osd][DEBUG ] Host s0001 is now ready for osd use.
```

OSD ノードの s0002 と s0003 に対しても同様の操作を行い、/dev/sdb を OSD ノードが使える

307

第 12 章 GlusterFS と Ceph

ようにします。

```
admin # ceph-deploy osd --zap-disk create s0002:/dev/sdb
admin # ceph-deploy osd --zap-disk create s0003:/dev/sdb
```

各 OSD ノードのディスクパーティション状況を確認します。

```
admin # ssh -l root s0001 "df -HT | grep sdb"
/dev/sdb1      xfs         3.0T   36M  3.0T   1% /var/lib/ceph/osd/ceph-0
```

OSD ノードの状況を確認します。

```
admin # ceph osd stat
    osdmap e14: 3 osds: 3 up, 3 in
```

MDS ノードの状態を確認します。up と表示されたら、MDS ノードが稼働している状態です。

```
admin # ceph mds stat   ←MDS ノードの状態確認
e1: 0/0/0 up
```

最後に Ceph ストレージクラスタ全体の状態を確認します。HEALTH_OK は、Ceph ストレージク
ラスタとして稼働できていることを意味します。

```
admin # ceph health
HEALTH_OK
```

以上で、Ceph による分散ストレージ基盤が作成できました。

12-3-3　Ceph ストレージクラスタをオブジェクトストレージとして利用する

　それでは、Ceph ストレージクラスタをオブジェクトストレージとして、データを格納してみ
ます。Ceph では、オブジェクトストレージとしてデータを保管するには、プールを作成します。
プールは、ceph コマンドで作成します。

```
admin # ceph osd pool create pool0001 128
```

　このように、ceph コマンドに、「osd pool create」を付け、プール名を付与します。ここで
は、pool0001 というプールを作成しました。最後の 128 は、プールのプレースメントグループ
（Placement Group：PG）の数です。プレースメントグループは、Ceph ストレージクラスタ上のオブ

308

● 12-3 分散ストレージソフトウェア Ceph

ジェクトのレプリカが配置される可能性のある OSD ノード群を指し、レプリカをどの OSD ノードに割り当てるかを計算するために必要な値です。OSD ノードの数によって、PG の推奨値は異なります。OSD ノードの数と PG の値の関係については、次に示す URL のドキュメントを参照してください。

http://docs.ceph.com/docs/master/rados/operations/placement-groups/

プール pool0001 を作成しましたので、現在、存在するプールの情報をリストアップします。

```
admin # ceph osd lspools
0 rbd,1 pool0001,    ←pool0001 が存在する
```

作成したプール pool0001 に対して、オブジェクトを紐付けます。オブジェクトは、ファイルを格納する場合に必要となります。オブジェクト名は、obj0001 としました。

```
admin # ceph osd map pool0001 obj0001
osdmap e16 pool 'pool0001' (1) object 'obj0001' -> pg 1.c1fd732a (1.2a) -> up (
[1,0,2], p1) acting ([1,0,2], p1)
```

オブジェクトストレージに保管するサンプルのテキストファイル testfile0001.txt と testfile0002.txt を作成します。

```
admin # echo "Hello Ceph on CentOS 7." > testfile0001.txt
admin # echo "Hello CentOS 7." > testfile0002.txt
```

作成したテキストファイルを pool0001 に紐付けたオブジェクトに格納します。ユーザーデータをオブジェクトストレージに格納するには、rados コマンドを使います。rados コマンドは、ceph-common パッケージで提供されており、今回のインストール手順では、すでに admin ノードにインストールされているはずです。

```
admin # rados put obj0001 ./testfile0001.txt --pool=pool0001
admin # rados put obj0002 ./testfile0002.txt --pool=pool0001
```

これで、テキストファイル testfile0001.txt がオブジェクト obj0001 に、testfile0002.txt が obj0002 に格納されました。現在の pool0001 が持つオブジェクトを確認します。

```
admin # rados -p pool0001 ls
obj0001
obj0002
```

逆に、オブジェクト obj0001 と obj0002 からファイルを取り出す場合は、rados コマンドに get

309

第 12 章 GlusterFS と Ceph

を付与し、オブジェクト名を指定します。

```
admin # rados get obj0001 ./output1.txt --pool=pool0001   ←output1.txt に書き出す
admin # cat ./output1.txt   ←ファイルの中身を確認
Hello Ceph on CentOS 7.

admin # rados get obj0002 ./output2.txt --pool=pool0001   ←output2.txt に書き出す
admin # cat ./output2.txt   ←ファイルの中身を確認
Hello CentOS7.
```

　Ceph のオブジェクトストレージに格納されていた testfile0001.txt と testfile0002.txt を
ローカルのファイルシステム上に取り出すことができました。Ceph をオブジェクトストレージと
して利用する場合の、簡易的な手順が次に示す URL に掲載されています。

http://docs.ceph.com/docs/master/start/quick-ceph-deploy/

12-3-4　Cephストレージクラスタをブロックストレージとして利用する

　ここでは、admin ノードではなく、client ノードから操作をしてみましょう。client ノードか
ら Ceph ストレージクラスタの管理を行うには、ceph-deploy コマンドに、admin を指定し、管理
コマンドを配布したいホスト名を指定します。

```
admin # ceph-deploy install client
admin # ceph-deploy admin client
```

　これで、client ノードにおいて、Ceph の管理ができるようになります。クライアントにイン
ストールされている Ceph 関連パッケージを確認します。

```
client # rpm -qa | grep ceph
# rpm -qa | grep ceph
ceph-release-1-0.el7.noarch
python-ceph-0.87-0.el7.centos.x86_64
ceph-common-0.87-0.el7.centos.x86_64
libcephfs1-0.87-0.el7.centos.x86_64
ceph-0.87-0.el7.centos.x86_64
```

　Ceph のクライアントから、Ceph ストレージクラスタをブロックストレージとして利用するに
は、rbd コマンドを使用しますが、この rbd コマンドは、クライアントの Linux カーネルモジュー
ル rbd.ko と libceph.ko を必要としますので、事前に、このカーネルモジュールをクライアント
にインストールしておきます。

310

● 12-3 分散ストレージソフトウェア Ceph

```
client # yum install -y https://ceph.com/rpm-testing/rhel7/x86_64/kmod-libcep
h-3.10-0.1.20140702gitdc9ac62.el7.x86_64.rpm
client # yum install -y https://ceph.com/rpm-testing/rhel7/x86_64/kmod-rbd-3.
10-0.1.20140702gitdc9ac62.el7.x86_64.rpm
```

なお、モジュールのインストールが完了するまでに、しばらく時間がかかる場合があります。
モジュールのインストールが完了したら、クライアント上で、インストールしたカーネルモ
ジュールをロードします。

```
client # modprobe rbd   ←rbd.ko をクライアントマシンのカーネルに組み込む
client # modprobe libceph   ←libceph.ko をクライアントマシンのカーネルに組み込む
# lsmod  | grep rbd   ←rbd.ko がカーネルにロードされているかを確認
rbd                    64289  0
libceph               238911  1 rbd
# lsmod  | grep ceph   ←libceph.ko がカーネルにロードされているかを確認
libceph               238911  1 rbd
libcrc32c              12644  2 xfs,libceph
```

これで、クライアントで rbd コマンドを使って Ceph ストレージクラスタにブロックストレー
ジのボリュームをプールにマッピングすることができるようになります。Ceph ストレージクラス
タでブロックストレージを利用するには、ブロックストレージ用のイメージファイルを作成しま
す。イメージファイルの作成は、rbd コマンドに create を指定し、イメージファイル名（ここで
は image0001 とします）を付与します。イメージファイルのサイズは、4GB にしました。

```
client # rbd create image0001 --size 4000   ←4GB のイメージファイルを Ceph クラスタ上に作成
```

イメージファイルが作成されているかを確認します。

```
client # rbd ls -l   ←Ceph 上に作成したイメージファイルを確認
NAME           SIZE PARENT FMT PROT LOCK
image0001 4096M                 1
```

作成したイメージファイルを、クライアントのデバイスにマッピングします。

```
client # rbd map image0001
/dev/rbd0   ←image0001 が/dev/rbd0 にマッピングされた
```

イメージファイルとクライアントのデバイスのマッピングを確認します。

```
client # rbd showmapped
```

311

第 12 章 GlusterFS と Ceph

```
id pool image      snap device
0  rbd  image0001 -    /dev/rbd0
```

あとは、fdisk や parted コマンドなどを使って/dev/rbd0 にパーティションを作成できます。

```
client # parted -s /dev/rbd0 'mklabel gpt'     ←/dev/rbd0 に GPT パーティションを作成
client # parted -s /dev/rbd0 'mkpart primary 0 -1'     ←プライマリパーティションを作成
client # parted -s /dev/rbd0 'print'
Model: Unknown (unknown)
Disk /dev/rbd0: 4295MB
Sector size (logical/physical): 512B/512B
Partition Table: gpt
Disk Flags:

Number  Start    End     Size    File system  Name      Flags
 1      17.4kB   4294MB  4294MB                primary

client # partprobe /dev/rbd0
client # mkfs.xfs -f /dev/rbd0p1     ←/dev/rbd0p1 パーティションを XFS でフォーマット
client # mount /dev/rbd0p1 /mnt/     ← Ceph クラスタが提供する rbd0p1 をローカルの/mnt にマウント
client # df -HT | grep rbd0p1
/dev/rbd0p1             xfs      4.3G    34M  4.3G    1% /mnt
```

パーティション/dev/rbd0p1 をクライアントのローカルのディレクトリにマウントできたら、ファイルが正常に読み書きできるかを確認してください。

```
client # cp -a /usr/share/doc/* /mnt/
```

12-4　まとめ

　本章では、CentOS 7 上で、GlusterFS と Ceph を構築し、オブジェクトストレージとブロックストレージの利用方法を簡単に紹介しました。Ceph は、まだ発展途上ですが、クラウド環境への対応を見据えた開発が精力的に続けられており、今後の展開に目が離せません。今後は、OpenStack も CentOS 7/RHEL 7 に本格対応します。この機会に、本書の手順を使って Ceph ストレージクラスタを CentOS 7 で構築し、クラウド基盤で必要とされる分散ストレージの在り方を学んでみてください。

●著者紹介
古賀 政純（こが まさずみ）

兵庫県伊丹市出身。1996年頃からオープンソースに携わる。2000年よりUNIXサーバーのSE及びスーパーコンピューターの並列計算プログラミングの講師、SIを経験。2006年、米国HPからLinux技術の伝道師として「OpenSource and Linux Ambassador Hall of Fame」を2年連続受賞。プリセールスMVPを4度受賞。現在は、日本HPにて、Linux、FreeBSD、Hadoop等のサーバー基盤のプリセールスSE、文書執筆を担当。Red Hat Certified Virtualization Administrator、Red Hat Certified System Administrator in Red Hat OpenStack、Novell Certified Linux Professional、Cloudera Certified Administrator for Apache Hadoop などの技術者認定資格を保有。趣味はレーシングカートとビリヤード。

●お断り
　ITの環境は変化が激しく、とくにCentOSをはじめとするOSSの世界は、その先端分野ともいえます。本書に記載されている内容は、2015年1月時点のものですが、機能の改善や仕様の変更は、日々行われているため、本書の内容と異なる場合があることは、ご了承ください。また、本書の実行手順や結果については、筆者の使用するハードウェアとソフトウェア環境において検証した結果ですが、ハードウェア環境やソフトウェアの事前のセットアップ状況によって、本書の内容と異なる場合があります。この点についても、ご了解いただきますよう、お願いいたします。

●正誤表
　インプレスの書籍紹介ページ「http://book.impress.co.jp/books/1114101075」からたどれる「正誤表」をご確認ください。これまでに判明した正誤があれば「お問い合わせ／正誤表」タブのページに正誤表が表示されます。

●スタッフ
カバーデザイン：岡田 章志＋GY
図版制作：ウイリング
編集：TSUC
レイアウト：TSUC

索　引

A

Apache Hadoop 2.6.0 ····················· 260
Apache Web サーバーの起動 ············· 90
arp コマンド ·························· 110
ARP テーブルの確認 ···················· 113
auditd.service の起動 ···················· 62
awk コマンド ·························· 38

B

biosdevname ·························· 94
bonding ドライバ ······················ 115

C

CDH ································ 261
CentOS ······························ 12
Ceph ···························· 20, 284, 300
ceph-deploy ······················ 303, 310
ceph コマンド ···················· 307, 308
Ceph ストレージクラスタ ·············· 301
CFQ ································ 220
cgconfig サービス ······················ 161
cgroup ······················ 49, 161, 162
cgroups ······························ 130
cgset コマンド ························ 167
chkconfig コマンド ···················· 55
CIM ································ 172
CIMOM ······························ 172
ClusterSSH ·························· 281
core-site.xml ·························· 269
CPU 数 ······························ 15
CTDB ······························ 296
curl コマンド ························ 160

D

D-BUS インタフェース ··················· 186
DataNode サービス ···················· 272
date コマンド ························ 67
dd コマンド ·························· 44
Deadline ···························· 220
device ······························ 55
DevOps 環境 ························ 147
df コマンド ·························· 41
DHCP サーバーの設定 ···················· 247

dmesg

dmesg ······························ 77
Docker ···························· 130, 146
Dockerfile ·························· 157
Docker コンテナの起動 ·················· 159
DVD iso イメージの作成 ················· 255

E

eINIT ······························ 49
End-of-Life ·························· 21
EPEL のリポジトリを追加 ··············· 242

F

firewall-cmd コマンド ·········· 82, 174, 191
firewall-config ···················· 196
firewalld ···················· 84, 185, 186
FSS ································ 86
FTP サービスの設定 ···················· 56
Full Updates ························ 21
FUSE アクセス ························ 296

G

gluster volume コマンド ················ 300
glusterd デーモン ···················· 290
GlusterFS ························ 20, 284
　起動 ···························· 290
　クライアントから利用 ·············· 296
gluster コマンド ···················· 295
graphical.target ···················· 51
GRUB 2 ······························ 34
　セキュリティ対策 ·················· 196
　パスワードを暗号化 ················ 203
grub2-mkconfig ·················· 34, 121
grub2-mkpasswd-pbkdf2 コマンド ······· 203
grub ファイル ···················· 34, 121
GUI モード ·························· 26

H

Hadoop ···························· 260
　システム構成 ···················· 261
　設定 ···························· 269
Hadoop ユーザーの設定 ················· 265
HDFS ···························· 20, 263
　確認 ···························· 274
　設定 ···························· 272

フォーマット · 273
hdfs-site.xml · 269, 270
HDFS と Yarn の起動 · · · · · · · · · · · · · · · · · 273
HDP · 261
hostname · 107
hosts ファイルの編集 · · · · · · · · · · · · · · · · · · 265
HPC · 211
httpd サービス · 62
httpd サービスのメモリ制限値 · · · · · · · · · · · 169
httpd のインストール · · · · · · · · · · · · · · · · · · 182
Huge Page の設定 · 218
hwclock コマンド · 67

I

I/O エレベータ · 220
ifcfg-ethX ファイル · · · · · · · · · · · · · · · · · · · 128
ifconfig コマンド · 110
init · 47
IOPS の制御 · 167
iproute パッケージ · 110
iptables · 84, 185
iptraf-ng コマンド · 120
IPv4 フォワーディング · · · · · · · · · · · · · · · · 193
IP アドレスの確認 · 111
IP アドレスの設定 · 105
ip コマンド · 43
IP マスカレード · 185, 191
ISO イメージ · 25
iso イメージのマウント · · · · · · · · · · · · · · · · 245

J

Java 仮想マシン · · · · · · · · · · · · · · · · · · · 275, 276
Java のインストール · · · · · · · · · · · · · · · · · · · 267
journalctl コマンド · · · · · · · · · · · · · 71, 76, 86
journald · 70, 71
　起動 · 84
jps コマンド · 275

K

kGraft · 22
Kickstart · 239
　設定ファイルの作成 · · · · · · · · · · · · · · · · · 245
Kickstart DVD iso イメージの作成 · · · · · · · · 254
Kickstart ファイル · 135
kpatch · 23
ks.cfg ファイル · · · · · · · · · · · · · · · · 135, 245, 256
ksplice · 22, 23
KVM · 130, 131

L

libvirt-client パッケージ · · · · · · · · · · · · · · · · 137
libvirtd · 132
Linux コンテナ · 146
LMIshell クライアント · · · · · · · · · · · · · · · · · 172
lmi コマンド · 176, 182
localectl コマンド · 65
logger コマンド · 75
lscpu コマンド · 227
lsscsi コマンド · 180
LVM 論理ボリューム · · · · · · · · · · · · · · · · · · · 291
　暗号化 · 205

M

MAC アドレスの確認 · · · · · · · · · · · · · · · · · · · 111
Maintenance Updates · 21
mapred-site.xml · · · · · · · · · · · · · · · · · · · 269, 271
MDS · 301
mkisofs コマンド · 257
Monitor · 301
mount · 55

N

NameNode サービス · 272
NAT · 185
net-tools · 110
net_cls サブシステム · · · · · · · · · · · · · · · · · · · 162
netstat コマンド · 110
network.target · 50
NetworkManager · 93
NetworkManager-tui による設定 · · · · · · · · · · 109
NFS の設定 · 189
Nginx のインストール · · · · · · · · · · · · · · · · · · 242
NIC
　永続的な命名 · 94
　パーティション名 · 29
　命名方式 · 96
　リンクアップの確認 · · · · · · · · · · · · · · · · · · 112
nmcli コマンド · 98, 107
nmtui · 109
　設定ファイルの生成 · · · · · · · · · · · · · · · · · · 122
NodeManager サービス · · · · · · · · · · · · · · · · · · 272
Noop · 220
numactl · 212
NUMA アーキテクチャ · · · · · · · · · · · · · · · 22, 222
　KVM の利用 · 227

索引

O

OpenLMI · 170
OpenPegasus · 172
openssl コマンド · 245
OSD · 301
OSS · 11

P

parted コマンド · 290
pegasus ユーザー · 175
PEM 形式 · 176
ps コマンド · 249
PXE · 247
PXE ブート · 240, 241, 247

Q

qemu-kvm · 131
QR コードの生成 · 86

R

RADOS · 301
RAID コントローラー · 180
RAID コントローラードライバ · · · · · · · · · · · · · 29
rbd コマンド · 310
Red Hat Enterprise Linux · · · · · · · · · · · · · · · 11
Red Hat Storage · · · · · · · · · · · · · · · · · · · 285, 286
resolv.conf ファイル · 103
ResourceManager サービス · · · · · · · · · · · · · · 272
RHEL · 11
RHEL 7 · 131
route · 113
rsyslog サーバー · 82

S

scp コマンド · 43
SDN · 93
SELinux · 149, 253, 263
service · 50, 55
set-time オプション · 67
slaves ファイルの作成 · · · · · · · · · · · · · · · · · · 272
SMP · 16
SNMP · 173
socket · 55
sosreport コマンド · 88
sos パッケージのインストール · · · · · · · · · · · · 88
SPOF · 285
SSD の I/O 性能劣化問題 · · · · · · · · · · · · · · · 221
sshd サービス · 60
ssh コマンド · 44

SSH 接続 · 282
SSH ログインの確認 · 266
SSM · 205
ssm コマンド · 209
swappiness の調整 · 219
sysctl.conf ファイル · · · · · · · · · · · · 192, 218, 224
syslinux · 251
syslog · 70
System Storage Manager · · · · · · · · · · · · · · · 205
systemctl コマンド · · · · · · 50, 52, 55, 71, 169, 187
systemd · 47, 49, 70, 94
　仕組み · 55
　リソース制限 · 169
Systemd Journal · 71

T

tail コマンド · 74
target · 55
TCP ソケット · 114
tc コマンド · 164, 165
team ドライバ · · · · · · · · · · · · · · · · · · 115, 116, 120
telinit コマンド · 52
TFTP サーバーの設定 · · · · · · · · · · · · · · · · · · · 250
timedatectl コマンド · · · · · · · · · · · · · · · · · 65, 67
tog-pegasus サービス · · · · · · · · · · · · · · · · · · · 174
tuna · 212
tuna コマンド · 230
tuna の GUI を起動する · · · · · · · · · · · · · · · · · 234
tuned · 212
tuned サービスの起動 · · · · · · · · · · · · · · · · · · · 214

U

udevd · 94
UDP ソケット · 114
UEFI 対応 · 18
UEFI モード · 30
update-ca-trust コマンド · · · · · · · · · · · · · · · · 176
Upstart · 49
useradd コマンド · 277

V

virsh コマンド · 137
virt-clone コマンド · 138
virt-manager · 131, 132

W

WBEM · 172, 173
Web サーバーの起動 · 90
Web ベースの管理 · 173

wget コマンド・・・・・・・・・・・・・・・・・・・289

X

XFS ・・・・・・・・・・・・・・・・・・・・・・・・・17

Y

yarn-site.xml ・・・・・・・・・・・・・・・269, 270
yarn コマンド ・・・・・・・・・・・・・・・・・275
yum コマンド ・・・・・・・・・・・・・・88, 131

Z

zswap・・・・・・・・・・・・・・・・・・・・・・22

あ

アーキテクチャ ・・・・・・・・・・・・・・・・13
アフィニティ設定・・・・・・・・・・・・230, 233
暗号化された LVM 論理ボリュームの管理
・・・・・・・・・・・・・・・・・・・・・・・208

い

インストーラ ・・・・・・・・・・・・・・・・・26
インストール ・・・・・・・・・・・・・・・・・24
　自動 ・・・・・・・・・・・・・・・・・・・239
インタフェース
　接続状態・・・・・・・・・・・・・・・・・98
　接続情報の変更 ・・・・・・・・・・・・・101
　接続と切断 ・・・・・・・・・・・・・・・98
インタフェースごとのパケットの確認・・・・114
インタフェース接続の追加・・・・・・・104, 105
インタフェース名 ・・・・・・・・・・・・・・94
インタフェース名の作成 ・・・・・・・・・・123

お

オープンソースソフトウェア ・・・・・・・・・11
オブジェクトストレージ ・・・・・・・・・・308
オブジェクトストレージデーモン ・・・・・・301
オブジェクトブローカ ・・・・・・・・・・・172

か

カーネルと RAMDISK イメージの配置・・・・251
カーネルの新機能 ・・・・・・・・・・・・・・22
カーネルパラメーターの記述 ・・・・・・・・192
カーネルログ ・・・・・・・・・・・・・・・・77
仮想化 ・・・・・・・・・・・・・・・・・・・130
仮想マシン ・・・・・・・・・・・・・・131, 137
稼働したままカーネルのパッチ適用が可能
・・・・・・・・・・・・・・・・・・・・・・22
環境変数の設定 ・・・・・・・・・・・・・・268
完全更新 ・・・・・・・・・・・・・・・・・・21

き

キーペアの生成 ・・・・・・・・・・・・・・・86
キーボード設定 ・・・・・・・・・・・・・・・66
キーマップの設定ファイル ・・・・・・・・・66
既存のインタフェースの削除・・・・・・・・123
起動時にパスワード入力を促す・・・・・・・197
起動時の自動実行 ・・・・・・・・・・・・・・58
キャッシュの設定 ・・・・・・・・・・・・・218
共通情報モデル ・・・・・・・・・・・・・・172
緊急モード ・・・・・・・・・・・・・・・・・53

く

クラスタシステムの構築・管理・・・・・・・281
クラスタへのノード追加 ・・・・・・・・・298
グラフィカルターゲット ・・・・・・・・・・51

け

権限の変更 ・・・・・・・・・・・・・・・・247
検証鍵 ・・・・・・・・・・・・・・・・・・・86

こ

光学デバイスの情報取得 ・・・・・・・・・・180
コンテナ ・・・・・・・・・・・・・・・130, 146
コンテナの起動 ・・・・・・・・・・・149, 155

さ

サーバー（GUI 使用）・・・・・・・・・・・・32
サービス ・・・・・・・・・・・・・・・・・・50
　起動 ・・・・・・・・・・・・・・・・・・57
　停止 ・・・・・・・・・・・・・・・・・・57
サービス管理・・・・・・・・・・・・・・・・183
サービスやデーモンの起動 ・・・・・・・・・55
最小限のインストール ・・・・・・・・・・・32
最大ブート LUN サイズ ・・・・・・・・・・18
最大メモリ容量 ・・・・・・・・・・・・・・16

し

シーリング鍵 ・・・・・・・・・・・・・・・・86
資源管理 ・・・・・・・・・・・・・・・・・130
時刻の設定 ・・・・・・・・・・・・・・・・・68
システム概要の表示 ・・・・・・・・・・・・177
システム管理 ・・・・・・・・・・・・・47, 170
システム管理エージェント ・・・・・・・・172
自動 NUMA バランシング ・・・・・・222, 224
自動インストール ・・・・・・・・・・・・・239
ジャーナルの完全性の検証 ・・・・・・・・・87
証明書の追加 ・・・・・・・・・・・・・・・176
シングルユーザーモード ・・・・・・・・49, 53
シンボリックリンクの確認・・・・・・・・・268

317

索引

す

スキーマ	172
スケールアウト型基盤	19
ストレージ管理	178
ストレージデバイスの情報確認	167
スレーブノード	261
スレーブノードの確認	275
スレーブノードへの公開鍵のコピー	265
スワップ	219

せ

セキュリティ	185
設定ファイルの作成	63

そ

ゾーン	186
ゾーンの設定状況の確認	194
ソフトウェア RAID の管理	180
ソフトウェア定義型ストレージ	284
ソフトウェア定義ネットワーク	93
ソフトウェアの選択	32

た

ターゲット	49, 50
設定ファイル	59
タイムゾーンの設定	67
タイムゾーンの変更	69
単一障害点	285

ち

チーミング	115
チューニング	211
情報源	236

て

ディスク I/O の帯域制御	166
ディスク I/O のチューニング	220
ディレクトリの権限変更	91
データノードの起動	274
デーモン	50
起動	55
再起動	64
テキストモード	26
テキストモードインストール	33
デバイスの状態の確認	99
デバイス名	99
デフォルトゲートウェイの追加、削除	113

と

動作確認	19
動作認定	19
ドッカー	146
トラフィック量の調整	164

ね

ネットワークインストール	30
ネットワークインタフェース	95
ネットワーク管理	93
ネットワーク帯域のテスト	164
ネットワーク通信の帯域制御	162
ネットワークデバイス管理	182
ネットワークのコネクティビティ	108

の

ノード	222

は

バージョン番号	22
パーティションの設定	31
ハードウェア資源管理	161
ハードウェア情報の取得	176
バックエンドサーバー	13
パッケージ管理	182
パフォーマンスチューニング	211
パラメーター用ディレクトリの作成	63
バランシング	223

ひ

日付、時刻の設定	67

ふ

ファイヤウォール	84, 185
ファイヤウォールの設定	91, 244, 253
DHCP サービス	249
ファイヤウォールの無効化	263
ファイルシステム	16
ファイルシステムの暗号化	205
ファイルシステムの作成	181
ブートイメージファイル	251
ブートメニューのエントリを追加	36
ブート領域	30
ブートローダー	34
ブートログを出力	72
プール	308
物理環境・仮想環境の識別	143
プライオリティ	74
ブリッジインタフェースの作成	144

プロセッサアーキテクチャ・・・・・・・・・・・・・・14
プロファイル設定ファイル・・・・・・・・・・・・・・215
フロントエンドサーバー・・・・・・・・・・・・・・・・13
分散ストレージ基盤・・・・・・・・・・・・・・・20, 284
分散ストレージ基盤ソフトウェア・・・・・・・284
分散ストレージソフトウェア・・・・・・・・・・・300

へ

ベーシック Web サーバー・・・・・・・・・・・・・・・32
ベース環境・・・・・・・・・・・・・・・・・・・・・・・・・・32

ほ

保守サポート・・・・・・・・・・・・・・・・・・・・・・・・12
ホスト名の設定・・・・・・・・・・・・・・・・・・・・・107

ま

マウントポイントの作成とマウント・・・・・181
マスタノード・・・・・・・・・・・・・・・・・・・・・・261
マルチユーザーモード・・・・・・・・・・・・・・・・・52

め

メタデータサーバーデーモン・・・・・・・・・・・301
メモリチューニング・・・・・・・・・・・・・・・・・217
メモリ容量・・・・・・・・・・・・・・・・・・・・・・・・・16
メンテナンス更新・・・・・・・・・・・・・・・・・・・・21

も

モニタ出力のトラブル対応・・・・・・・・・・・・・・28
モニタデーモン・・・・・・・・・・・・・・・・・・・・・301

ゆ

ユーザーの権限を定義・・・・・・・・・・・・・・・・197
ユニット・・・・・・・・・・・・・・・・・・・・・・・50, 55

ら

ランレベル・・・・・・・・・・・・・・・・・・・・・・・・・48
ランレベルの廃止・・・・・・・・・・・・・・・・・・・・49

り

リバランス・・・・・・・・・・・・・・・・・・・・・・・・299
リリースサイクル・・・・・・・・・・・・・・・・・・・・21
リンクアグリゲーション・・・・・・・・・・・・・・115

る

ルーティングテーブルの確認・・・・・・・・・・・113

れ

レスキューモード・・・・・・・・・・・・・・・・・・・・39
レプリカボリューム・・・・・・・・・・・・・・・・・295

ろ

ログ・・・・・・・・・・・・・・・・・・・・・・・・・・・・・70
ログイン画面・・・・・・・・・・・・・・・・・・・・・・・52
ログの収集・・・・・・・・・・・・・・・・・・・・・・・・88
ロケールの変更・・・・・・・・・・・・・・・・・・・・・65
論理 CPU 数・・・・・・・・・・・・・・・・・・・・・・・15

本書は、CentOS 7の操作について、2015年1月時点での情報を掲載しています。掲載している手順や考え方は一例であり、すべての環境において手順や考え方が本書の記載と同様に行えることを保証するものではありません。本書の内容に関するご質問は、書名・ISBN（このページに記載）・お名前・電話番号と、該当するページや具体的な質問内容、お使いの動作環境などを明記のうえ、インプレスカスタマーセンターまでメールまたは封書にてお問い合わせください。なお、本書発行後に仕様が変更されたハードウェア、ソフトウェア、サービスの内容に関するご質問にはお答えできない場合があります。

また、以下のご質問にはお答えできませんのでご了承ください。
・書籍に掲載している手順以外のご質問
・ハードウェア、ソフトウェア、サービス自体の不具合に関するご質問
・インターネットや電子メール、固有のデータ作成方法に関するご質問
本書の利用によって生じる直接的または間接的な被害について、著者ならびに弊社では、一切の責任を負いかねます。あらかじめご了承ください。

● 落丁・乱丁本はお手数ですがインプレスカスタマーセンターまで
お送りください。送料弊社負担にてお取り替えさせていただきます。
但し、古書店で購入されたものについてはお取り替えできません。

■読者様のお問い合わせ先
インプレスカスタマーセンター
〒101-0051 東京都千代田区神田神保町一丁目105番地
電話　03-6837-5016
FAX　03-6837-5023
info@impress.co.jp

CentOS 7 実践ガイド

2015年3月1日　初版発行

著　者　古賀 政純

発行人　土田米一

発行所　株式会社インプレス
　　　　〒101-0051 東京都千代田区神田神保町一丁目105番地
　　　　TEL 03-6837-4635
　　　　ホームページ http://book.impress.co.jp/

本書は著作権法上の保護を受けています。本書の一部あるいは全部について（ソフトウェア及びプログラムを含む）、株式会社インプレスから文書による許諾を得ずに、いかなる方法においても無断で複写、複製することは禁じられています。

Copyright © 2015 Msazumi Koga. All rights reserved.

印刷所　株式会社廣済堂

ISBN978-4-8443-3753-9
Printed in Japan